浙江省浙派园林文旅研究中心重点研究成果
元成环境股份有限公司产学研合作成果

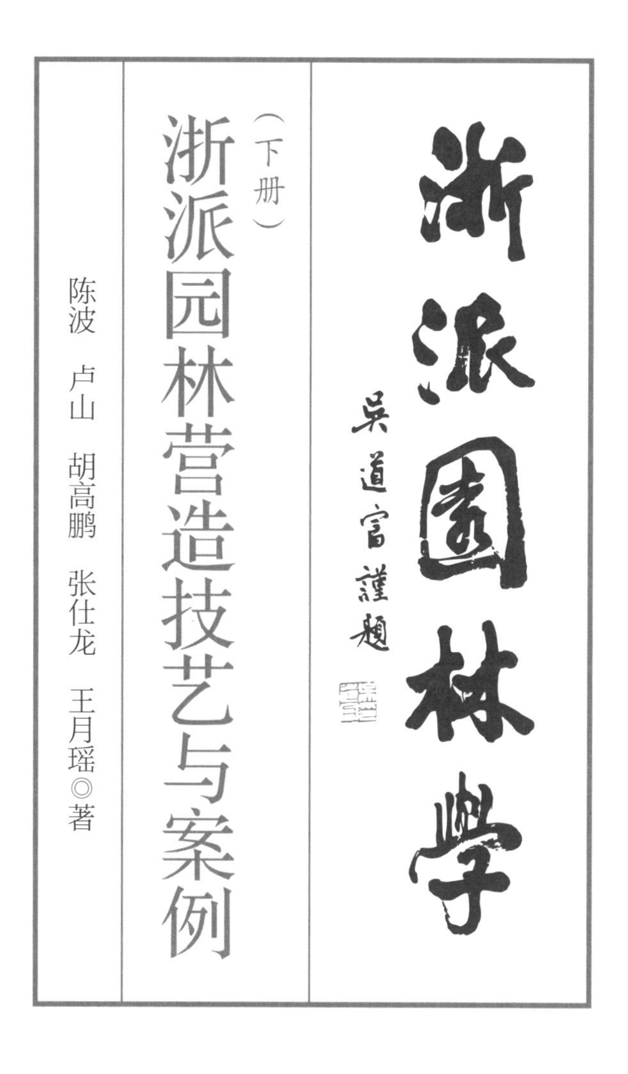

浙派园林营造技艺与案例（下册）

陈波 卢山 胡高鹏 张仕龙 王月瑶◎著

中国电力出版社
CHINA ELECTRIC POWER PRESS

内容提要

浙派园林是指以浙江省为核心地域范围，依托真山真水营造，具有自然山水式造园风格，体现东方生态美学特征的园林的总称。本书对东方生态美学思想的杰出典范——浙派园林进行了系统、深入而全面的研究，首次架构了“浙派园林学”学术体系，分为上、下两册，分别从浙派园林的哲学渊源、滋养沃土、地位与价值、基本理论、设计方法，以及造园要素、造园意匠、生态技法、典型案例等方面进行了阐述。

本书可作为园林历史与理论研究者、园林设计师、景观设计师、风景园林相关专业师生及园林爱好者的推荐读物。

图书在版编目（CIP）数据

浙派园林学 .2，浙派园林营造技艺与案例 / 陈波等著 . —北京：中国电力出版社，2021.1

ISBN 978-7-5198-5126-2

Ⅰ . ①浙… Ⅱ . ①陈… Ⅲ . ①造园林－浙江 Ⅳ . ① TU986.625.5

中国版本图书馆 CIP 数据核字 (2020) 第 212595 号

出版发行：中国电力出版社
地　　址：北京市东城区北京站西街 19 号（邮政编码 100005）
网　　址：http://www.cepp.sgcc.com.cn
责任编辑：曹　巍　(010-63412609)
责任校对：黄　蓓　常燕昆　朱丽芳
装帧设计：唯佳文化
责任印制：杨晓东

印　　刷：北京博海升彩色印刷有限公司
版　　次：2021 年 1 月第一版
印　　次：2021 年 1 月北京第一次印刷
开　　本：787 毫米 ×1092 毫米　16 开本
印　　张：29.25
字　　数：682 千字
定　　价：168.00 元（上、下册）

丛书编辑委员会

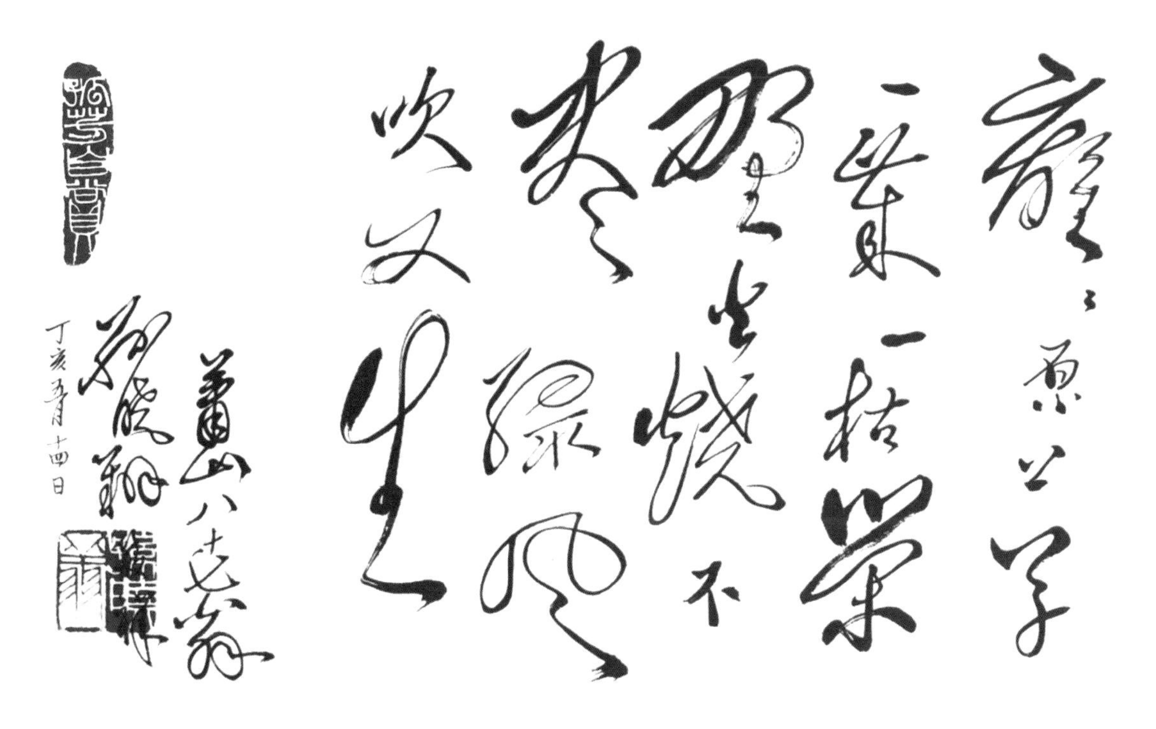

中国风景园林行业泰斗孙筱祥先生早年赠送给陈波主编的题字

原浙江省文化厅厅长、著名剧作家、书法家钱法成

中国风景园林学会终身成就奖获得者、杭州市园林文物局原局长施奠东

浙派园林
继往开来
创造辉煌
曹林娣
2019年3月30日

苏州大学文学院教授、著名园林文化专家曹林娣

浙派园林 山水诗画
代有传人 发扬光大
金石声于庚子年夏

杭州市园林工程有限公司原总工程师、著名园林专家金石声

道法自然，融合人文，
诗画浙江，渐入佳境。

贺《浙派园林学》出版

包志毅
2020.7.28

浙江农林大学风景园林与建筑学院教授、浙江省风景园林学会副理事长包志毅

在我看来，园林是天底下集各种跟美有关学科之大成者，包含植物、文学、建筑、绘画、音乐、戏剧等于一体，整个就是中国文化桂冠，而浙派园林就是这座桂冠上璀璨夺目的一颗明珠。

然而长期以来，人们对这颗明珠耀眼的原因来由、持续历程、亮度精度不知其所以然，即便浙江的山山水水、花花草草如此动人心扉，包括专业人士在内的大众很少系统完整地了解浙江园林的独特精髓，实乃憾事。

这个缺憾现在被以陈波博士领衔的团队突破了，他们的研究细致扎实，成果丰硕，给中国园林以及江南园林百花园中的浙江版块写了一个又好又全的说明书。

林小峰

园林文化学者、中国风景园林学会文化景观专委会委员、上海绿化和市容管理局科技委员会专家林小峰

浙江水土滋养出浙派园林，她是哲学的艺术的诗画江南。

祝贺陈波博士的大作《浙派园林学》出版。

赖齐贤

2021.8.2

浙江省农业科学院研究员、浙江省农业农村规划研究院常务副院长赖齐贤

浙派园林

庚子谢天

中国美术学院副教授、国艺城市设计艺术研究院院长谢天

浙派园林学

吴道富谨题

浙江省文化和旅游发展研究院艺林书画院院长吴道富

妙造自然

京華人楊軍書於西泠

歷史文化耀仙無限，承前光輝努力為社會留存產物依據作出貢獻，為社會發展積累光芒。

楊軍書於西泠

己亥年陽春日

浙江省逸仙书画院书画师、著名书法家杨军

著名国画家李治

浙江大学建筑系教授、中国美术家协会会员赵华

杭州画院专职画师、中国美术家协会会员何庆林

浙派中国书画研究院研究员、浙江省美术家协会会员汤士澜

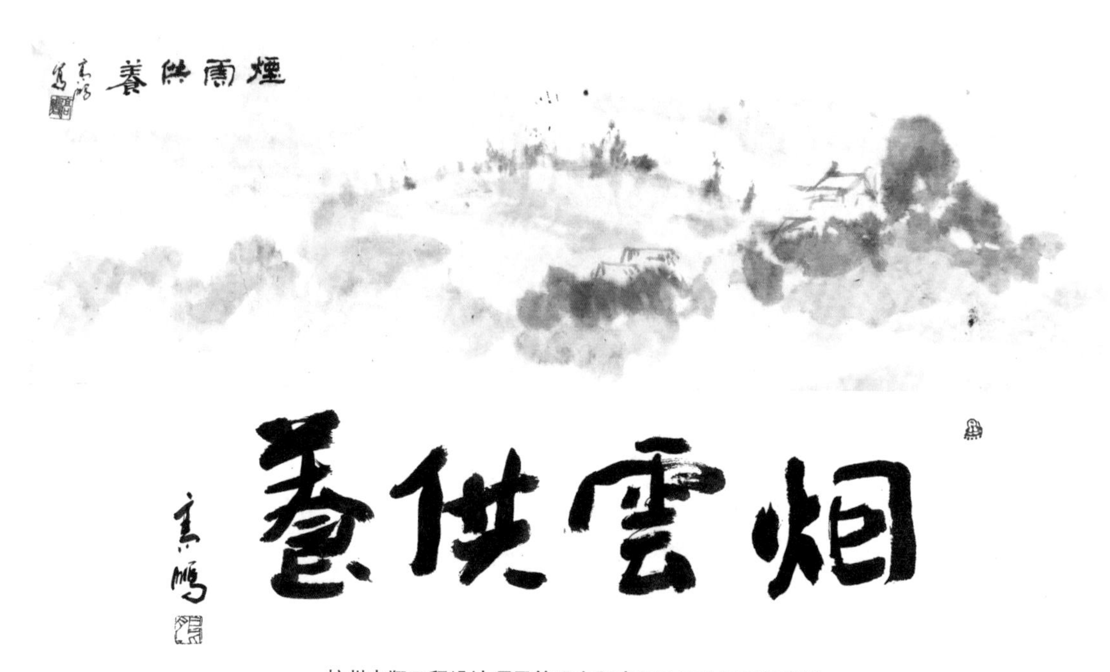

杭州中翔工程设计项目管理有限责任公司总经理胡高鹏

師法自然

浙派園林雅集 己亥初秋 曉东賀

杭州赛石园林集团有限公司 PPP 事业部副总裁吴晓东

丛书总序

浙江，位于中国长江三角洲南端，面临浩瀚的东海。这里气候温和，雨量充沛，土地肥沃，物产丰富。从新石器时代萧山“跨湖桥遗址”的丰富遗迹、遗物，到20世纪末的漫漫七千年间，浙江先民在与自然和社会的变革撞击中，创造了一个个令人震撼的历史辉煌。浙江又是吴越文化的重要发祥地，有着十分丰富和特色鲜明的传统文化。悠久的历史和灿烂的文化,使浙江赢得了“丝绸之府”“鱼米之乡”和“文化之邦”的美誉。

浙江历史悠久，人杰地灵，是中国三大传统园林流派之一——江南传统园林的主要发祥地。浙派传统园林是中国传统园林的重要组成部分，在中国传统园林发展历史上占有举足轻重的地位。在某些特定时期,浙派传统园林营建曾盛极一时,并有相当一批浙派名园对中国各地园林的营建产生过重大影响。

中华人民共和国成立后，特别是改革开放以来，经过几代人的不懈努力与探索实践，浙派新园林传承浙派传统园林造园精髓，不断开拓创新，逐渐发扬光大，并在全国异军突起，遥遥领先；同时，凭借“浙商”勤奋务实的创业精神、敢为人先的思变精神、抱团奋斗的团队精神、恪守承诺的诚信精神和永不满足的创新精神，浙江园林企业积极实践、大胆探索，规划设计与工程建设早已走出浙江、遍及全国，以精湛的工艺赢得了良好的口碑，缔造了浙派园林的卓越品牌地位。

“浙江省浙派园林文旅研究中心”是国内浙派园林领域唯一省级研究机构，隶属于浙江省文化和旅游厅，紧密依托浙江省文化和旅游发展研究院、浙江理工大学建筑工程学院，汇集了文化、园林、旅游等领域的知名专家、学者，形成实力雄厚的研究团体和技术平台。

中心开创性建立“浙派园林学”学术体系，主要开展浙派园林相关的文化与旅游战略、政策、理论、技艺、产业等的全面、深入研究和创新性技术的转化落地，立足浙江、面向全国，致力浙派园林乃至中国园林文化与旅游事业的传承、发展、创新、推广，肩负“传承发展中国园林文化，开拓引领浙韵园林生活”的重任。

中心以“研究学术、传承文化、服务社会”为宗旨，通过建立“政、产、学、研”相结合的开放性协同创新平台，打造“科技研究—应用开发—宣传推广”三位一体的发展格局，力争建设成为国内一流的园林文化与全域旅游研究的学术中心、交流平台、人才基地与社会智库，为“建设美丽中国、创造美好生活”提供科学依据和智力支持。

中心重点围绕浙派园林与现代风景园林规划理论与实践、人居生态环境理论与实践、风景资源评价与利用等方面开展深入研究，同时开展国家公园、风景名胜区、城市绿地系统、城乡各类园林绿地、湿地公园、旅游景区、海绵城市、特色小镇、美丽乡村、农业园区等方面的规划设计与宣传推广，最大限度地发挥风景园林的综合功能，为人们创造一个生态健全、环境优美和卫生舒适的宜居环境。

《新时代浙派园林研究丛书》是在政产学研通力合作的基础上，由浙江省浙派园林文旅研究中心与元成环境股份有限公司组织专家倾力撰写而成的，是对历年研究成果的系统总结和凝练。

在生态文明新时代，作为东方生态美学思想的杰出典范，浙派园林风格越来越焕发出蓬勃的生命力和巨大的市场前景，正逐渐摆脱地域范围的束缚，立足浙江、走向全国、面向世界。本丛书希望通过系统、深入、全面的考察和研究，总结整理浙派园林的学术体系、风格特征、造园要素、造园手法等内容，并对不同领域、不同类型的浙派新园林进行系统研究，构建新时代浙派园林的世界观、认识论、方法论与实践论体系。

在建设“美丽中国”的大背景下，如何让“浙派园林”顺势而起，在中国园林史上留下浓墨重彩的一笔，这是我们所有“浙派园林人”为之共同努力的目标。祝愿浙派园林的风格和艺术不断完善进步，更加发扬光大，开创“浙派园林”新局面，铸就“浙派园林”新辉煌！

浙江省浙派园林文旅研究中心主任
浙江理工大学风景园林规划与设计研究所所长
2020年6月于浙韵居

刘茂春序

陈波博士要我给新书《浙派园林学》（上、下册）写序，过往我对浙江园林的有关学术研讨有所闻，我想这次是对浙江园林了解和学习的机会，欣然应了。当我查阅资料才知写作浙派园林丛书的团队，对浙江园林的研究已有近十年的积累，所以近三年来如井喷式的连续刊出几本系列研究丛书。在当今园林界的氛围中，能静下心来开展对浙派园林从历史到现今全方位的调查研究、现场查证实属不易，这种对园林教学、科研的艰辛投入精神，值得我这个教育岗位上的老兵学习。

陈波博士及其研究团队，具有强烈的责任心和使命感，产学研结合，理论联系实际，经过多年的潜心钻研，实现了从《浙派园林论》到《浙派园林学》，由“论”到“学”这样大跨度的提升，这是难能可贵的；更加可贵之处是，《浙派园林学》继承传统、开拓创新，首次全面地构建了完整的浙派园林学术体系，又勇于提出新见解，更值得赞赏，相信在实践中继续深化，必将更加完善。

鉴于《浙派园林学》提出了“原始自然”“近自然林业”“近自然园林”等关键的专业术语，而这些术语也是当今园林界常用的专业用语，往往在关键的论述中引用，因此必须清楚其“概念”，就此简略地提出我的认识。

一、中国是世界上第一个以大自然为原型进行园林设计的国家

孙筱祥先生于 1986 年在美国哈佛大学召开的“国际大地规划教育学术会议”上做了题为《中国的大地规划美学及其教育》的学术报告，在此，摘录孙先生学术报告中的一段话：“中国是世界上第一个以大自然为原型进行园林设计的国家。不仅如此，中国人对大自然的深情挚爱、对大自然的领悟、对自然美的敏感，是极其广泛地渗透到哲学、艺术、文学、绘画的所有文化领域之中，至少已有 3000 年的历史，中国的这种讴歌大自然的风景园林规划设计的传统美学观念，曾对全世界产生过巨大影响。中国雄奇瑰丽的自然风光，是中国古代园林艺术美感的泉源，值得当今全世界大地规划工作者学习！”

任何园林均是人造出来的，必须在人工精心培育管理下，才有可能形成绿色的艺术品，是极其不易的！中国园林源于自然，但不是自然。

二、“近自然林业”与风景园林

“近自然林业”是德国林学家嘎耶（Gayer）教授1989年提出来的。完整的近自然森林经营和技术体系，是1920年由德国林学家Moller为代表的近自然林业学派，针对“法正林”的营造理念（营造同龄、单树种、单层结构的森林）而提出的；而“近自然林业”营造的理念是：营造异龄、多树种、复层结构的森林。两种不同的营造森林理念，形成了迥然不同的后果。采用“法正林”营造的森林，一旦达到轮伐龄林，则实行皆伐作业，这样连续使用“法正林”，林地的土壤退化，出材率下降，环境恶化；而“近自然林业”采用各种择伐技术，调整森林结构，保持了地力，获得了稳定的木材生产力，保持了良性的森林生态环境。

日本知名的生态学家，国际生态学会前会长，宫胁昭教授，在20世纪80年代创立的“宫胁昭造林法”，在日本以及欧美诸国许多城市的绿地建设、生态修复方面成效显著、影响很广。

我们与林学家、生态学家比较，我们缺了什么？值得园林学科深思！

刘茂春

浙江大学教授，原浙江林学院院长，著名园林专家

2020.8.5

曹林娣序

翻阅陈波博士寄来的《浙派园林学》书稿，首先被“园林学”的名词所吸引，书稿从设计理论与方法、营造技艺到实践案例分析，冀以建立一套知行合一的科学理论体系。研究视野广、目标大，令人倍感欣慰。

具有3000年构园史的中国园林，植根于农耕文化的肥壤沃土，是中华文化的综合载体，并以山水画意式的靓丽风貌，在世界上与西亚、古希腊三大构园流派中独树一帜，18世纪曾大踏步地走向世界。中西园林自成一系统，中国园林文化是专属于中华民族的传统文化，我们应该对她保持敬畏之心，理应建立起自己的一套理论框架。本书的意义还在于：

一、救败继绝　功盛德厚

江南园林以其高逸的文化格调，成为中国园林的代表。“浙派园林”，无论是位于江南“八府一州”“腹心之地”的杭嘉湖地区，还是在钱塘江以东部分地区绍兴、宁波地区，都属于“东南财赋地”。

浙派园林与苏州园林并以风景名世。浙江是中华文明的开元发祥之地：吴越地区发现的新石器时代文化遗址，从上山、小黄山、跨湖桥、河姆渡、良渚等到马桥等青铜时代，展现了吴越史前文化发展的完整而清晰的脉络。最近又在宁波地区发现了8000年前的文化遗存。上山、河姆渡先民的干阑建筑、榫卯结构，奠定了江南乃至中国古代园林建筑的基本类型，进入了成熟的史前文明发展阶段。六朝以前，与吴地共同创造了灿烂的“吴越文化”。可惜的是，如童寯先生于1937年抗日战争前写的《江南园林志》所说：“杭州私园别业，自清以来，数至七十。然现存者多咸、同以后所构。近且杂以西式，又半为商贾所栖，多未能免俗，而无一巨制。”令人扼腕！

“浙派园林研究中心”挖掘历史，重振辉煌，是以实际行动振兴中华文化做扎扎实实的工作，这是真正的文化自觉！

二、一体多元　百花争妍

“浙派园林”固然是一地域概念，但地理因素绝对不可小觑。园林作为一门艺术，烙有丹纳所说的“自然界的结构留在民族精神上的印记”。中华文化一体多元，司马迁在《史记·货殖列传》就说过：陕西沃野千里，百姓喜欢稼穑（种地）；燕赵之地土地瘠薄，人口众多，人性格急躁，人们任侠豪爽，慷慨悲歌；齐国土地肥沃，适合种植桑麻，人们穿着多文采，性格宽缓阔达；鲁西南受儒家思想影响较大，礼数齐备，人比较规矩。浙江和苏州虽然同风同俗，但地理条件不一，自春秋时期开始，就有差别。浙江人接近海洋，多真山真水，思想较苏州开放。因地制宜，才能有效防止千城一面，使华夏大地的园林千姿百态，百花争妍。

三、探索继承　开拓创新

书中力图在继承中国固有的园林文化基础上的开拓创新。如重视了中国园林固有的“汉字”文化精神、园林营造的“意”与“境”的构成，乃至生态造园手法中对藏风得水法、风水五行等的考量。虽然有的研究尚属探索，理论深度还需进一步深化，但依然十分可贵。

如园林中的汉字用典。汉字是中华民族文化与智慧的瑰宝，汉字精神铸就了中国古典园林的诗性品题，以诗文构园，正是中国园林与西亚和西方的最大区别。

另如“风水五行”，中国在商代就已形成了“五行”思想体系，编定于周初的《易》卦爻辞，已经具备了“阴阳”的观念。实际上，在经典的苏州园林的空间布局中都运用了五行相生、五行串联万事万物的原则，是中华先人对宇宙万事万物认识的知识基础，在此基础上产生了一整套知识和技术。

四、知行合一　产学结合

致良知，知行合一，本是阳明文化的核心，知是指良知，行是指人的实践，知与行的合一。它是中国古代哲学中认识论和实践论的命题，只有把“知”和“行”统一起来，才能称得上“善”。我在这里将之运用在理论与实践的结合。“浙派园林研究中心”是产学结合的研究机构，是理论与实践结合的平台。书中的营造技艺与案例分析就是产学结合的成果，也是知行合一的结晶。

在本书出版之际，略赘数语，聊作贺词，希望浙派园林，不断创造新的辉煌！

曹林娣

苏州大学教授、博士生导师，著名园林文化专家

浙江省浙派园林文旅研究中心首席顾问

庚子夏日

贾晓东序

“虽由人作，宛自天开”。中国园林，是举世公认的“世界园林之母”“世界艺术之奇观”，是人类文明的重要遗产。中国园林文化是中国传统优秀文化的重要组成部分，是独特的文化艺术载体，是哲学、文学、书画、戏曲等中国传统文化形式的融合，其不仅体现了中国古代文人和能工巧匠的勤劳与智慧，还客观地反映了中国社会历史文化的变迁，折射出中国人自然观、人生观和世界观的演变与传承。对于像园林这类优秀的传统文化，我们要自觉践行好“保护好、传承好、发展好”及十九大相关指示，“推动中华优秀传统文化创造性转化、创新性发展”。浙派园林，作为中国园林的重要分支，在中国园林的发展历史上占有重要地位。从整个历史时期来看，浙江各种类型的园林都相当齐备，并具有较高的建造和艺术水平。作为浙江珍贵的历史文化遗产，浙派园林在当代仍有其重要意义。

“绿水青山就是金山银山。”顺应自然、追求天人合一，是中华民族自古以来的理念，也是现代化建设的重要遵循。园林是传统文化与生态文明的有机结合，是人与自然沟通的世界性语言。十九大明确了“建成富强民主文明和谐美丽的社会主义现代化强国”的奋斗目标，把“坚持人与自然和谐共生”纳入新时代坚持和发展中国特色社会主义的基本方略，指出“建设生态文明是中华民族永续发展的千年大计”。园林作为国家生态文明建设的重要支柱，文化浙江、美丽浙江的重要内容、文旅融合发展的重要平台，在提高人类生活质量、保障人类身心健康、享受自然美感、充实人类精神品位方面具有其他行业无法替代的作用和不可取代的地位，市场前景广阔，浙派园林大有可为。

浙江省文化和旅游发展研究院作为我省文化、旅游与艺术领域重要的研究机构和智库平台，在全省文化、旅游和艺术建设实践中发挥着积极的指导作用。浙派园林文旅研究中心作为研究院的下属机构，创新性树立了“浙派园林”大旗，致力于浙派园林乃至中国园林文化与旅游事业的传承、发展、创新、推广。

中心成立两年多来，在陈波主任的带领下，不忘初心、砥砺前行，攻坚克难、奋发有为，取得了一系列喜人的成绩。特别是在学术研究领域，继 2018 年推出“浙派传统园林研究丛书”之后，又积极编辑出版“新时代浙派园林研究丛书”。作为新丛书的第一部，《浙派园林学》一书成为新时代浙派园林学术体系的奠基之作。细读全书后，我觉得这部书有如下创新点：

第一，该书对“浙派园林”这一园林体系和风格流派进行了重新定义：所谓浙派园林，是指以浙江省为核心地域范围，依托真山真水营造，具有自然山水式造园风格，体现东方生态美学特征的园林的总称。这一定义实现了浙派园林含义从“地域化”到“风格化”的拓展，有利于浙派园林风格在美丽中国建设中发挥更大更好的作用。

第二，结合哲学、历史学、生态学、艺术学、美学、文化、工程学等学科领域的理论与方法，融合国内外最新学术研究成果，从理论、方法、要素、意匠、技艺与实践等角度，构建了“浙派园林学”这一新的学术体系，丰富和完善了当代中国风景园林学科理论与实践体系；特别是提出了基于近自然园林理念的“立体自然观”，拓展和丰富了孙筱祥先生“三境论”思想，提出了独特的“造园意匠论”，并将传统四大造园要素上升到“山水林田湖草生命共同体”的视角。

第三，以生态文明新时代为背景，立足于“生态文明建设”“美丽中国建设”“生态文化”“东方生态美学”和“山水林田湖草生命共同体”等政策导向和宏观视角，与时俱进，具有较强的时代性、前瞻性、创新性和指导性。

第四，对浙派园林传统造园意匠与传统生态造园手法有较为全面的阐述和总结，在此基础上，融入了若干传统与当代浙派园林设计与营造经典案例，体现了产学研结合与理论联系实际的特色。

“不忘初心，方得始终”，我深深地为陈波博士领衔的研究创作团队的责任心和使命感所钦佩，并为他们精心打造的著作得以付梓而倍感欣慰。我相信，本书乃至本套丛书的出版，一定会为浙派园林事业的再次腾飞注入强劲的动力，对浙江乃至全国的生态文明建设、优秀传统文化传承创新都将起到重要的贡献，故乐为之序。

原浙江省文化艺术研究院院长

现浙江省文化和旅游发展研究院文化艺术总监

2020 年 6 月

郑占峰序

蓝天白云，四季花开，每天睁开双眼，就能呼吸到满室花香，这不是梦，是心之所向。不必承受跋山涉水的旅途劳累，不必担心气候不同引发的各种不适，只要一转身或者走下楼就可以接近大自然，跟家人在开满鲜花的环境里一起游憩。这是多么美好的一件事情，是多少人心之所向的幸福生活。也许，很多人会说，这只不过是文人墨客的一种诗意美化和情感追求罢了，只能渗透文人的审美和价值观，不能当真。但是，“闲倚胡床，庾公楼外峰千朵。与谁同坐，明月清风我”的诗句让多少浮躁的人平静下来；“未出土时便有节，及临凌处尚虚心”又让多少人胜不骄败不馁？文人也罢，普通人也罢，自古至今恒久不变的都是文化的相通，追求的一致。这便是古往今来人们普遍追求的理想生活——园林式生活。

园林源于自然又高于自然，是自然之美、科技之美和文化之美的结合；是把人文的、自然的等各种造景要素汇集在一起，经过巧妙的安排，形成符合我们中国文人特有的价值观的场所。诗和远方不是园林，园林在诗和远方之外，园林即美，美是人类的终极关怀。中国古代哲学观强调“天人合一”，要求人们“道法自然”。因此，“虽由人作，宛自天开”的理念便成为中国古典园林艺术的追求。

我国的园林艺术，如果从殷、周时代囿的出现算起，至今已有三千多年的历史，是世界三大园林体系和源头之一，在世界园林史上占有极其重要的位置，并具有高超的艺术水平和独特的艺术风格。在世界各个历史阶段的文化交流中，中国园林崇尚自然的写意山水园林理论与创作实践，不仅对日本、朝鲜等亚洲国家，而且对欧洲国家的园林艺术创作也都产生过很大的影响。为此，中国素有“世界园林之母”的美誉。

党的十八大以来，党中央始终把生态文明建设放在治国理政的突出位置，牢固树立“绿水青山就是金山银山”重要理念；坚持以人民为中心，以“公园城市”理念塑造生态、生活、生产高度融合的城市空间；坚定文化自信，传承和弘扬以“中国园林”等为代表的中华优秀传统文化。我国风景园林行业迎来了蓬勃发展的春天！

2020 年初，一场新冠肺炎疫情突如其来，给人民群众的生命和健康造成严重威胁，给全国正常的生产、生活秩序也造成深刻影响。园林绿地作为维护人们健康和城市公共安全的重要绿色基础设施，是疫情防控期间重要的隔离防护和户外休憩活动场所。

在民族伟大复兴和城市现代化建设进程中，风景园林行业在营建高质量人居环境、建设健康城市、提高城市公共安全水平领域具有其他行业无法代替的作用，其重要地位将日益凸显并逐步被全社会认知。

我国地域广大，东西南北的气候地理条件及人文风貌各不相同，因而园林也常常表现出较明显的地方特色，并形成了最具代表性的两大传统园林艺术精华——皇家园林和江南园林。古典皇家园林，在生态文明新时代，虽然仍散发着无穷的艺术魅力，但推广应用的局限性很强。而在当今新时代美丽中国建设进程中，古典江南园林艺术的发展空间却越来越广阔，可以预见，一定时期内，江南园林也许会独步天下。

江苏和浙江都是江南传统园林的主要发祥地。以苏州园林为代表的苏派园林多为城市山林，咫尺之内造乾坤，方寸之间显美景，精致而小家碧玉，不仅在国家文化交流的“园林外交”中越来越多地充当中国文化大使，而且在民间也变换着场景以整体或片段的身姿日益频繁地呈现在各地；以杭州园林特别是西湖景观为代表的浙派园林多依托自然山水营造，呈现出真山真水、疏朗明快、舒展自然的造园特色，在城市风景营造尺度上凸显出重要的推广价值和广阔的发展前景。在此历史机遇面前，陈波博士挺身而出，高擎“浙派园林”大旗，潜心研究、大力推广浙派园林地域风格，这是功在当代、利在千秋的重大事业。

受陈波博士之邀，为《浙派园林学》一书作序，品读全书后，我认为本书学术价值非常巨大。

改革开放 40 多年来，中国的经济、政治、文化、科技、社会等方面取得了巨大的发展成就，特别是生态文明新时代的到来，为风景园林行业带来了前所未有的发展机遇。雨后春笋般的园林专业院校与机构、不断创新的园林技术与材料、星罗棋布的园林设计施工企业、遍地开花的园林实践项目、异彩纷呈的园林艺术风格……，可以说，风景园林行业已迎来了大繁荣时代，已呈现出欣欣向荣的新局面。伟大的时代呼唤伟大的理论，当前风景园林的新理论、新思想也需要在大量实践基础上的总结、提炼、概括和发展。因此，从一定程度上来说，陈波博士的《浙派园林学》一书，无疑开启了中国风景园林地域化、风格化、理论化研究的新阶段。

同时，本书还有如下创新和特色：

1. 本书通过系统、深入、全面的考察和研究，第一次系统完整地提出了浙江地域性的园林学术体系——“浙派园林学”，构建了新时代浙派园林的世界观、认识论、方法论与实践论体系。

2. 本书紧扣生态文明新时代发展脉搏，第一次科学明确地界定了“浙派园林”的概念，把浙派园林风格上升到“东方人类山水美学思想的杰出典范”这一哲学高度，使得浙派园林既能自成一派，又具有极强的普世性，从而摒弃了门户之见和地域之别。

3. 本书积极继承和发扬中国传统园林理论方法，同时结合浙江地域自然和人文特色，对园林泰斗孙筱祥先生的“三境论”，以及“近自然园林”“中国园林造园意匠”“中国园林造园手法”等进行了发展和完善；同时将“山水林田湖草生命共同体”理念引入到浙派园林造园要素之中，体现出学术体系的完备性。

4. 本书还体现了多方面结合的特色：首先是“政、产、学、研”相结合的开放性协同创新；其次是理论与实践的结合，理论来自实践，又指导实践；最后，本书不仅有老一辈园林专家的鼓励，还有身在前沿的中年园林从业者的造园心得，以及年轻一代园林学子的研究成果，可谓老中青结合，让我看到了浙派园林传承发展的蓬勃生命力。

我衷心祝贺《浙派园林学》的完成和出版，并向陈波博士等作者表示由衷的敬意和感谢！相信本书的出版，将会极大推进浙江乃至中国风景园林行业新的发展，给风景园林学术界注入新活力！

中国风景园林学会风景园林规划设计分会副理事长
河北省风景园林学会副理事长兼规划设计专业委员会主任
北京林业大学园林学院客座教授
浙江省浙派园林文旅研究中心高级顾问
2020.8.8

前　言

中国地大物博，地域的不同造就了各地园林的差异化和特殊性，在提倡地方特色的今天，有关传统园林的研究也发生了极大的变化，以“中国”作为整体论述对象逐渐受到质疑，关注地方园林研究成为当今学界的共识。“浙派园林”是江南园林的重要组成部分，从地理区位上划分属于江南园林的南部，自东晋以来就深受外来文化的影响，园林繁盛且源流驳杂，其独特的价值对中国传统园林产生了深远的影响。虽然这一称谓自浙江省浙派园林文旅研究中心正式提出、界定至今时间并不长，但在当地独特历史、地理、经济、文化等因素的作用下，“浙派园林”早已形成。

浙江东临浩瀚的东海，气候温和，雨量充沛，土地肥沃，物产丰富，山水优美，佛教兴盛，是吴越文化、江南文化的发源地，被称为“丝绸之府”“鱼米之乡”。浙江范围内的杭州是历史上五代十国时吴越国与南宋王朝的都城，绍兴是春秋战国时越国的都城，这些都给浙江留下了丰厚的历史积淀。

浙江自古经济发达，繁荣富庶，兴盛的浙商成为推动浙江社会、经济、文化发展的主要动力；浙江历史上三次受到中原文化的大冲击（永嘉之乱、安史之乱、靖康之变），文化多元共生；浙江人历代重视教育，境内文人辈出，历史上曾出现多个学派，如“永嘉学派”“浙东学派”等，它们的学术观点有较强的共性，都较强调“经世致用”；浙江的绘画、书法、篆刻、盆景等都自成一派，在历史上具有较大影响力，地位较高，享誉海内外，这些都对浙江的传统园林营造产生了重要影响，并逐步形成了具有本地文化内涵、地域特征和独特魅力的“浙派园林”。

在江南园林这个范畴里，如果说以苏州园林、扬州园林、无锡园林等为代表的苏派园林的精华在于“人工之中见自然”，那么，以杭州园林、嘉兴园林、湖州园林等为代表的浙派园林则是“自然之中缀人工”做得更为精妙；如果说苏派园林大多是内向的，那么浙派园林则是局部外向的，外向的部分即是接纳湖山的部分。

本书对“浙派园林”这一园林体系和风格流派进行了重新定义：所谓浙派园林，是指以浙江省为核心地域范围，依托真山真水营造，具有自然山水式造园风格，体现东方生态美学特征的园林的总称。

东方生态美学“天人合一、道法自然”的核心思想，在浙派园林真山真水的创作之中得到淋漓尽致的体现。相比其他风格的园林，浙派园林呈现出更加包容、大气、生态、自然的无限魅力。凭借独特的诗画山水与璀璨人文，浙派园林成为东方自然山水式生态美学思想的杰出典范，并且自成一派，扎根于江南温润如玉的土地上，其造园特色与意匠辐射至全国各地，绽放出无限的光彩，引领着新时代中国园林发展的方向。

因此，本书对浙派园林进行了系统、深入而全面的研究，首次架构了“浙派园林学”学术体系，从浙派园林的哲学渊源、滋养沃土、地位价值、基本理论、设计方法、造园要素、造园意匠、生态技法、典型案例等方面进行了详细阐述。

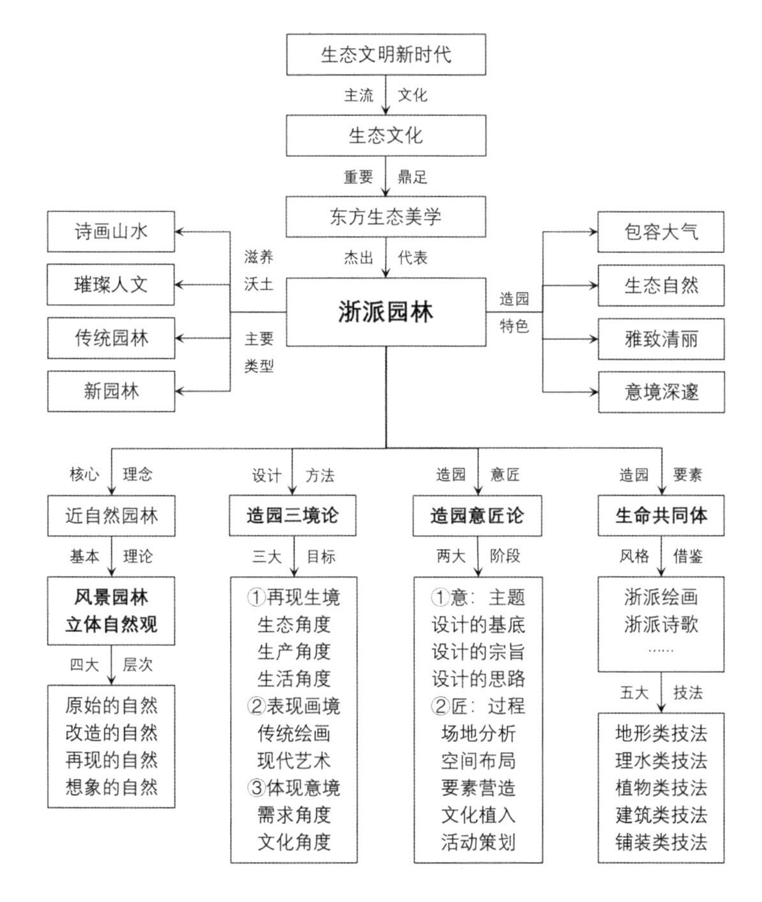

“浙派园林学”学术框架

本书是各位作者通力合作的成果，整体构思与学术框架搭建由陈波完成，全书由陈波与王月瑶负责统稿。本书的部分章节直接引用了浙江理工大学风景园林专业硕士研究生袁梦、俞楠欣、陈中铭、邬丛瑜、朱凌、李秋明、巫木旺等同学的研究成果。中国电力出版社曹巍编辑为本书的编辑与出版提供了大力支持。书中部分资料引自公开出版的文献，除在参考文献中注明外，其余不再一一列注。在此，对上述人员一并表示衷心的感谢！

诚挚感谢著名园林与文化专家刘茂春教授、曹林娣教授、贾晓东先生和郑占峰先生为本书作序，四位专家的肯定和鼓励给予我们莫大的信心和前进动力，精彩独到的点评为我们后续研究指明了方向！

诚挚感谢德高望重的施奠东先生将大作《在中国风景园林的延长线上砥砺前进》一文在本书中全文转载；感谢各位领导、专家为“浙派园林”事业与本书出版题词、作画；感谢各位经验丰富的园林设计师、园林建造师为本书精心撰写造园心得，为本书增光添彩！

特别感谢著名水生植物专家陈煜初先生为本书出版提供的热情支持！

本书既可作为大专院校园林、风景园林、景观设计、环境艺术设计等专业的教材，也可作为园林景观相关专业学生与教师的培训材料，还可作为关注浙派园林的科研人员、设计人员、施工人员及其他爱好者的推荐读物。

由于学识和时间的限制，书中难免会有不足甚至错漏之处，恳请各位专家、读者批评指正。

著　者

2020 年 6 月

目　录

第三篇　传承创新、独领风骚：浙派园林经典案例

第一篇

真山真水、包容并蓄：浙派园林风格特色

第一章

生命共同体观与浙派园林造园要素

2013 年 11 月，《中共中央关于全面深化改革若干重大问题的决定》中指出：“我们要认识到，山水林田湖是一个生命共同体，人的命脉在田，田的命脉在水，水的命脉在山，山的命脉在土，土的命脉在树。用途管制和生态修复必须遵循自然规律，如果种树的只管种树、治水的只管治水、护田的单纯护田，很容易顾此失彼，最终造成生态的系统性破坏。”2017 年 7 月，在中央全面深化改革领导小组第三十七次会议通过的《建立国家公园体制总体方案》中，将“草”纳入山水林田湖生命共同体之中，使“生命共同体”的内涵更加广泛、完整。这次会议强调：“坚持生态保护第一、国家代表性、全民公益性的国家公园理念，坚持山水林田湖草是一个生命共同体。”党的十九大报告中指出：“统筹山水林田湖草系统治理，实行最严格的生态环境保护制度”；同时强调“人与自然是生命共同体，人类必须尊重自然、顺应自然、保护自然。我们要建设的现代化是人与自然和谐共生的现代化”。可见，山水林田湖草把生态文明建设与广大人民的民生问题紧密联系在了一起。所以，生命共同体不仅仅体现在“山水林田湖草”，而应该把其中的关键主导要素“人”也在生命共同体的表述中体现出来。

随着经济的快速发展，水、土、空气污染严重，食品也面临着污染的威胁，自然生态系统严重退化、服务功能显著降低、资源约束趋紧等环境问题严重制约着生命共同体的可持续发展。生态文明建设的核心是修复“人与自然的关系”，全面提升人类福祉。园林行业作为生态环保产业的重要支柱，园林景观建设是实现人与自然和谐相处的重要手段。山石、水体、植物和建筑是四大传统造园要素。在生态文明新时代，园林景观建设的内涵与外延也逐步扩大，包括了山水林田湖草等各类生态系统，它们都是园林景观建设的基础，成为重要的造园要素。因此，在“山水林田湖草—人”生命共同体观重要理念的指引下，以真山真水为特色的“浙派园林”风格迎来蓬勃发展的春天。我们必须积极践行“绿水青山就是金山银山”重要理论，统筹推进治山、治水、治林、治田、治湖、治草，打造全域“山水林田湖草生命共同体”，为浙派园林事业的发展与腾飞注入活力。

第一节　生命共同体观的含义与特征

共同体思想最早由德国社会学家滕尼斯提出，意指社会学语境中人们的共同生活，是一种原始的天然状态，包括血缘共同体、宗族共同体、地缘共同体等。亚里士多德认为，共同体是一种政治学概念，指的是以善为发展目标的关系性团体。而在哲学的发展过程中，马克思认为共同体经历了自然形成的共同体、虚假的共同体、真实的共同体，这三种形式主要体现的是人与人之间的关系。进而言之，在部落共同体中，人的生存发展依赖于血缘关系；而到了虚假的共同体中，人成了异化的存在物；只有在真实的共同体社会中，人的发展才是自由而全面的。中国古代农业文明中孕育着丰富的生态智慧，如“天人合一”“知天命，畏天命”“仁者乐山，智者乐水”等哲学思想，都是强调人与自然的和谐统一。在此基础上，生命共同体思想拓展到了整个生态环境系统中，既强调了自然中各要素的能动性，同时也指出了作为整体概念的自然与人具有同等的能动属性。

自然界是人类生存与发展的前提和基础。“人们为了能够‘创造历史’，必须能够生活。但是为了生活，首先就需要衣、食、住、行以及其他东西。”自然界存在于人类出现以前，为人类的生存和发展提供一切必需的物质资料。

人类虽然靠科学发展和能动的创造征服和改造自然，取得了一个又一个的胜利，但也因不尊重自然而招致自然无情的打击和报复。现在全球变暖、河流污染、大气污染、森林破坏等就是最好的证明。恩格斯曾说：“人类自我陶醉的对自然的一次又一次的胜利只是暂时的，对于这种胜利，自然界迟早都要进行报复和惩罚。”所以，如何更好地开发利用自然，与自然和谐相处，是人类目前面临的一个亟待解决的时代难题。

生命共同体观是我国生态文明建设的理论创新，是实现美丽中国生态梦的题中应有之义。这一理念是对当前生态环境问题的积极回应，深刻揭示了自然与人之间的辩证逻辑关系，为新时代生态文明建设指明了前进的方向。身处这一共同体中，我们没有理由做出任何伤害自然的事情，因为这终将伤害人类自身。我们必须时刻谨记这一判断，在尊重自然、顺应自然、保护自然的进程中构建和谐而美丽的家园！

一、“山水林田湖草—人”生命共同体的含义

（一）“山水林田湖草—人”生命共同体的概念

首先，自然界作为一个整体，是由水、空气、山脉、河流、森林、湖泊、动植物等共同构成的。虽然构成自然界的各个部分在自然界中发挥的功能不同，例如：水给动植物提供生存必备的物质；河流、森林、湖泊等为动植物提供栖息的场所和物质能量；动植物的存在为河流等提供了物质交换的可能。但是，它们之间又彼此依存，构成一个“生命共同体”，缺一不可，一者受到破坏或影响，另一者必受破坏和影响。

其次，“生命共同体”思想包含人与自然的关系。一方面，人的生存和发展所需的物质生存资料、物质生产资料根源于自然界，人离开自然界，就是“无源之水、无本之木”；另一方面，自然也依存于人。在人类出现之前，自然呈现完全的原生态状态，它所蕴含的丰富的自然资源无法发挥其应有的价值，自然本身也不能实现更好的发展。人类通过自己的实践活动，对自然进行有效的开发和利用，形成了“人化自然”，极大发挥了自然本身所蕴藏的巨大价值，同时也促进自然本身的良好发展。

可见，如果没有人类的参与，自然界还是原始的状态，因为人类的存在，自然界的多样性和竞争性才会存在，自然界才能够延续至今。自然界和人类呈现相互联系、相互依存、相互影响的关系，形成一个“生命共同体”，正如党的十九大报告中提出的，“人与自然是生命共同体，人类必须尊重自然、顺应自然、保护自然”。

（二）“山水林田湖草—人”生命共同体中的辩证关系

生命共同体观是生态文明思想的核心理念，是建立在历史唯物主义基础上对人与自然关系的创新理解。生命共同体观既是人类历史发展规律的必然，也是人类优秀文化融合共生的结果，它赋予了自然与人同等的能动属性，并把历史唯物主义中的生产力拓展到了整个生态领域。生命共同体观作为一个关系性理念，需要立足历史唯物主义基本原理，坚持人的能动性与受动性的辩证统一。

首先，面对“人与自然是生命共同体”这一判断，既要看到作为“共同体”的“一”，即从整体性去认识这一生命共同体；又要看到“共同体”中包括人在内的大千世界的“多”，即从特殊性去认识这一生命共同体。其次，当我们呼唤并致力构建人与自然的“生命共同体”时，便意味着我们摆脱了纯粹被动地受自然的约束与限制而“不得不”考虑自身进退，进而以主动的、自觉的、平等的、有爱的姿态来审视自身的行为，表现出进退得当的状态。再次，当我们从“取”与“还”的辩证关系去把握“生命共同体”时，既要认识到没有“取”的“还”是不可想象的，应取之有道；又要认识到，没有“还”的“取”是不可持续的，应还之有力。在“生命共同体”中，人既是“取”的主体，也是“还”的主体，不能片面地强调任何一个方面。只有在两者的平衡中，人类才能够充分发挥合理的主体性，为更加美好的“生命共同体”注入独属人类的智慧与实践。最后，在对待自然的态度上，需要坚持人的能动性和受动性的辩证统一，切勿割裂二者之间的关系。需要明确的是，不能只强调能动性，而忽视受动性，也不能只顾及人的受动性，而将人的能动性抛之脑后。

因此，应该坚持自然的优先性，把人类的工具理性、技术理性置于价值理性之中。莱斯指出：“控制自然的任务应当理解为把人的欲望的非理性和破坏性的方面置于控制之下。”简而言之，人的主体性的发挥要有一定的度，要依据自然规律行事。要在顺应自然的基础上坚持自然自身的修复功能，减少人们对自然的干扰，把生物措施、农艺措施和工程措施有机结合起来。应该深刻理解人与自然之间的主体客体化的过程和客体主体化的过程，理解人与自然之间的双向互动，积极构建人与自然的“生命共同体”，注重主体的人对客体自然的态度，把人的实践活动控制在一个合理的范围内，避免人的能动性的夸大或者抑制。只有这样，才能真正构建既尊重客观自然，又彰显主体价值的“生命共同体”。

二、“山水林田湖草—人”生命共同体的特征

（一）整体性

整体性是生命共同体的核心，即山、水、林、田、湖、草、人各要素通过能量流动、物质循环和信息传递，组成一个互为依托、互为基础的生命共同体。开展生态保护与修复必须着眼于整个陆地生态系统，统筹考虑各要素相互联系、相互依存、相互制约的特点，提升整体的生态系统服务功能，避免工程项目碎片化。

（二）主导性

“山水林田湖草—人”生命共同体的关键在于“人”，也就是说生命共同体的主导因素是“人”，其能否健康而有序地发展取决于人类的主观意识和行为模式，包括制定的相关政策、法规、经济发展模式和农林业生产方式。尤其是农村实行联产承包责任制后，每户单干的农业生产方式对生态环境保护与生态功能维护都存在非常大的隐患，人类充分发挥政策制约、有效组织和带动作用对于生命共同体的健康发展至关重要。

（三）结构性

山、水、林、田、湖、草、人在生命共同体中的位置和相互作用各不相同，各要素的数量、质量以及空间布局，直接决定了生命共同体的繁荣、健康、可持续。应明确生命共同体中各要素所构成的景观特征和形成机制，从整体与部分的关系权衡“山水林田湖草”自然生态系统与人类社会经济系统的合理配置，积极推进各要素的均衡优化布局和科学高效利用。

（四）动态性

山、水、林、田、湖、草、人各要素在时间尺度和空间尺度上都具有不断变化的特征，由此组合而成的共同体也处于不断变化和发展的动态过程中。这就决定了“山水林田湖草—人”生命共同体的生态修复工程不能一成不变，需要因时、因地、因事统筹规划，找到最优解决方案，以不断满足人民日益增长的优美生态环境需要。

第二节　生命共同体观的价值

生命共同体观植根于中华优秀传统思想文化的肥沃土壤，继承了马克思、恩格斯关于人与自然关系的理论，是在我国生态文明建设实践中形成与发展起来的。在全球生态危机日趋严峻的今天，“生命共同体”以其独特的理论意蕴和严密的实践逻辑成为我们在新时代推进生态文明建设、实现人与自然和谐共生的理论指针。关于“生命共同体”的重要论述，不仅对于解决中国生态问题、建设美丽中国意义重大，而且对于整个人类应对全球性生态危机、共创地球美好家园同样具有重要意义。

一、丰富了马克思主义的“共同体”理论

“生命共同体”既是中国特色社会主义生态文明的理论核心，也是对马克思主义共同体思想的丰富和拓展。马克思关切人的全面发展，认为人类社会在经历了“自然共同体”“抽象共同体”之后，最终将进入“真正的共同体”，即共产主义社会。共产主义社会是对人的自我异化的积极扬弃，是人与自然、人与自我矛盾的真正解决。

如今正处于迈向共产主义社会的发展进程中，其间难免会遭遇多种多样的生态困境。然而，中国化的马克思主义者不会因此而屈服，相反会积极投入到超越资本主义工业文明发展模式的实践中去。基于对当今世界生态危机根源的敏锐洞察和对以“资本—货币”为轴心的“抽象共同体”的深刻分析而形成的“生命共同体”理念，促进了人与自然的和谐共生，有助于解决生态危机，增进人类的共同福祉。这与马克思提出的“真正的共同体”具有逻辑契合和内在相通之处。因而，关于“生命共同体”重要论述从追求人与自然和谐共生的生态向度，丰富了马克思主义的共同体理论，具有深厚的历史意蕴和重要的时代价值。

二、继承与发展了中国传统生态文化思想

人是大自然的组成部分，中国传统生态思想强调“以天地万物为一体”的整体性观念。张载说：“儒者则因明至诚，因诚至明，故天人合一。”老子曰：“人法地，地法天，天法道，道法自然。”人是大自然生命价值的承担者，人与自然万物同出一源，其本原都是“道”，他们作为不同生命存在的展开形式，有着共同的本质和相同的法则，由此构成同体而共在。人不应该把自己当作自然的主人，对自然妄加作为，而应以自然为师，一切按照一定的自然规律来行事。这种合天地万物规律而生存与发展的价值理念，奠基了人与自然和谐共生的生命共同体意识。

生态文明植根于中华传统价值理念的肥沃土壤中，“山水林田湖草—人”生命共同体在传统生态文化思想中丰富了人与自然共同体的内容，帮助我们走出“人类中心论”的认知误区，“大生命体”的共同感，敬天爱地、尊重生态，深刻表达了“共同体”价值理念的本质，对于现代社会正确认识和处理人与自然的关系提供了新的思路，具有重要的参考价值。

三、推动了新时代中国特色社会主义生态文明建设

随着全球经济社会的不断发展，各类生态风险和生态问题不断滋生和爆发，如果依然按照工业时代的发展模式，生态危机将愈加严重，地球也将变得不宜居住。因此，建设生态文明社会是现实的必然选择。

生命共同体观正是以系统论或整体论的辩证思维，揭示了山水林田湖草之间相互依存、相互影响、相互制约的复杂关系，揭示了人与自然之间和谐共生、荣辱与共的一体关系，既从辩证法的角度为我国生态文明建设打开了全新的视野，明确了我国生态文明建设的基本方向，也为今后我国生态文明建设提供了重要的方法论指导，是当前及今后我国生态文明建设必须遵循的理论指南。

生命共同体观以“智者见于未萌”的远见卓识，站在人类文明发展的历史高度，阐述了一系列关于生态文明建设的新观点，并多次强调，“要坚持在发展中保护、在保护中发展”，“切实把生态文明的理念、原则、目标融入经济社会发展的各个方面”，以推动实现人与自然和谐共生的社会主义现代化。

具体而言：其一，关于“生命共同体”重要论述强调“生态生产力”的生态发展观，有利于正确处理好“绿水青山”与“金山银山”的发展关系，充分发挥绿水青山的经济社会效益。其二，关于“生命共同体”重要论述从整体论和系统论的角度推进生态治理，改变了过往“重城市、轻乡村”“重高楼、轻绿色”的做法，转而强调既要“把握好生产、生活、生态的空间关系”，“使城市内部的水系、绿地同城市外围森林、耕地、河湖形成完整的生态网络”；还要“加快推进乡村生态保护”，“深入实施山水林田湖草一体化生态保护和修复”，从而能够更全面、更系统地推进生态文明建设。其三，关于“生命共同体”重要论述最终是为了满足人民对于美好生态环境的需要，如此一来，全面深入推进生态文明和美丽中国建设能够更好地获得社会认同，提高全民参与的积极性，最终形成生态文明建设的社会合力。

这些论断既表达了对我国社会主义现代化建设提出的新目标和新要求，也表达了人民对优美生态环境的迫切需要。中华民族伟大复兴的中国梦，明晰了生态文明建设所要达到的目标，生动形象地描绘了生态良好的美好前景，顺应了人类文明发展的必然趋势，回应了人民群众的期盼和关切。以生命共同体的思维来全面推进我国生态文明建设，可以大大加快我国生态文明建设的步伐，提高生态文明建设的成效，早日实现中华民族伟大复兴的中国梦。

四、拓展了“人类命运共同体”的构建路径

从全球范围来看，现代生产力和生活方式对自然生态形成了超强破坏力，这是由于人类没有真正形成可持续的发展理念，没有确立人与自然和谐共生的生态文明观。关于“生命共同体”的重要论述并非局限于推动美丽中国建设，还着眼于“携手共建生态良好的地球美好家园”。这意味着“生命共同体”从生态文明视野，拓展了“人类命运共同体”的推进路径，因为“人和人之间的关系直接就是人同自然界之间的关系”。

生命共同体观从自然的生命系统和人类社会与自然的生命系统出发，厘清了经济增长与生态文明的关系，揭示了生态危机的根源，这样更有助于共商、共建、共享全球治理理念的吸纳认同。事实上，地球村的生存场景早已让生态危机突破了地理空间的界限，“同呼吸、共命运”是人类共同的课题。党的十九大报告明确指出：“建设持久和平、普遍安全、共同繁荣、开放包容、清洁美丽的世界。”美好世界的呈现，内在要求跳脱狭隘的地域界限、制度藩篱和文化区隔，将一国的生态治理与生态文明建设融入全球生态圈中加以审视。中国美丽则世界美好，世界美好则中国美丽。“中国将继续发挥负责任大国作用，积极参与全球治理体系改革和建设，不断贡献中国智慧和力量。”

第三节　生命共同体观在浙派园林中的体现

一、生命共同体观在浙派传统园林中的体现

浙派传统园林是指有史以来直至清末时期的所有浙派园林的统称，包括皇家园林、私家园林、寺观园林、公共园林、书院园林等诸多类型。“山水林田湖草—人”生命共同体建设囊括了自然生态系统与人文生态系统两个方面的统筹治理。浙江得天独厚的自然条件与灿若群星的名人志士共同为浙江赢得了“物华天宝，人杰地灵”的美誉，成为浙派传统园林产生与发展的沃土，其中包含了山水林田湖草等各类造园要素。

例如，魏晋南北朝时期绍兴园林的大发展，实与这一时期山水诗的崛起有着密切的关联；而绍兴的经济和自然环境又为这一时期自然审美风尚和山水诗的发展提供了条件。汉代鉴湖水利工程兴建后，大片农田得以灌溉，使绍兴以物产丰饶、城乡繁华、富实殷足而闻名天下。同时，南渡的士人们在会稽看到了前所未有的旖旎风光，顾恺之赞曰：“千岩竞秀，万壑争流，草木蒙笼其上，若云兴霞蔚。”王献之咏叹：“从山阴道上行，山川自相映发，使人应接不暇。若秋冬之季，尤难为怀。”他们被会稽山水所吸引，纷纷来此求田问舍，营造别业。正如谢灵运所言：“会境既丰山水，是以江左嘉遁，并多居之。”田庄别业渐成名士隐逸之所，也成了士人们审谛自然之美，亲近山水的便利入口。在这样的环境中，形成了宴集游赏于山林、诗文唱和以往还的风气，酝酿和催化了山水诗。王羲之、谢安等名士兰亭雅集，摹写山水情景，抒发散淡恬旷的情怀，借以表达名士所领悟的玄理，后成为中国传统园林永恒的美学追求。又有文学史上第一位大量写作山水诗的谢灵运，所描写的大多是会稽一带的山水和庄园风光。谢灵运把具有艺术性的庄园作为审美对象入诗，山姿水态、云霭林烟在他的笔下都逼真鲜活；博学、才情和个性又使他的山水诗内涵丰富、构思精巧、语言典雅，可谓卓然超群。谢氏庄园始宁墅，“傍山带江，尽幽居之美”。从其《山居赋》及其自注来看，可以说是一座典型的园林化庄园。

而南宋的临安、吴兴一带，更是当时的文人私园萃集之地。其中，有耸立着

三大太湖名石的“南沈尚书园”：“依南城，近百余亩，果树甚多，林檎尤盛。内有‘聚芝堂’‘藏书室’。堂前凿大池，几十亩，中有小山，谓之‘蓬莱’。池南竖太湖三大石，各高数丈，秀润奇峭，有名于时。”有四面皆水而以荷花著称的“莲花庄”：“在月河之西，四面皆水，荷花盛开时，锦云百顷，亦城中所无也。”有分赵氏“莲庄”其半而为之的“赵氏菊坡园”：“……前面大溪，为修堤画桥，蓉柳夹岸数百株，照影水中，如铺锦绣。其中亭宇甚多，中岛植菊至百种，为‘菊坡’，中甫二卿自命也。相望一水，则其宅在焉，旧为曾氏‘极目亭’，最得观览之胜，人称‘八面曾家’，今名‘天开图画’。”还有规模虽小、然曲折可喜的“王氏园”，有登高尽见太湖诸山的赵氏“苏湾园”，有地处弁山之阳、“万石环之”的叶氏“石林”，有藏书数万卷的“程氏园”等。

这些案例无一不体现着“山水林田湖草—人”生命共同体思想，蕴含着对人与自然之间美好关系的追求。一方面，人类在发展的基础之上保护自然环境，自然界给予人类生存的基本物质资料；另一方面，自然界蕴含了丰富的自然资源，人类通过实践开发、改造自然界，使自然界实现了自身的价值。

二、生命共同体观在浙派新园林中的体现

浙派新园林是指自鸦片战争开始直至目前的近现代浙派园林的统称，特指新中国成立之后，尤其是 21 世纪以来的现代园林，主要包括公园绿地、城市广场、附属绿地、区域绿地等多种类型。浙江省是“绿水青山就是金山银山”理论的发源地。近年来，随着中国综合实力的增强和一系列生态文明宏观政策的出台，浙派新园林正迎来发展的春天。本节基于“山水林田湖草—人”生命共同体观，分析浙派园林各要素所体现出的生命共同体理念与措施。

（一）治山

浙江省总体地形地貌特征为“七山一水二分田”，山地资源非常丰富。山是水的命脉所在，山是主要的生态涵养区，是生态保护的主战场，是生态文明建设的主阵地。浙江省重点生态功能区包括浙西山地丘陵重点生态功能区、浙南山地丘陵重点生态功能区和浙中江河源头重点生态功能区，均位于广袤山区，面积合计 21177km^2。

重点生态功能区具有水源涵养与饮用水水源保护、洪水调蓄等多种涉水生态服务功能。钱塘江流域南北源的开化、淳安以及瓯江流域上游的遂昌、云和、景宁、龙泉等县（市），均属于省级重点生态功能区，应实施最严格的源头（水资源）保护与生态修复制度，强化江河源头地区的生态环境保护，控制水土流失，限制导致生态功能退化的开发活动，切实保护千岛湖、飞云江等重要饮用水水源地，确保流域生态安全。

在符合省域主体功能区划以及空间总体规划的要求下，浙派园林建设应充分利用山水资源以及水利工程设施，打造国家级、省级水利风景区与风景名胜区、旅游度假区，有条件的地方争取创建国家公园，合力做好治山治水文章，共同保

护水资源，促进人与自然和谐共生，推进美丽浙江建设，努力打造成“山水林田湖草——人”生命共同体的样板与生态文明建设的典范。

（二）治水

前几年浙江省有关部门部署开展的陆地水域面积调查显示，全省水域面积约占陆域面积的6.2%，初估水域面积已缩水近一成。在当前经济社会高速发展、国土高强度开发的背景下，必须严格保护江河水域生态空间，按照“共抓大保护、不搞大开发”的要求，对国土开发空间进行分区设防与分级设防，不搞全封闭、不统一设防标准，因地制宜修建堤防护岸，稳定非城区段现有自然岸线，保护山区农村蓄滞洪区、洪泛区以及城乡绿地、低地。重点围绕“水域面积不减少、功能不减退”的保护目标，根据被占用水域的面积、容积和功能，采取功能补救措施或建设等效替代水域工程。同时，突破行政区域内“单一化”的水资源配置格局，坚持“空间均衡”原则优化全省水资源配置格局，区域城乡互联互通、共建共享。

（三）治林与治草

山的命脉在土，土的命脉在树与草。治林（草）主要是做好种树植草与保持水土两件大事。

在营造滨水绿道方面，浙江省围绕《大花园建设行动计划》提出“打造骑行绿道网”架构，重点建设由环杭州湾、环南太湖、沿钱塘江、沿瓯江、沿海防护林带等构成的“两环三横四纵”骑行绿道网，推进钱塘江唐诗之路、浙东唐诗之路、瓯江山水诗之路等三大诗路建设。结合“百河综治”实施，打造彰显山海特色与江南水乡亮点的滨水绿道，山边绿道体现“实”字，溪边绿道体现“美”字，江边绿道体现“雅”字，河边绿道体现“用”字，湖边绿道体现“靓”字，海边绿道体现“防”字，构成了一幅幅人与自然和谐相处、绿色空间开放共享的优美画卷。

在水土保持方面，面对经济社会不断发展的新形势、新要求，需要进一步系统梳理水土流失治理和水土资源保护的思路，总结提升长期实践的经验，科学应用先进的技术，围绕省域“一岛两岸三片四带”水土治理总体格局，采取有效的水土保持措施，切实做好水土流失综合防治工作。进一步强化大湾区、大花园、大通道、大都市区水土保持和重点建设区域的监督管理，加强钱塘江、飞云江、鳌江、曹娥江等主要江河中上游及源头区的水土流失综合治理与水质维护，做好舟山群岛等海岛的生态维护与人居环境维护，实现水土资源的可持续利用和生态环境的有效保护。

（四）治田与美丽乡村建设

浙江省改革开放以来，伴随城市化的快速推进，各地城乡开发边界无限扩张，农田耕地面积随之大量减少。据有关资料显示，全省20年间城市面积扩大4倍左右，相应大幅减少了超出22.5万hm^2的耕地，以及更多难以统计的城乡低地与大量农村非耕地。为此，浙江省将按照“空间均衡”原则，坚持“以水定地”，严守

"永久基本农田保护红线、生态保护红线以及城乡开发边界"等三条国土空间用途管制红线。同时，以农业农村农民"三农"需求为导向，坚持"节水优先"原则，紧紧围绕水利服务"乡村振兴"战略行动计划，以现代农业园区、粮食生产功能区、旱粮生产基地建设为保障重点，深入推进农田水利基础设施建设。

在深化美丽乡村建设中，以山水林田湖草生命共同体的建设助力浙江乡村绿色振兴，要注重强化以下四条对策：

（1）坚持绿色发展，提高资源利用效率。要从根本上协调好人与自然的共生互利关系，牢固树立尊重自然与保护自然的意识，在追求物质财富之时，注重减少人们对自然生态系统的伤害。坚持绿色发展，要注重把握三个关键环节：①降低自然资源消耗强度。要大力推行低碳农业发展模式，减少二氧化碳排放量，力求提高资源利用率。②实现自然资源循环利用。要在农业生产领域中引入循环经济的理念，促进农业生产与生态环保的融合，优化农业生态环境，真正实现农业的可持续发展。③实现自然资源共享机制。坚持绿色发展，建立生态补偿制度，保证山区农村农民群众具有公平享用自然与有效保护自然的利益。

（2）坚持生态振兴，提高污染防控效率。农村环境直接影响城乡居民的米袋子、菜篮子、水缸子、花园子。要坚持因势利导地创立环保农业模式。推行农业绿色化与智能化有机结合，运用大数据智能化手段，加快传统产业转型升级，培育新业态。在农业绿色生产经营过程中，要注重减少化肥用量，增加有机肥使用比重；注重减少农药用量，增加生物农药用量；同时，着力完善废旧地膜回收与便捷处理技术。要实现全省行政村环境整治全覆盖，有效开展生态宜居家园与乡村环境治理，基本解决农村的垃圾分类、污水管网、厕所改造等问题，营造与美丽乡村相匹配的生态景观，为乡村百姓留住令人回味的浓浓乡愁与鸟语花香的田园风光。

（3）坚持"两化"融合，提高劳动生产效率。乡村生态产业化与产业生态化的融合发展，有助于促进人与自然和谐共生的乡村绿色产业振兴，有助于推动绿色产业振兴与生态环境保护的统筹协调。增强广大农民群众保护绿水青山与发展绿色农业的意识，构建引领乡村振兴的生态循环经济体系，不断提供优质生态产品与生态服务，增强新时代乡村振兴的可持续性。要注重做好两个方面的工作：①要推进乡村生态经济产业建设。要着眼于市场供求导向，充分满足群众生活需求，面向市场生产独具浙江特色的原生态产品。因地制宜发展乡村休闲观光农业，力求在支撑乡村产业发展的同时弘扬生态文明，促进乡村生态与文化振兴。②要培育乡村生态文化新业态。要以乡村绿色生态为本色、以农耕文化为载体、以农旅结合为平台，创立乡村生态文化新业态，借助乡村的森林、河流、田园等生态环境资源，提供具有浓郁生态气息的乡村文化产品和科普教育服务。

（4）坚持环境友好，提高多赢发展效率。在资源节约的同时，注重城乡环境友好，以生态经济振兴之力，拓展三产融合发展领域，提升乡土产品的附加值，使农民群众提高收入水平。坚持环境友好，一方面要注重生态宜居乡村建设。"依山而建、曲径通幽、临水开窗、朴实无华""前庭后院、花红树绿、小桥流水、错落有致"的乡居风貌，正是浙江传统乡村生态文化的特有符号与魅力，也是人与自然和谐共生思想的世代传承与诠释，应加以重视和保护。另一方面，要通过引入市场化机制，丰富美丽乡村建设的投资主体，发展以乡村为单元的休闲观光产业。

（五）治湖

浙江省平原湖泊大多属于蓄滞洪自然形成的天然湖泊与湿地，山区天然湖泊不多，大部分属于建造大中型水库形成的人工湖。随着山区适宜建库场址越来越少，今后要重点谋划在平原与河口地区打造人工生态湖。

近年来，一些沿海平原发达地区为解决防洪排涝问题，兴建了大量的防洪治涝工程，包括一些具有调蓄功能的人工湖。如浙江省台州市兴建的栅岭汪排涝调蓄工程，在排涝隧洞两头分别规划建设了两个人工湖，“飞龙湖”面积约 1.8km^2，“东山湖”面积近千亩，围绕两个人工湖规划打造台州绿心省级旅游度假区。另外，一些城市新城区为提升城市人居品位，结合城市新区规划建设了一些景观湖，起到美化水环境、改善水生态的作用。如乐清市清和公园总面积为 1950 亩，已建成 1023 亩水域的景观湖；温州市经济开发区金海湖公园总面积为 420 亩，已建成 153 亩水域的金海湖；苍南县中心湖公园总面积为 722 亩，已建成 210 亩水域的中心湖，可蓄水 30 万 m^3；温州市龙湾区设想在沈海高速复线龙湾段下方，打造长 8km、宽 150m、合计 1800 亩水域的东湖，可蓄水 600 万 m^3。

浙江省沿海地区社会经济发达，滩涂资源丰富，而土地资源相对紧缺。为解决围垦区水资源与防洪排涝问题，围垦区开发需要保留一定面积的水面率，如《浙江省滩涂围垦总体规划（2005—2020 年）》就要求“确保围垦区保留 12%以上的水面率”。故此，一些围垦区就按照水面率要求，结合防洪排涝规划布局，集中布置了一些一定面积规模的人工湖。温州市根据“五水共治”的安排，规划将建一批人工湖泊工程（蓄洪区、滞洪区、平原水库）。如瑞安市滨海新区（丁山二期围垦），围垦区拟打造 225 亩水域的中心景观湖。

此外，浙江省在编制新一轮流域综合规划的时候，借鉴曹娥江大闸经验，谋划在甬江、椒江、飞云江、鳌江、楠溪江等河口建闸，并开展专题研究，以提高水资源综合利用水平。以温州市三大江河口为例，瓯江下游主要支流的楠溪江已在开展河口建闸前期工作，河口建闸可使楠溪江平时免受瓯江潮水侵扰，改变自古以来潮水上溯至沙头的现状，在三江口—沙头引水工程之间形成一江碧水，营造约 9km^2 清澈的“楠溪湖”，沿湖布局楠溪水城、三江商区和温州都市大公园，打造“温州山水智城·楠溪新区”。

第二章

浙派园林中大浙派风格借鉴

本书对浙派园林的定义摆脱了单纯的地域界限，更多从园林风格特征上进行描述，提出所谓浙派园林，是指以浙江省为核心地域范围，依托真山真水营造，具有自然山水式造园风格，体现东方生态美学特征的园林的总称。可见，包容大气是浙派园林自然山水式造园风格的首要特色。这种包容与大气，也体现在对浙派绘画、浙派诗歌、浙派篆刻、浙派古琴、浙派盆景、浙派建筑等“大浙派”风格的借鉴与融合之中。浙派园林是一个广阔的载体和平台，可以对其他浙派艺术门类进行整合应用，为人们创造具有浙江韵味的生活环境。“诗画本一律，天工与清新。”园林是写在大地上的凝固的诗，是从自然中生长出来的立体的画。本章通过分析浙派绘画与浙派诗歌两大具有浙派风格的主流艺术门类，为创造具有更加典型浙派风格特色的浙派园林提供参考和借鉴，最终实现“传承发展中国园林文化，开拓引领浙韵园林生活”的宗旨。

第一节　浙派绘画

一、浙派绘画的起源和发展

在悠久的中国绘画史上，前后出现了不少的画派。可以说，画派的产生是特定时期的一种社会现象，亦是一种社会文化，在明清之际这一特点尤为显著。而这一现象的产生，应和当时的社会政治、经济以及艺术价值取向有密切的联系。

浙派绘画，一个最初以地域划分的画派，对于明代尤其是明代中后期的绘画发展史来说是最重要的画派，对明朝中后期的绘画发展产生了重要影响。最初提出浙派这一概念的是明末时期的著名书画家董其昌。他提出了“南北宗”说，浙派被列为北宗，吴门画派被列为南宗，受其扬南抑北的观念的影响，文人评论家视浙派为“狂态邪学”而不屑一顾，致使有清三百年以来，浙派在画史上近乎消失。

戴进是浙派绘画的开山鼻祖。戴进（1388—1462），字文进，号静庵，又号玉泉山人，杭州府钱塘县（今杭州）人。

戴进的绘画艺术集合了唐宋各大家的优点，因而他对于道、释的人物，自然界的山水、花卉、禽鸟等，无不精通。戴进的山水画师法南宋四大家——刘松年、李唐、马远和夏圭，而他又将从南宋四大家那里所学到的技法进行转化。因此，戴进的绘画在后来也形成了雄健奔放、刚健挺拔的独特面貌。戴进的人物画最初学习吴道子、李龙眠，并创立了蚕头鼠尾描，用笔顿挫，雄健有力，他笔下的各种人物皆精巧细致。

戴进的花鸟画同样造诣非凡，他笔下的花卉、蔬果、虫鸟用笔精细，尤其“喜作葡萄，配以勾勒竹、蟹爪草，奇甚，真画流第一人也”。正是由于他在艺术上取得的非凡成就，因而追随者众多，著名的画家有吴伟、张路、戴泉、夏芷、汪肇、蒋嵩等人，他们都沿袭了戴进的绘画风格。

不过，戴进对于浙派绘画也只是具有草创之功，浙派绘画真正的鼎盛则是在吴伟时期。

吴伟（1459—1508），字次翁、士英，号小仙，江夏（现湖北武汉）人。吴伟生性憨直而又豪放，因而他的绘画创作面貌呈现出一种雄健、奔放而有力的霸气，但用笔却显粗简草率。

吴伟在 20 岁左右曾游历北京一带，此时他在学习戴进的基础上又学习了马远、夏圭等南宋院体画风。此后，吴伟的绘画艺术得到了进一步发展，而立之后他更是在南京及江南地区博得了偌大的声名。到了晚年，吴伟将从各大家中所学到的技法进行转化，自成一体，画风变得粗简、放纵，但在飘逸狂放之中又颇具动感。

吴伟逝世后，浙派绘画的后继者还有张路、汪肇、蒋嵩、钟钦礼等，他们的艺术成就虽不及前者，但也有各自独特的风貌。张路的人物、汪肇的花鸟、蒋嵩的小尺幅山水等都具有颇高的艺术价值。而再到后来的一些浙派绘画末流时期的小画家，他们的绘画虽不常见，却也为开拓海外影响力做出了许多贡献。

浙派绘画这一派系的形成主要是由前后期画家在绘画技法和绘画风格上的相互继承而发展形成的，因此每一时期的画家之间并无严格的地域划分。浙派作为明代前中期产生的一大画派，它经历了由开创到兴盛最后走向衰落的三个阶段，前后长达一百五十余年，分别为创始期（永乐年间至天顺年间）、鼎盛期（成化年间至正德年间）、衰退期（嘉靖年间至隆庆年间）。它对当时中国画坛史的影响是巨大的，代表了一种主流。

二、浙派山水画的艺术风格特色

每一个绘画流派都有它独特的艺术风格和与之相适应的艺术语言，包括构图、笔墨、笔形关系、审美取向等，这些方面相辅相成，共同作用。从文献和实物来看，浙派画家的风格复杂、笔墨技法多样，但进行综合对比之后，浙派山水画大致的风貌即可呈现在我们面前。

（一）简率恣意——浙派山水画风格样式

1. 似多样，实单一 ——戴进画风衍变

戴进早年居乡 30 余年，深受江浙传统的熏陶，以工笔设色人物和南宋“院体”山水为主。戴进约在明宣宗宣德五六年（1430—1431）间来到北京，在此逗留超过十年。这一段时间中，由于诸多因素的影响，戴进中年画风面貌多样。

戴进晚年时返回南宋马夏派渊源地，即他的故乡杭州，再次受到当地马夏派余风的影响。他在晚年将马夏派的水墨苍劲山水进一步改造，笔墨更加简略，用笔稍显沉着，但仍然有动荡不安的气息。

综合其画作分析可知，戴进对其学习的诸多画风并没有进行完全的消化、融合，在取景、构图、笔墨技法等方面均存在显著的缺陷。在取景、构图上，山川布置简单，折中了北宋全景式构图与南宋边角构图。笔墨技法上，用笔趋于荒率、急促、潦草，所描绘的物象有一股动荡不安的气息；前后峰峦的墨色和皴法大同小异，导致在画面的上下关系中缺乏深远之趣（见图 2-1、图 2-2、图 2-3）。

图 2-1　明 · 戴进《关山行旅图》

图 2-2　明 · 戴进《三顾草庐图》

图 2-3　明 · 戴进《雪景山水轴》

2. 猛气横发——吴伟山水画风

吴伟山水画遗存不多，从传世的作品中，可以清楚地看出其山水画艺术大致经历了三个阶段的发展变化：早期近接戴进传统，远承马、夏遗风，以连皴带染、水墨渲漶为主要表现手法，追求水墨淋漓、挺拔苍劲的艺术效果。中期吸收刘松年的某些画法，笔意较工整，但用笔已开始发生变化，重视线条的作用，以草书笔意入画，追求笔的运动感，渐渐放弃了大片水墨渲漶的画法。晚期则明显吸收

元人笔墨技巧，画风虽基本写实，但已出现写意倾向（见图 2-4、图 2-5）。

图 2-4　明·吴伟《长江万里图》（局部）

图 2-5　明·吴伟《四时山水之冬景》

比较戴、吴二人，戴进不论从构思立意、经营位置，还是笔墨技法上仍多尊古人传统。换言之，戴进是运用南宋马夏派笔墨试图表现北宋全景式山水，却只知师法古人而未将造化列为师法之重点。吴伟山水取意于古代山水，但多抒发己意，在经营位置、笔墨技法等方面与戴进有异。吴伟取景多边角，多表现长江一带风物，用笔取草书笔意，较之戴进更为狂放。戴进、吴伟的内在共同点在于，他们的山水画艺术都源于南宋马夏派传统。

（二）粗率放纵——浙派山水画笔形关系

墨晕和斧劈是戴进笔墨描写的两大技法。戴进在山峰的描绘上，明暗对比强烈。明暗分界处以小斧劈和墨点来表现阴影，暗部是以粗笔进行皴擦而形成的重墨，与不着一笔的明部之间截然分界。

戴进狂乱的画风被吴伟发挥得更加恣肆。吴伟虽擅长多种画法，但以肆意放纵、粗劲、迅疾、淋漓、外露的笔墨营造出富有力度、动感和气势的画面才是其本色风貌。他的笔墨形式，既不同于注重写实、工整严谨的“院体画”，也有别于脱略形似、清雅含蓄的文人画，可将其视为这两者相互渗合、重叠的结果。

浙派画家粗放、恣意的用笔似乎融入了文人画家作画不求形似的理念和方法。不过，他们的笔墨因为对形式感的过分注重而偏离了传统绘画的一些准则，超出了人们所能接受的尺度。因为，中国传统绘画有一套自己的形式规范，其中最关键的乃是笔法、墨法；在通常情况下，人们只对自己熟悉的传统主题、形式和技法有相当的认可，他们对在其熟悉的事物的基础上进行的创新更易于接受。

（三）世俗化倾向——浙派山水画审美取向

戴进前·中·后期山水画风的变化，体现了画家自身审美取向的改变，也是当时社会审美风潮的映现。戴进作品中既没有北宋时期画家所绘之山水的气势恢宏与崇高感，也没有南宋马夏派的文雅诗意，又没有很好地吸收元代文人清淡优雅的画风，其画面最终呈现出的是一派喧闹的世俗景象。

由于时代大环境的发展变化，浙派重要的代表人物吴伟的艺术志趣与戴进已有很大不同。明代初期恢复“汉人之治”的兴奋，对汉族文化的急切恢复的热情随着时间的流逝而逐渐削弱。到明代中叶，社会的稳定、经济的发展以及商业的兴盛导致很多新事物的出现，人们生活环境、思想观念都发生了巨大的改变，以充满活力的新兴市民阶层为代表的社会各阶层再无意于继续明初艰苦朴素甚至是简陋的生活，他们开始纵情享乐，喜好新奇刺激，关注世俗人情。这样的生活志趣和思想情感反映在审美观点上，就是喜好描述日常生活和平凡人物的题材，欣赏直观、强烈的艺术形式，激昂、奋进的表现手法。

从艺术形式来看，吴伟为适应当时人们对技艺美的欣赏和对新奇的喜好，追求一种极端奔放的技巧效果，形成了一种草率的作风。吴伟作品的内容和形式大都透露出一股“俗气”和“叫嚣之气”。他的这种审美类型，与文人画宣扬的淡泊宁静、含蓄文雅的美学观念大相径庭。然而，浙派画家所传达的世俗情态、雄强气势，正是当时整个社会文艺追求世态人情及其强烈的奋进精神的一种折射，也是画家“笔墨当随时代”的一种表现。

三、浙派绘画的影响

（一）浙派绘画对海外的影响

浙派绘画虽然到后期发展受到阻碍，但对于日本等海外国家的影响力比在本国的影响力更大。虽然浙派绘画的发展日渐衰落，但是我们不应回避现实，应当从客观的角度分析，努力还原其残存价值。

1. 浙派绘画对日本的影响

浙派绘画对日本画家绘画的影响可以追溯到浙派绘画产生之初的戴进、吴伟时期。其中最具代表性的画家为日本著名画家雪舟，被后世尊称为“画圣”。雪舟曾留学中国学画，游历了中国大江南北，欣赏过一些宋元时期画家的真迹，同时也结交了一些像李在那样的院体画家，因此，他的作品风格有了明显的转变，受到了绘画风格追随院体宋画传统的浙派绘画的影响。学成归国之后，雪舟在其绘画艺术创作上的变化更为明显，他将中国传统的院体绘画模式与原本自身的绘画风格特点相互结合，创作出了另一种新的风貌。

与此同时，日本室町时期形成的一大重要画派名为狩野派，在形成之初也受到了浙派画风的影响，尤其是该派的代表人物狩野正信。

无论是雪舟还是狩野正信，他们的绘画风格，一直被当时一些日本贵族所推崇，这也正和浙派绘画成形之初迎合皇室贵族口味的经历极为相似，因而浙派绘画走向衰落，被上层社会人士冷落的同时却被日本画家视作院体宋画的后继者，受到了极高的评价。

2. 浙派绘画对韩国的影响

据画史记载，浙派绘画在开创之初不久就被引入韩国（当时称为朝鲜），还曾一度取代了之前一直占领韩国画坛主导地位的韩国一大著名画派——安坚画派。如朝鲜李朝初年的画家姜希颜（1419—1464）就是追随浙派画风的韩国画家之一。

到了 16 世纪，浙派绘画的创立者戴进的画风开始影响韩国画家们的思想。这些韩国画家们从题材到构图上都开始借鉴戴进的风格。

朝鲜第四代王世宗李裪的直系后裔李庆胤，也是韩国绘画史上另一位追随浙派绘画的重要画家。李庆胤的绘画作品在创作题材的选择上套用了浙派画家的题材，以描绘隐逸的文士、著名的历史人物、朴实的渔夫等居多。

金明国，浙派绘画影响韩国后期绘画时，艺术成就较高者之一。他的画风受吴伟的影响较多，同时也受到浙派后期张路等一些画家的影响，显得草率而奔放。

除此之外，浙派后期一些画家中，还有不少名气不及戴进、吴伟者，他们同样对开拓浙派绘画艺术向海外发展做出了巨大的贡献，这些画家主要有郑文林、陈子和等活动在福建一带的画家群体。由于他们所处地理位置靠近沿海一带，于是便开始利用沿海优势对外频繁地贸易往来，开拓了向毗邻国日本、韩国等沿海国家传输自身及浙派的绘画作品，扩大了浙派绘画的海外市场。

（二）浙派绘画对后世的影响

众所皆知，自以吴门画派为代表的文人画占领画坛的主导地位以来，一直到清朝，绘画标准都将文人画作为审美标准，因而清朝在绘画艺术上人才辈出。清初有承继明末董其昌复古一路的“四王”：王时敏、王鉴、王翚、王原祁。又有借画抒情，寄情于景的“四僧”：石涛、八大山人、髡残、弘仁；也有以龚贤、樊圻、吴宏、邹喆、谢荪、叶欣、高岑、胡慥八人组成的，并且绘画风格与清初四王大相径庭的“金陵八家”。还有清朝中期形成的，活动于扬州一带，画风相似的画家群体，人称“扬州八怪”。但是对于扬州八怪到底由哪几人组成说法众多，故而我们可以推测出扬州八怪并非单指八人，大致可将其视作是由画家罗聘、李方膺、李鱓、金农、黄慎、高凤翰、华嵒、郑燮、高翔、汪士慎等人组成。其中，在这些画派中，金陵八家和扬州画派在形成与发展阶段先后受到过浙派绘画的影响，特别是在山水画与人物画方面，他们中的一些画家的作品都曾借鉴了浙派画家的绘画风格。

除此之外，还有清末岭南画家苏少朋、海派画家任伯年及吴昌硕等，在人物画方面均受到过浙派绘画影响。

第二节　浙派诗歌

一、浙派诗歌的含义与起源

（一）浙派诗歌的含义

以厉鹗为代表的浙派诗歌无疑是清代诗史流派中自前期“神韵派”到中期“格调派”“性灵派”之间独树一帜且影响较大的文学流派，在这一断代文学史中有着不可忽视的地位。

清代诗歌领域的“浙派”一词有广义和狭义之分，广义的浙派即浙地诗人群体，如《四库全书总目提要》论及汤右曾时称“论者称浙中诗派，前推竹垞，后推西崖，两家之间，莫有能越之者”，彭光澧《论国朝人诗》云“才大何难见性灵，怀清堂继曝书亭。试将浙派从头数，谁愈斯人作典型”。这些说的都是一种模糊的地域诗人群体，而与群体的理论含义和创作实绩没有多大关系，从严格意义上来说缺乏流派形成的必要条件。

狭义的浙派是指以厉鹗为首的活跃于康熙末年至乾隆朝的杭州诗人群体。这个指称始于袁枚，《随园诗话》中说：“吾乡诗有浙派，好用替代字，盖始于宋人而成于厉樊榭。”后人也多沿袭此指称，狭义的浙派不仅有地域诗人群体的含义，有代表诗人，有自身的理论特征，而且有大致相同的诗美取向，也有相对稳定的创作群体，可以说基本符合文学流派的标准了。本节所论及的浙派诗歌也取其狭义指称，具体定义为：活跃在康熙后期至乾隆中期，以厉鹗为代表，以杭州诗人为主体，创作风格趋向清幽雅逸，理论主张“重学”“尚清”的诗歌流派。

（二）浙派诗歌的起源

通过对浙派诗人作纵向和横向的观察，大致可以看出浙派诗歌的生成基于同时或前后若干诗人的凝聚集结。在扬州的浙派诗人群体主要是“邗江吟社”，该社以厉鹗、陈章为代表人物，活动于马曰琯、马曰璐兄弟的“小玲珑山馆”。在杭州的代表诗人群体则更多更复杂，大致有厉鹗、沈嘉辙、吴焯、赵昱、赵信、符曾、陈芝光等“春草园七子”，杭世骏、汪沆、符之恒、张熷、王曾祥等“松里五子”，以及张湄、金兆銮、许大纶等“松里诗群”，金农、丁敬、陈章、石文等“江干诗群”，金志章、汪惟宪、施安、张旸、戴廷熺、吴震生等“吴山诗群”，还有周京、亦谙、陈撰、汪台等诗人，这些诗人群体最后整合而成“南屏诗社”，标志着浙派发展的巅峰期。正如丹纳所指出的“艺术家本身，连同他所产生的全部作品，也不是孤立的。有一个包括艺术家在内的总体，比艺术家更广大，这就是他所隶属的同时同地的艺术宗派或艺术家家族。……他只是其中最高的一根枝条，只是这个艺术家庭中最显赫的一个代表”。厉鹗等名家作为浙派诗歌的“最显赫的代表”，他们的风格也并非是孤立的，而是其身后的艺术宗派、艺术群体的最显眼的映射。

二、浙派诗歌的风格特征

（一）浙派诗论概貌

浙派诗歌并非严格意义上的理论流派，其自身也并未建立一套严谨系统的理论体系，它的理论主张在相当程度上只是一种美学风格的追求，归结起来大致有两条：一是在主体修养与创作中注重“学”；二是在诗歌美学中注重“清”这个美学范畴。

1. 学

清代是一个普遍重视学问的时代，浙派诗歌也不例外，重“学”正是浙派诗论中的重要一极：“故有读书而不能诗，未有能诗而不读书……书，诗材也……诗材富而意以为匠，神以为斤，则大篇短章均擅其胜。”

重“学”固然是浙派诗歌理论与创作的特色之一，也是其流弊之源，后来浙派诗歌末流“专以饤饾挦扯为樊榭流派，失樊榭之真矣”也正是这种理论主张在创作中的偏极发展。

2. 清

“清”无疑是浙派所认可的核心诗美范畴，这个审美取向在浙派诗人的集子中处处可见：“得毋‘清’之一字，为风骚旨格所莫外者乎……盖自庙廊风喻以及山泽之癯所吟谣，未有不至于清而可以言诗者。”“诗无定格，以清贵为宗。”

与“清”类似的“淡”“洁”等表述也是浙派诗论中出现频率很高的词汇。而后来厉鹗的创作风格被人评为“诗品清高”“孤淡”，也正是这种重“清”的诗歌美学追求在创作中的体现。

（二）浙派诗歌的特征

如前文所述，追求一种超脱、雅逸的“清”的审美风尚是浙派诗歌的核心美学范畴，也是浙派诗歌的典型创作特征。这种倾向的形成与浙派诗歌活动的场所、人员的身份构成以及创作心态有关。

浙派诗歌活动的场所有两个重点所在，一个是杭州周围的西湖、吴山、西溪等佳山胜水，一个是知音雅集的私人园林，其中有名的是赵昱、赵信兄弟的“春草园”，吴焯、吴城的“瓶花斋”，汪台的“复园”，符之恒的“秋声馆”等。我们可以具体分析这些诗歌活动场所中所包含的文化体验与心理导向作用。先来看这些山水胜境，我国传统文化心理中一向有从自然山水中观照人生价值的传统，这也是以人的自我意识为中介而对自然进行的阐释，而自然山水独立于人类社会之外的特性，使之成为与人类社会相对的超越性文化符号，自六朝之后更是成为满足士人阶层文化心理结构中内在超越需求的精神家园。然而，不同风格的山水毕竟给人带来不同的审美体悟，巍峨雄伟的五岳名山自然使人胸怀激荡，意气纵横，不可遏止。而杭州周围如西湖、孤山、南屏、西溪等却无不是以清幽秀逸而见长，更不用说其间如云林、圣因、净慈等远离尘世的深山古刹，诗人盘旋其间，追求忘俗超脱也是情理之中了。

再来看这些雅集吟咏时的私人园林，虽说不能远离尘嚣，但其中由于各种人文因素所凝结的超世脱俗的精神氛围却丝毫未减。以“春草园”为例，沈嘉辙、符曾、王曾祥都曾受聘于此，厉鹗、金农、杭世骏、亦谙等更是其中的常客，主人赵谷林的爱才好客又是一时无二的，连以“倔强善骂”著称的丁敬在数十年后回忆起来仍不禁涕泪俱下，“园（春草园）近褚家桥，屋宇密比，嚣声纷沓，而园之中，有泉清浏，神瀵滵汩，有山玲珑，曲折窐窔，埃壒不到，旷如泠如，若别有人间世者……同心素交，筇屐过从，谈艺觞酌，韵流四座，褦襶热客，无由闯入也”，只有厉鹗、吴焯、杭世骏等二三位知心好友往来其间，“追诗池上，布席花间，若为园中故事者”。加之来往于其间的金农、符曾、沈嘉辙、厉鹗、杭世骏、丁敬等人大都是寒士布衣，还包括象亦谙、大恒之类的方外之士，没有外在社会身份所附带的社会责任，只是一群布衣寒士诗酒相合，呈现出一片清旷超逸之诗心。

三、浙派诗歌的阶段性衍变

浙派诗歌的发展流变大致可以划分为四个阶段。

第一个阶段是由康熙五十三年至雍正末年。这是浙派诗歌的衍生发展期，也是浙派前期诗情诗美的形成期，同时是杭州诗群吟咏的第一个高峰。由于诗人个人际遇的不得志以及文字狱等外在因素，诗情仍趋向压抑内敛，呈现出一种冷色调的幽逸的美学风格。其集群吟咏的高峰是《南宋杂事诗》的编纂。

第二个阶段是从雍正末年至乾隆七年。这是浙派诗情诗美的前后转折期，由于个人命运的变化以及外在社会氛围的改变，诗人心态逐渐放开，诗风转向清雅超朗，与早期清幽孤冷不同。

第三个阶段是从乾隆八年至乾隆二十年。这是杭州诗群吟咏的第二个高峰，也是浙派后期创作的高峰期，标志是整合前期各个诗群的重要作家形成“南屏诗社”。此一时段的诗歌是浙派后期清雅超逸的风格的典型体现。

第四阶段是从乾隆二十年至乾隆中后期。由于重要诗人此时多已去世，虽然仍有少数诗社，但影响寥寥，这是杭州诗群吟咏的衰落期。同时浙派自身的流弊也渐渐暴露出来，批评的声音不断高涨，这也是浙派的余响期。

四、浙派诗歌代表人物——厉鹗诗歌艺术风格

厉鹗（1692—1752），字太鸿，初字雄飞，号樊榭，别号南湖花隐、西溪渔者，钱塘（今浙江杭州）人。康熙五十九年（1720）举人，两试京师不第，乾隆元年（1736）荐试鸿博，不中。长年以清客身份活动于扬州马曰琯、马曰璐兄弟的“小玲珑山馆”，是“邗江吟社”的灵魂人物，清代雍乾时期著名的诗人、词家、学者。

厉鹗一生著述颇丰，有《樊榭山房集》（包括诗 16 卷、词 4 卷、文 8 卷、集外诗 3 卷、外诗 1 卷、集外词 4 卷、外词 1 卷、集外曲 2 卷，共 39 卷）、《南宋杂事诗》（与赵昱、符曾等七人合撰，共 701 首，厉鹗作 100 首）、《宋诗纪事》（100 卷）、《南宋院画录》（8 卷）、《辽史拾遗》（24 卷）、《东城杂记》（2 卷）、《绝妙好词笺》（与查为仁同撰）等流传于世。厉鹗诗词双绝，成就非凡，其词乃是浙派词的中坚，其诗亦是浙派诗之代表，流传下来的樊榭诗歌有近 2000 首。他诗歌风格的成熟期为康熙五十五年（1716），历来颇得文集选编者青睐的《冷泉亭》《灵隐寺月夜》《晓登韬光绝顶》等诗篇都创作于康熙五十五年。

厉鹗诗歌的题材内容十分丰富，包括山水、旅行、悼亡、游仙、义理等内容，在其诗歌艺术世界中，呈现出“清境”“幽意”“孤情”“淡笔”的艺术风格。

（一）清境

“清”是厉鹗诗歌最显著的一个特色，阅读其诗歌，“清”之境频频诉诸读者耳目。在他亲自修订的《樊榭山房集》的诗歌部分中，“清”字的使用频率相当之高，达 300 余次之多，几乎每五首诗歌便会出现一个“清”字，可见，“清”不仅是厉鹗最为钟情的字眼，更是其标举和追求的诗歌最高境界。

厉鹗在诗歌中一再表明这样一种生活态度：“能耽清景须知足”（《雨后坐孤山》），足，则乐也。山水不仅是他消遣寂寥、涤荡心灵的最好去处，更为他的诗歌创作提供了素材和灵感，所谓“此境天所遗，庶以忘蹭蹬”（《三月十三日游法华山》），“江山着色供吾诗”（《人日，同陈授衣、丁敬身、石贞石登吴山，用石壁上东坡先生释迦院看牡丹韵》）就是这样。厉鹗平生喜好山林之游，驰骋于山水之间，尽情享受这一份山水清景带来的快乐，“遇一胜境，则必鼓棹而登，足之所涉，必寓诸目，目之所睹，必识诸心”。在他游历之后创作的诗，呈现在读者眼前的都

是一片“清”之景，带读者进入的都是一种“清”之境：山清——“禅客对清峭”（《庐庵赠克念上人》）、水清——“柴门似水清”（《雨后》）、风清——“缘是槐柳清风外”（《沧州》）、月清——“从来秋月最凄清（《莲坡饯予竹间楼张灯看月得三句》）、气清——“清气激松吹”（《四月十四日同人泛舟红桥，登平山堂，送全绍衣入京》）、心清——“心清坐听晓钟传”（《宿云楼寺》）、诗清——“清诗呈佛岂无缘”（《宿云楼寺》）……万物都呈现“清”之色。当他放身于山水之间，目之所及，是“镜水稽山照眼清”（《山阴舟中四首》之四），既然眼清，随后就会心清、神清，正所谓“冷然发清心”（《月夜至草堂步至永寿望东皋余雪》）、“神清了无梦”（《宿永兴寺德公山楼》）。

（二）幽意

厉鹗诗歌不仅“清”，而且“幽”。诗歌之“幽”主要表现在他偏好幽静之物、幽寂之地。纵览厉鹗诗歌，他的“幽”多着墨于山林野趣和佛刹古静之地，栖霞岭、孤山留下了厉鹗诸多足迹，永兴寺、天龙寺、石佛庵也是厉鹗钟情的去处，这可以说是以“地之幽”对照“诗之幽”。而对厉鹗诗歌“幽意”而言，更为重要的一点是他有一颗“山水事幽讨”的性情文心，这种“山水事幽讨”的性情文心直接带来了他诗歌中十足的“幽”意。阅读厉鹗诗歌，“幽”之意比比皆是，且不谈厉鹗多次用“幽”来形容人和物，如“幽人先鸟起”（《永兴寺二雪堂看绿萼梅是冯具区先生手种》）、“微雨疑幽鸟”（《秋夜雨中集汪抱朴斋》），更加宝贵的一点是他善于在山林佛院间搜讨幽情、幽趣。

例如《宿永兴寺德公山楼》：“昏黑山雨歇，一径松烟蒙。微闻梅花气，吹落疏磬中。讵惜衣履湿，宿处投支公。凭楼答人语，迥与云际同。少选沉霭敛，俯听幽林风。明星忽三五，挂在殿角东。短竹照青绿，夜静山逾空。观河悟众象，拂石期冥鸿。神清了无梦，乱壑流河穷。焚香以达曙，兹焉悦微躬。”诗人在雨后夜宿永兴寺德公山楼，启动了听觉、嗅觉、视觉、触觉感受这份山林“幽意”，不仅“俯听幽林风”直点“幽”意，就是如此夜静山空，置身于此，唯有用“幽”来形容方显本色。

（三）孤情

厉鹗笔下的山形水景、史事风情，都是他所见所闻之后有感而发的产物，其中寄寓了厉鹗的一份“孤情”。孤情与清境、幽意相融合，“清境”也好，“幽意”也罢，若是离了诗人那份苦心寄寓的孤情，便无法成就其诗完美的“清”境，也无法表达其诗浓浓的“幽”意。在厉鹗的诗歌中，万物之后都隐藏着一份“孤情”，月孤——“夜泉孤月万松深”（《西溪月夜怀大涤山二首》之二）、烛孤——“孤烛自幢幢”（《晚步》）、塔孤——“孤塔空翠埋”（《迎峰庵晓起冒雾出上》）、烟孤——“峰云气缕缕生孤”（《莺脰湖》）……若物之孤还只是诗人内心的曲折映射，那么宣泄在人之上的孤便是如此直白，如此发人深省。形单影只，悲叹“孤吟少俦侣”（《晚步》）、“孤客坐悄然”（《八月四日晚雨极凉》）；寻幽探胜，却是“冷翠引孤往”（《晓登韬光绝顶》)。

(四)淡笔

阅读厉鹗的诗歌，不仅能感受到诗笔之中的清境、幽意、孤情，还有很重要的一点，就是“淡”，情淡、意淡而不执着，并以“淡笔”描绘了江南山水盛景，也说出了本心的澄澈清明。

在厉鹗笔下，我们很少看到浓妆艳抹的自然风光，更多的是寄寓着孤情、散发着幽意、流淌着清境的淡妆山水。例如《西溪道中》一首:“连野看峰秀，晴云忽有无。寒田吹䆉稏，清渚乱鸥飞。意谓前林近，谁知细路迂。人家炊过午，空翠集山厨。”诗人忽而远望，看山峰秀丽，晴云变化；忽而近看，见田垄之上，稻子随风摆动，清渚之上，鸥鸟四处纷飞。诗人选取的这些特定意象，远近组合，“淡笔”描绘，把西溪道中所见的风景，用以点代面的形式展现在读者眼前，淡而不疏。

第三章

浙派园林的造园特色

明清时期的杭州私家园林是浙派传统园林最重要的组成部分，展现了中国风景式园林艺术的最高水平，荟萃了我国园林的精华。本章以明清杭州私家园林为例，通过杭州与苏州传统园林造园背景、造园手法和造园要素的对比，展现浙派传统园林的艺术特色。

童寯先生在《江南园林志》中写道："南宋以来，园林之盛，首推四州，即湖、杭、苏、扬也。"苏州、杭州作为明清江南园林的重要组成部分，私家园林发展极为兴盛。苏州私家园林凭借其写意山水的高超艺术手法，享有"江南园林甲天下，苏州园林甲江南"之美誉，体现出"秀、精、雅"的风格特点；杭州私家园林传承了南宋园林的特点，融合江南民居和风景园林于一体，借助于自然山水景色，体现出"幽、雅、闲"的意境。

现有的研究多将苏杭私家园林归于江南园林统一论述，两者之间的对比研究少之又少。虽然在造园背景、造园手法、造园要素等方面，两者有着众多相似之处，但深入挖掘、细细品味，可发现其中差异之所在。如果说明清苏州私家园林的精华在于"人工之中见自然"，那么杭州私家园林则是"自然之中缀人工"做得更为精妙；苏州私家园林大多是内向的，杭州私家园林则是局部外向的，外向的部分即是接纳湖山的部分；而正是由于这种差异的形成，造就了两地各具特色的地域园林体系。

第一节　造园背景对比分析

纵观古今中外，不同的地域和时代所形成的社会风气、政治经济及人文环境都是不同的，在不同的环境中，所形成的园林风格也必然各有特点。要探讨明清苏杭私家园林的差异，必须溯本求源，分析明清时期苏州城与杭州城所在的不同地域、社会背景。

一、地理环境

（一）河港交错的苏州

苏州，古称吴，位于江苏省南部，古城内地形平坦，低山丘陵零星散布在城郊；境内河港交错，湖荡密布，长江和京杭大运河贯穿市区，据统计，苏州全市水域面积占城区总面积的 42.5%，是名副其实的“东方威尼斯”（见图 3-1）。与此同时，苏州城内人口众多，密度较大，明清时期被称为全国人口第一府。苏州的私家园林多建于古城之内，一般面积较小，四周高墙围合，呈内向封闭的特征（见图 3-2）。

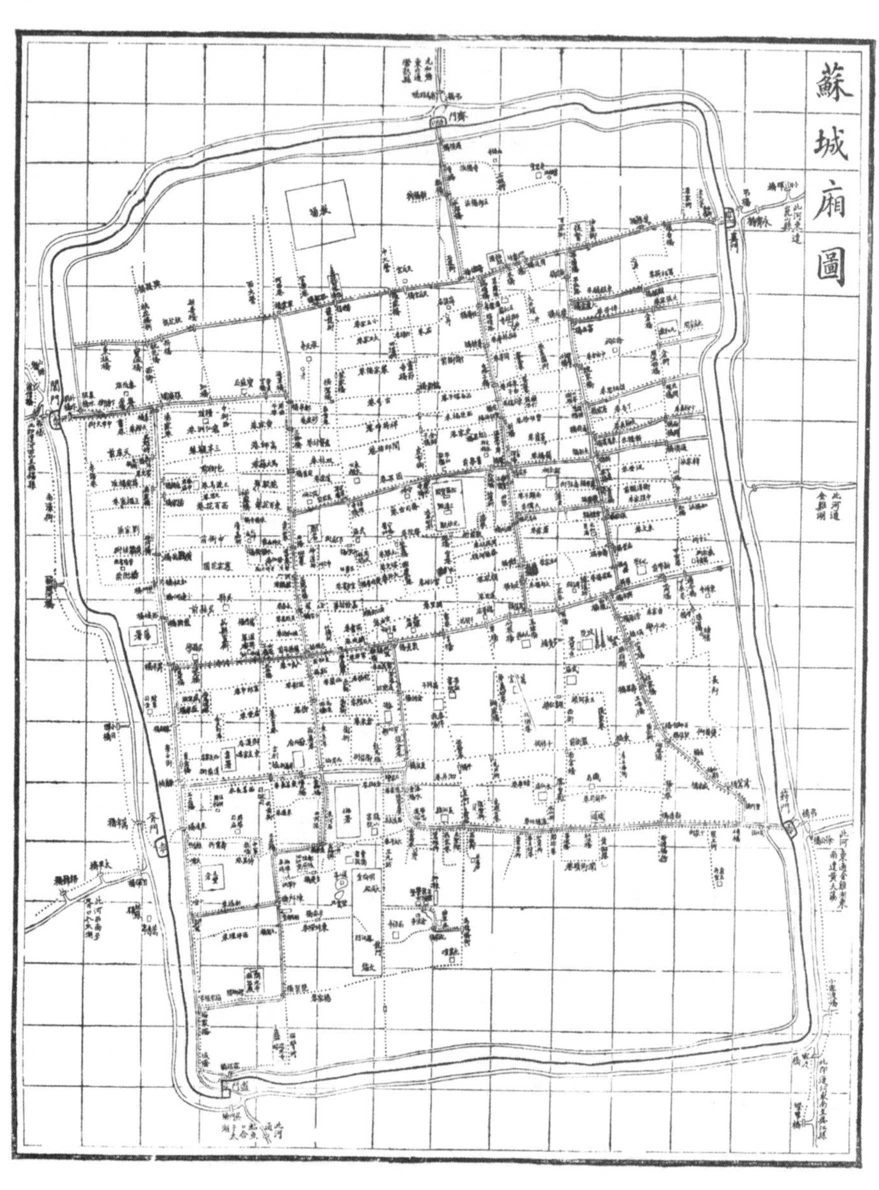

图 3-1　清光绪年间（1888—1903）苏州城厢图

图 3-2　清康熙二十八年（1689）苏州府城图

（二）湖山环绕的杭州

杭州，位于浙江省北部，地势整体西高东低，山林和平原地貌相互耦合。杭州古城三面环山，一面临湖——西湖，京杭大运河穿城而过，钱塘江水系在城南外自西向东奔腾而去；西湖群山之中树木资源丰富，植物种类繁多，山泉遍布、怪石嶙峋，构成了独特的“三面云山一面城”的自然景观（见图 3-3）。清代李斗在《扬州画舫录》中写道：“杭州以湖山胜，苏州以市肆胜，扬州以园亭胜，三者鼎峙，不分轩轾。”由此可见，就自然风景而言，杭州的湖光山色较之苏州更胜一筹，且杭州的私家园林多散布于西湖之畔、群山之中，接纳自然山水景色，有着得天独厚的优势。

图 3-3　乾隆年间（1736—1795）杭州府境图

二、经济环境

（一）士绅集中的苏州

相关数据表明，无论是明代的“南直隶”，还是清代的“江南省”，皆为当时全国最富裕的省份之一，清初时，江南一省的赋税占了全国的三分之一。苏州作为江南省的江南巡抚驻地，经济更是繁荣昌盛，有着“鱼米之乡”“天下粮仓”的美誉。此外，明清时期稳定的社会环境让苏州人口猛增。资本主义的萌芽，更加促进了苏州手工业的发展，如刺绣业、雕刻业、棉纺织业等都在全国位居前列，优渥的经济条件为苏州私家园林的繁荣奠定了基础。与此同时，苏州文人士大夫众多，每期科考，江南一省的上榜人数就占了全国的近一半，于是有“天下英才，半数尽出江南”一说，而苏州又位居江南各府第一。据统计，自隋代开始科举考试以来至清末废除科举制度，苏州地区有记载的获得文、武进士科第一名（俗称“状元”）的人物，共计60位，其中文状元55位、武状元5位，数量之多遥居全国各城市首位，苏州也因此被誉为“状元之乡”。在中国历史上，一朝之中产生状元人数最多的府，是清代的苏州府（辖境相当于今苏州市及吴县、常熟、昆山、吴江等县市），共有状元24人。这些文人士大夫辞官返归故里后，带回了大量财力物力，实现了他们自身营建园林的理想。

（二）外客云集的杭州

明清时期的杭州与苏州并称江南地区两大都会，杭州是明清时期浙江省的首府，经济同样繁荣昌盛。以杭州为中心，把来自全省的商品“湖之丝，嘉之绢，绍之茶之酒，宁之海错，处之磁，严之漆，衢之橘，温之漆器，金（华）之酒”，通过京杭大运河、对外贸易口岸输送到全国乃至东南亚各地。正如明万历《歙志》卷十《货殖》所说，杭州是与两京、广州等并列的全国大都会之一，而苏、扬等则列为次等都会。除了富庶的商品经济，明清时期的杭州还有繁盛的旅游业，大批的文人骚客、商贾等不同社会阶层的人游历、经商至此，被这里的湖山美景和良好的社会环境所吸引，选择在此定居，从而形成了杭州外客云集的局面，这为杭州私家园林发展提供了充足的人力物力基础。

三、人文环境

（一）精雅宁静的苏州

明清时期的苏州在全国文化领域处于中心地位，人文荟萃，名贤雅士辈出，绘画、书法、篆刻流派纷呈，各有千秋，戏曲、医学、建筑自成一家，独树一帜，苏绣、木刻闻名中外，手工业极为发达，技艺精巧至极。其中兴于明中后期的吴门画派在长达150多年的时间内占据了当时画坛的主位，其风格重传统，文人气息浓重，温和、平静、雅致，一如明清苏州私家园林的粉黛色彩，淡雅、清丽、意境深远；而吴学以专、精而著称，有“无吴、皖之专精，则清学不能胜利”之说，与苏州私家园林的纯粹性与精致性息息相关，成为孕育和构成园林风格和审美趋向的隐性土壤。

同时，苏州文风甚炽，文人众多，这些文人作为私家园林主人的重要组成部分，思想上深受儒、道、释三家的影响，具备“修身、齐家、治国、平天下”的儒家意念，“虚静、恬淡、寂寞、无为”的道家义理，以及“圆融通达”的释家宗旨，综合而成“仕隐齐一”的中隐情怀，他们将这种隐逸思想寄托于城市山水园林，寄情于景，借景抒情，从而收获精雅而宁静的生活。

（二）大气自然的杭州

作为南宋的都城，杭州的文化在南宋时期到达了顶峰，明清时期则延续了繁荣发展的状态。浙派绘画、诗歌、盆景、篆刻、古琴等都各具特色、影响深远，阳明“心”学、浙东学派、永嘉学派等百花齐放。其中明前中期中国画坛重要的流派之一——浙派绘画，题材以山水画为主，风格雄健、简远，与擅长用真山真水来丰富园林景色的杭州私家园林一脉相承，再加上南宋园林风格的影响，杭州私家园林较之苏州多了份源自自然的朴实。

此外，杭州直至明清时期还深受南宋理学的影响。宋代以朱熹、程颐为主导的理学思想提倡“客观唯心主义”，认为理是世界的本质，主张“格物致知”。到了明代，王阳明延续了陆九渊“心即是理”的思想，提倡“致良知”，鼓励人们从自己的内心出发去寻找真理。无论是程朱理学还是阳明心学，都注重一个“理”字，受这种思想的影响，杭州的私家园林也有了更多理性的思维，整体风格精致与大气并存。

在良好的政治、经济环境下，明清杭州还出现了商人侨寓、定居化的趋势，如杭州的望族汪氏，祖上为徽商，出了众多进士，体现出杭州多寄籍进士的特点；再如杭州崇文书院，专供商籍生员读书会文，为其教育科举开辟道路，从侧面反映出杭州包容、大气的城市品性。

四、历史环境

（一）源远流长的苏州

苏州历史上是春秋时期吴国的都城，吴文化发展兴盛，私家园林起步较早，东汉年间吴大夫笮融的居所——笮家园是已知最早的私家园林。魏晋时期，随着江南地区生产力的发展以及北方士族南迁，吴地民风渐变，由原来的“尚武”转变为“尚文”，士大夫阶层发现了江南的自然山水之美，以辟疆园为代表的苏州私家园林由此兴起。到了隋唐时期，苏州私家园林基本仍承袭六朝以来的遗风，形成城内私园与城郊别业两种形式。宋元时期，中国经济、文化重心完全南移至江南一带，吴地“尚文重教”的文化精神自此形成，文人造园风气渐长，将隐逸山居的纯朴、雅致引入城市宅院，为明清苏州文人园林的全面发展奠定了基础。

（二）积淀深厚的杭州

由于苏杭地理位置相近，且吴越文化同根同源，同受吴越文化影响的杭州私家园林发展历程与苏州相似。但东晋时灵隐寺的修建拉开了西湖园林营建的序幕，这一山水园林的营造方式一直被传承下来，又有白居易、苏轼等人留下了众多脍炙人口、描写西湖美景的诗文，紧挨着杭州城的西湖就成为杭州私家园林营造的不二场所。尤其是南宋时期，杭州作为都城，造园异常兴盛，各类园林均沿西湖或在西湖周边群山中建造，形成自然、清丽、雅致的风格，这其中的造园手法对明清杭州私家园林的营造产生了深远的影响。

第二节　造园要素对比分析

一、选址

计成在《园冶》中将园林选址分为六类，即山林地、江湖地、城市地、村庄地、郊野地和傍宅地。苏杭两地私家园林在选址上各不相同，苏州私家园林多选址于城市地，而杭州私家园林多选址于山林地和江湖地。

（一）明清苏州私家园林的选址

苏州城区内地势平坦、水系众多，人口密集，车马喧嚣，为了适应这样的城市地现状，造园者通常将园林造于城中偏僻处或是在园林四周竖立高高的围墙，再辅以茂林修竹，以此闹中取静，同时利用现有水系，园内设置各类水景。苏州四大园林中的沧浪亭、狮子林、拙政园，以及网师园、艺圃、环秀山庄等皆采用如此做法（见图 3-4）。如艺圃就位于苏州古城西北文衙弄，穿过街巷才可以到达；苏州现存诸园中历史最为悠久的沧浪亭，选址于苏州城南，原址高爽静僻，野水环绕，于清代重建，把临水的沧浪亭移建至土山之上，环山建厅堂轩廊等建筑物，东北两面临水建复廊，北面俯瞰水景，南望则山林野趣横呈眼前，立意不俗；又如苏州现存最大的传统园林拙政园，在建造之初，直接选址于苏州城内原有水系之上，形成一个以水为中心，山水萦绕、亭榭精美、花木繁茂的优美园林。

（二）明清杭州私家园林的选址

杭州西湖风景区举世闻名，优美的湖光山色吸引人们在此定居造园。自唐宋以来，杭州私家园林的选址大多是位于西湖边的江湖地，或者是周边的山林地，明清时期延续了这一做法。这其中江湖地最为讨巧，计成在《园冶·相地》篇中写道：“江干湖畔，柳深疏芦之际，略成小筑，足徵大观”，杭州西湖边的私家园林即是如此，借西湖的山水之姿，只需稍加雕琢，即可塑造丰富的园林景观。山林地是园林选址的最佳选择，杭州私家园林依西湖群山而建，力求园林本身与外部自然环境相契合，园内园外浑然一体。据不完全统计，明清西湖周边私家园林有不下 130 处（见图 3-5），如被誉为西湖池馆中最富古趣者的郭庄，位于西湖西岸卧龙桥畔，东濒西湖，临湖筑榭，最大限度地将西湖美景纳入园内；又如清乾隆西湖二十四景之一的小有天园，顺应地势筑于南屏山北麓慧日峰下，背山面湖，西邻净慈寺，北邻夕照山雷峰塔，将西湖十景“南屏晚钟”“雷峰夕照”尽收其中。

图 3-4　明清时期苏州私家园林分布图

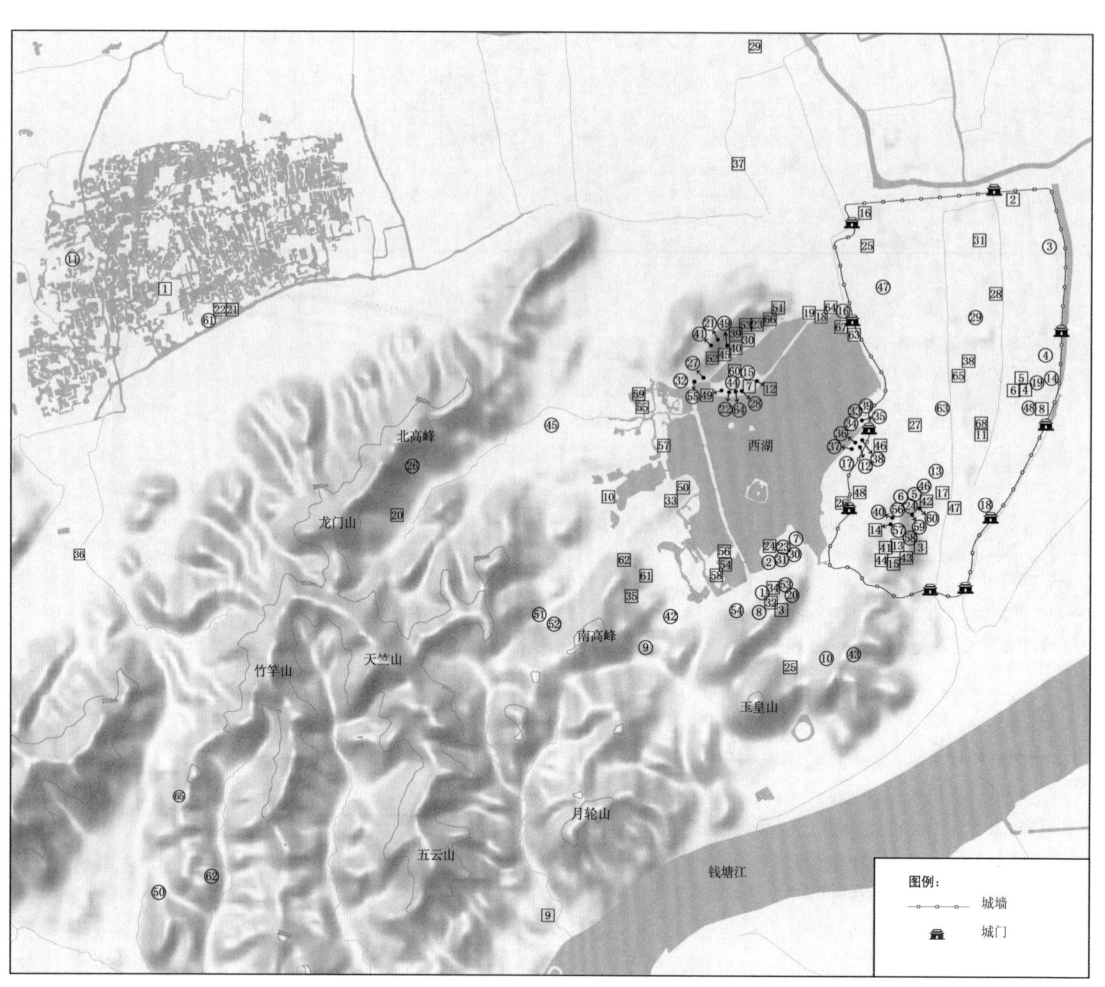

明朝杭州主要私家园林：

①南屏别墅 ②藕花居 ③西岭草堂 ④兰菊草堂 ⑤冷起敬隐居处 ⑥泉石山房 ⑦鹤渚 ⑧高士坞 ⑨齐树楼 ⑩郑继之寓居 ⑪洪钟别业 ⑫两峰书院 ⑬于谦故居 ⑭金衙庄 ⑮近山书院

⑯来鹊楼 ⑰钱园 ⑱东园 ⑲城曲草堂 ⑳寓林 ㉑小辋川 ㉒大雅堂 ㉓包衙庄 ㉔查伊璜住所 ㉕青莲山房 ㉖岣嵝山房 ㉗巢云居 ㉘孤山草堂 ㉙吴宅 ㉚读书林

㉛南山小筑 ㉜烟水矶 ㉝小瀛洲 ㉞楼外楼 ㉟尺远居 ㊱池上轩 ㊲芙蓉园 ㊳寄园 ㊴戴园 ㊵吴衙庄 ㊶从吾别墅 ㊷南岑别业 ㊸凤山书屋 ㊹湖阁 ㊺香林园

㊻朱养心药铺 ㊼梧园 ㊽药园 ㊾天香书屋 ㊿横山草堂 (51)王隐君山斋 (52)龙泓山居 (53)葛寅亮宅 (54)树栾庐 (55)山满楼 (56)朱草山房 (57)石悟山房 (58)毛家花园 (59)延爽轩 (60)石园别业

(61)西溪草堂 (62)龙门草堂 (63)春星堂 (64)洪氏别业 (65)蝶庵草堂

清朝杭州主要私家园林：

1 弹指楼 2 半亩居 3 紫阳别墅 4 玉玲珑馆 5 半山园 6 庾园 7 吟香别业 8 皋园 9 江声草堂 10 吴庄 11 也园 12 清风草庐 13 层园 14 澄园 15 吴山草堂

16 复园 17 息园 18 就庄 19 雪庄 20 白云山房 21 竺西草堂 22 竹窗 / 高庄 23 赵庄 24 漪园 25 愿圃 26 黄雪山房 27 丁家花园 28 梁肯堂宅 29 红柏山庄 30 泊鸥山庄

31 潜园 32 晚钟山房 33 蕉石山房 34 小有天园 35 留余山居 36 留溪山庄 37 春山堂 38 南园 39 严庄 40 葛岭山庄 41 吴园 42 宜园 43 倪园 44 寒山旧庐 45 丹井山房

46 长丰山馆 47 胡雪岩故居 48 勾山樵舍 49 俞楼 50 水竹居 51 坚匏别墅 52 杨庄 53 南阳小庐 54 小万柳堂 55 金溪别业 56 红栎山庄 57 郭庄 58 陈庄 59 道村 60 兰因馆

61 右台仙馆 62 三台别墅 63 停云湖舍 64 绿柔湖舍 65 王文韶故居 66 宝石山庄 67 补读庐 68 振倚堂

图 3-5 明清时期杭州私家园林分布图

二、筑山

中国传统园林的筑山讲究的是以自然为师，再现真山的艺术性。明清苏杭私家园林在筑山手法上大体相同，且筑山的过程也都注重因地制宜，但是在筑山所用的石料、筑山的规模和形式上还是存在诸多差异的。

（一）明清苏州私家园林石材的选择与筑山特色

苏州紧邻太湖，而太湖盛产太湖石，因此，苏州私家园林中假山所选的石料通常以太湖石为主。太湖石的选择条件极其严苛，除了按照通常所说的“瘦”“皱”“露”“透”的标准来选以外，还要求形态优雅，气宇非凡。除了太湖石，苏州私家园林还偶以黄石作为点缀，除此以外，几乎不用其他种类的石材，这样单一的用石特色使得苏州私家园林具有一种整体感，显得十分纯粹。如被称为假山王国的狮子林，就选取形态各异的太湖石，组合成趣味横生的假山群，显得雄壮有气势，又不失细节，值得玩味。

苏州私家园林中筑山形式比较丰富，常见的有堆山、叠石、石峰、点石等形式，其中，石峰和叠石假山运用尤其之多。一般而言，最为上等的太湖石料常用来作为石峰，如著名的留园三峰，主峰“冠云峰”刚柔并济，形神兼具；“岫云峰”孔洞密集，形似蜂巢；“瑞云峰”轻巧灵动，纹理明晰。较为普通的太湖石则用来叠成石假山，可大可小，造型各异，如环秀山庄中的石假山，采用“拼镶对缝”的叠山手法，石缝间用灰浆填补，形成的假山整体性强，浑然天成。

（二）明清杭州私家园林石材的选择与筑山特色

杭州距离太湖相对较远，私家园林中所用的石材品种则更加丰富，除太湖石外，还有广东的英石、安徽的宣石等。更加因地制宜的是，直接运用山中原有的石头进行造景，这也体现出杭州包容的城市氛围。如郭庄、芝园、红栎山庄等多采用太湖石掇山叠石，而岣嵝山房、小有天园、吟香别业等将山中的怪石、崖壁直接纳入园中。

在筑山方面，杭州私家园林内石峰较少，除了“绉云峰”外（见图3-6），少见大型的具有整体感的独块石料，而是多采用太湖石等小块石料堆叠而成假山，或是用“点石”的手法，结合植物配置零散布置一些石块，这类筑山手法与苏州私家园林类似，而不同之处在于部分杭州私家园林直接借助山林地内的山石群、洞穴、深岩、峭壁，稍加整理便作为园林内的山石景观，自然而富有野趣，这也是杭州私家园林的独特之处。如芝园的大假山是目前国内最大的人工假山溶洞，假山上有三座楼阁，下有“悬碧”“皱青”“滴翠”“颦黛”四个小溶洞，四通八达的小道，忽明忽暗、弯弯曲曲，有灵隐飞来峰之意象。而位于呼猿洞旁的青莲山房，背倚莲花峰，架于曲涧之上，峭壁掩映，无丝毫人工掇山叠石，却将真山真石景观尽数纳入园中，风格各不相同。另有丁家山上李卫所筑的蕉石山房，房前天然奇石林立，状类芭蕉，泉从石罅中涌出，隆隆作响，清澈澄碧。

图 3-6　曲院风荷绉云峰

三、理水

园林无水不活，水是园林的灵魂，故造园就离不开“理水”。理水一般有两种形式，一种是对原有自然水体进行利用和改造，另一种是在没有水的情况下引泉凿池，人工开挖水体。苏杭私家园林的理水方式也不外乎于此，但在细节处理上还是存在诸多不同。

（一）明清苏州私家园林中的理水

苏州全城水网密布，丰沛的降水形成了苏州较高的地下水位，这样的地理条件给私家园林凿池引水创造了良好的条件，因此，造园者通常利用原有水系，采用大面积水体营造开阔的空间形态，弥补高墙围合所带来的沉闷氛围，形成一股自由清爽的气息。同时，水的形态被设计成涌泉、溪流、瀑布、静水面等多种类型，水体四周布置各式建筑、假山、花草树木，形成山水环绕的画面，使园林格局散中有聚，变化多样，营造宁静安稳的意境。拙政园的理水堪称经典（见图 3-7），水池部分景致是全园核心，造园者充分利用了苏州多积水的特点，模仿自然山水，挖池疏浚，堆土成山，形成两座池中岛山，岛上以亭桥点缀，又辅以茂林芳草，由主池分流出去的支流串通园中各处景点，支流水面时而广阔、时而收敛，几乎在园中任何一处角落都可以看见流水潺潺，听见泉水叮咚，形成一处处风格别致的院落，与主景风格高度统一，浑然天成。在池岸处理上，苏州私家园林讲究师法自然，以石岸为主，土岸为辅，选石多用太湖石，在叠石过程中，十分注重石纹、石理的衔接。如留园冠云峰前的石岸，与冠云峰采用相同的太湖石石料，风格统一，石块间衔接自然，石缝间以花草填补，浑然天成。

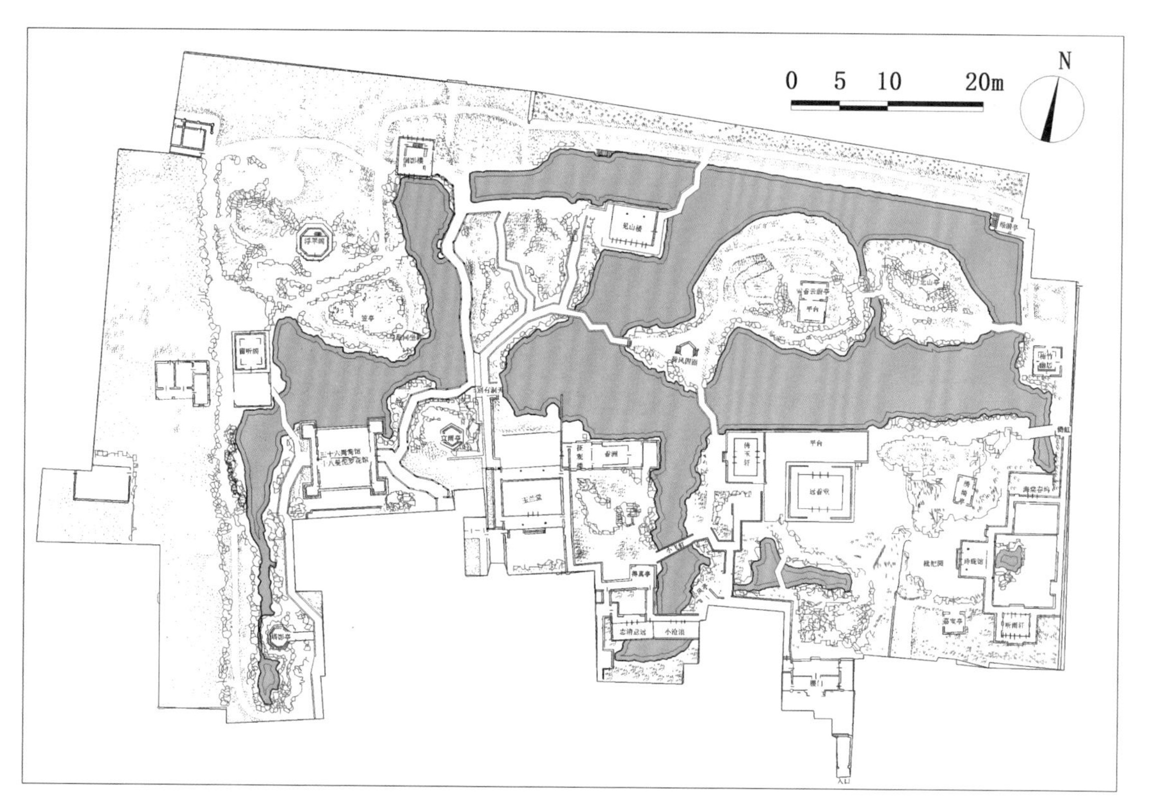

图 3-7　拙政园水系平面图

（二）明清杭州私家园林中的理水

明清杭州部分私家园林理水方式与苏州相似，但喜好最大限度地借用西湖的真山真水，且驳岸类型更加多样化，带有当地特色。如郭庄（见图 3-8），园林东面整体面向西湖开放，临湖处有码头，布置了乘风邀月轩、景苏阁等平台休憩空间。又引西湖水入园，由“两宜轩”分为南北两片水体，南面是模仿自然形态而建的“浣池”，池岸曲折蜿蜒，池边太湖石堆砌，与苏州私家园林理水形式十分相似；北面则是形态规则的“镜池”，池岸由石板堆砌，规则整齐，干净大气，陈从周老先生称之为绍兴风格，实为延续了南宋的理水特点，水面更加开阔。

还有部分私家园林建在西湖周围山林之中，理水的过程中常会用到山泉和溪流，由于地势的局限性和出于保留自然的原真性，一般不会进行人工大水面的开挖，水景的设计也就不同于苏州私家园林，没有起到统领全园的作用。古籍《西湖梦寻》中有许多相关记载，如描写青莲山房时，书中写道：“山房多修竹古梅，倚莲花峰，跨曲涧，深岩峭壁，掩映林麓间。……台榭之美，冠绝一时”，又如对岣嵝山房的描写："明李元昭用晦，架山房于回溪绝壑之上，溪声出阁下，高崖插天，古木蓊郁。"还有《湖山便览》中写到留余山居的水景为泉，泉水自山北侧疏石中流出，经石壁而下，高数丈许，飞珠喷玉，滴水成音。从这些描写中，可以想象当时这些园林隐于山林溪涧之间，呈现出不惹凡尘的绝美精致。

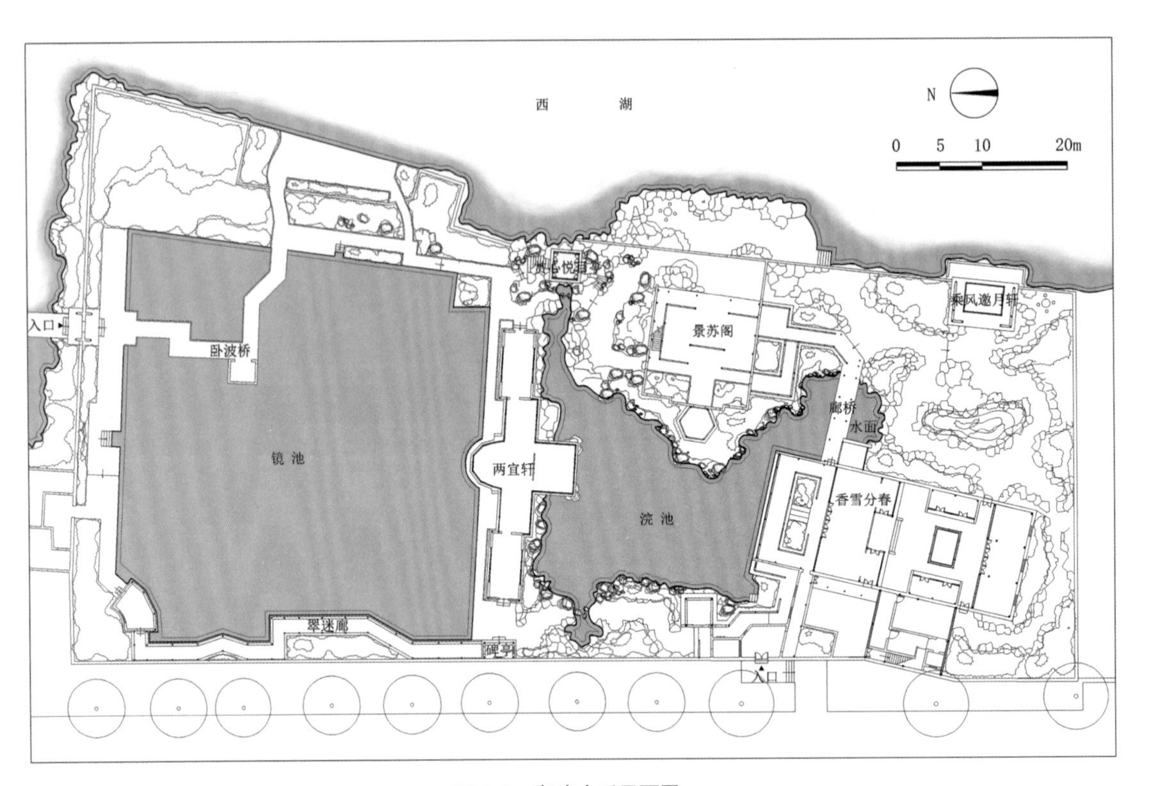

图 3–8 郭庄水系平面图

四、建筑

园林中的建筑常常成为景观节点，既可作为景观被人观赏，又可在此欣赏建筑之外的风景，因此，园林建筑自身不仅要具有美观性，还要具有一定的实用性。明清苏杭私家园林中的建筑都为典型的江南园林建筑风格，但在布局、色彩等方面存在一定差异。

（一）明清苏州私家园林的建筑布局

明清苏州私家园林建筑布局的一个典型风格为自由散逸，尤其是在规模比较大的私家园林中，往往会采用这种平面布局形式，即大多数的建筑分散布置在水池边、假山树林中，每一处建筑都是一个独立的景点，相互之间却形成一个有机的整体；而在规模较小的园林中，向心式的建筑布局更为多见。以留园为例（见图 3–9），造园者在主景周围环绕布置建筑，形成一条环绕全园的游园路线，每一处建筑的观景角度都不同，看到的园林景致也完全不同，使小园的园林景观更加丰富。

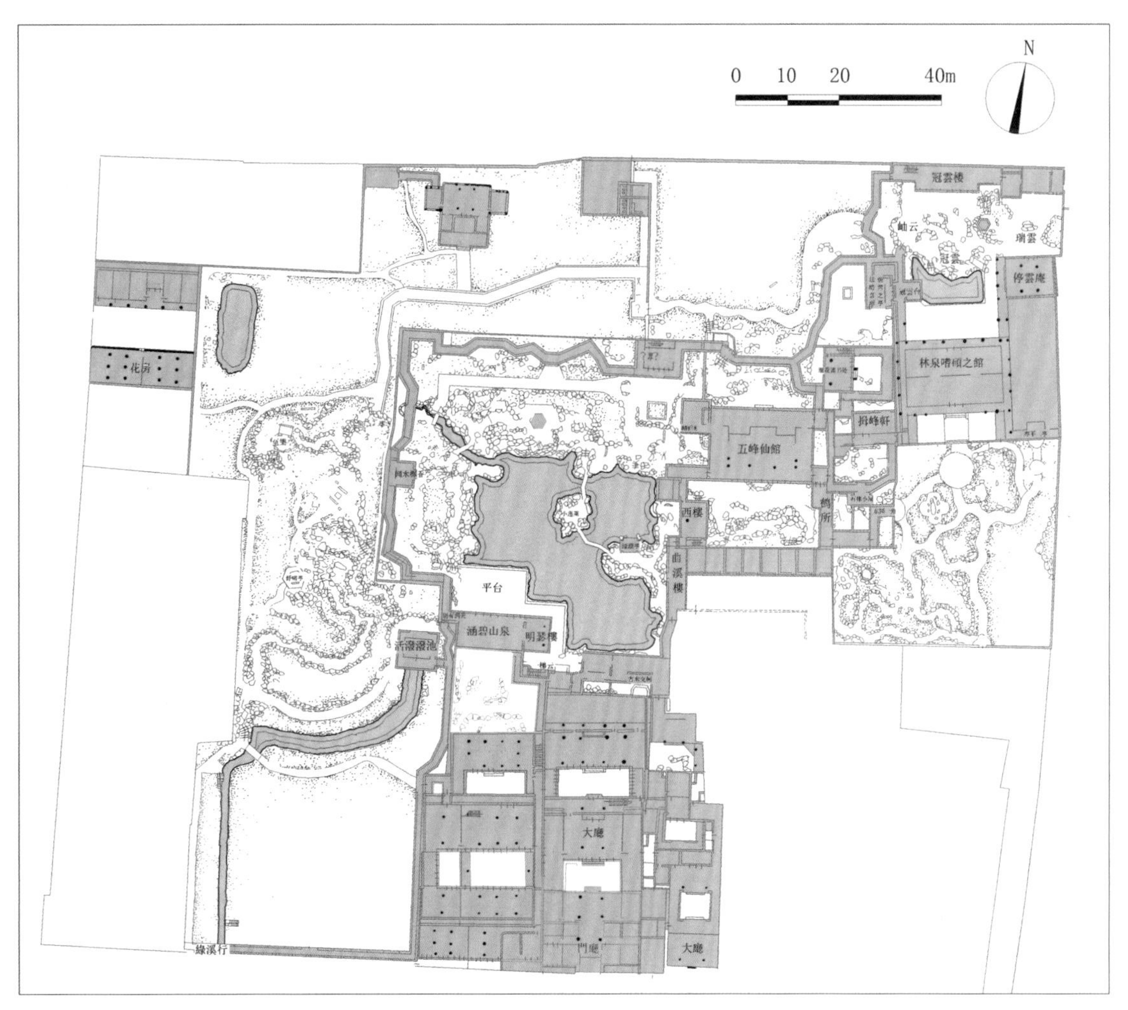

图 3-9 留园建筑、水系平面图

（二）明清杭州私家园林的建筑布局

杭州私家园林中的建筑也存在向心式布局形式，如郭庄浣池区域，但相对苏州私家园林而言，杭州私家园林大多不分布在城中，用地较为宽裕，故建筑布局也较为疏朗，又有选址于山林地中的私家园林，由于原有地形较为丰富，故建筑多顺应地形，采用高低错落、自由分散的布局方式，多是何处景色优美、视野佳，便布置在何处，并不一定围绕着水系而分布，如明代的快雪堂，清代的小有天园、留余山居、俞楼、紫阳别墅等皆是如此。特别是吟香别业，位于孤山东部，园林东面临水，又挖方池引西湖水入园内，通透的水榭长廊筑于方池与西湖水之间，既沟通了园林内外空间，更将园景由园内引向园外，园林范围被无限扩大，园内建筑布置较为自由，散置于平坦地形处，隐约形成南北两个院落空间，南院落接方池，点缀有几株古树，疏朗开阔，北院落以竹林为背景，安静舒适，又有小路通往后山，山腰处又筑有亭，既可纵览全园，又可赏西湖东侧美景（见图 3–10）。又如留余山居，亭、楼、长廊依山势而建，在山最高处设望湖楼、望江亭，以纳西湖、钱塘江之景。

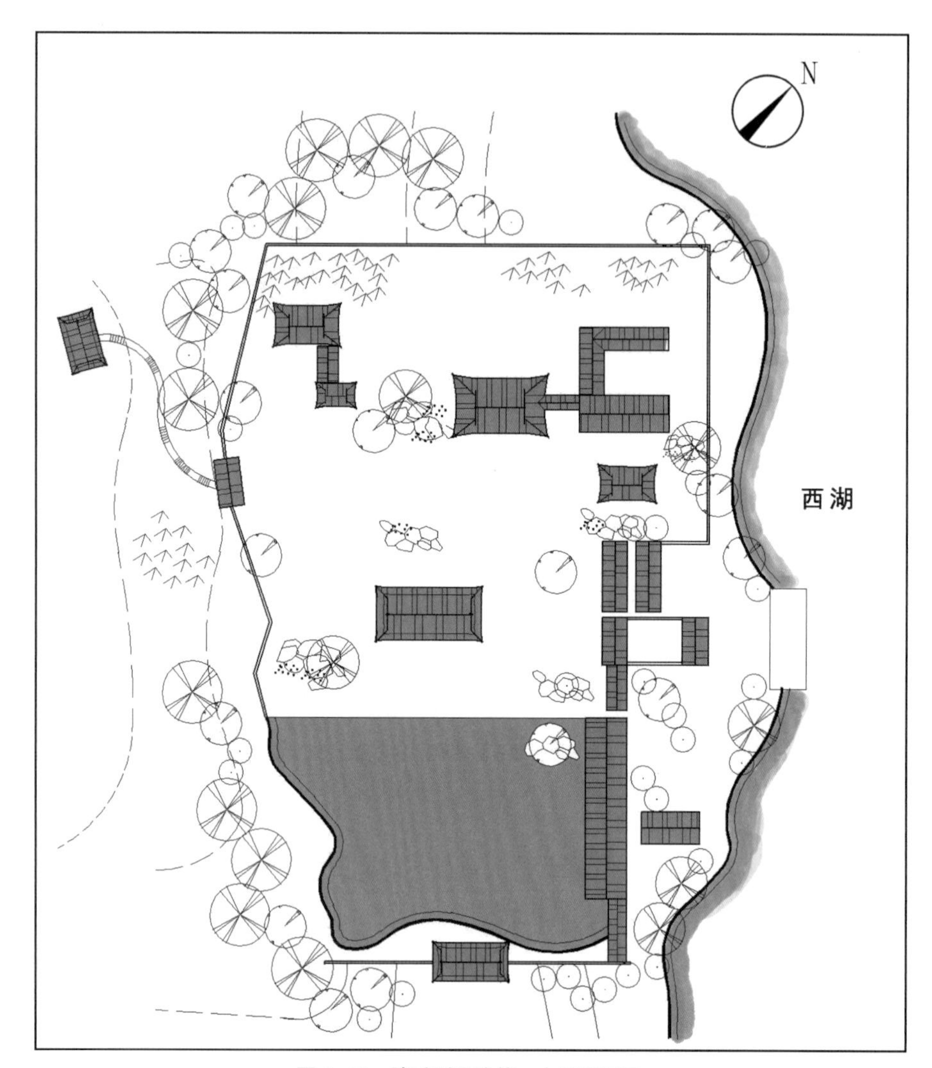

图 3–10　吟香别业建筑、水系平面图

（三）明清苏州私家园林的建筑色彩

明清苏州私家园林主人受儒家“中隐”理论、道家“清静无为，道法自然”思想，以及当时吴门画派“墨到为实，飞白为虚”作画风格的影响，园林中建筑的色彩为典型的“粉墙黛瓦”，建筑和围墙墙面通常为纯白色，瓦片、房梁皆为青黑色，木柱也被漆上深色的漆，来营造纯粹的黑白色彩，他们认为黑与白是最为清高脱俗的两种颜色，以这两种颜色来粉饰建筑，才能营造出他们心中恬静悠闲、适合修身养性的理想宅院。

（四）明清杭州私家园林的建筑色彩

明清时期杭州私家园林建筑的整体色调亦是以黑白两色为主，形成原因与苏州私家园林基本一致，但是杭州私家园林的建筑并不会追求纯粹的黑白，多会保留一抹自然的颜色。一方面，这是因为杭州私家园林始终受西湖自然山水的影响，更多呈现出自然山水园的质朴面貌；另一方面，明清时期的杭州受南宋及浙派绘画的影响，讲求雄浑大气、质朴天然，少了一些人为艺术的加工。

五、植物配置

古人说："山借树而为衣，树借山而为骨，树不可繁，要见山之秀丽；山不可乱，须显树之光辉。"明清时苏杭私家园林的植物配置都体现了师法自然的核心理念，遵从适地适树、植物多样性和景观艺术性的原则，但在配置手法上有细微的差别。

（一）明清苏州私家园林中的植物配置

苏州私家园林中的植物配置讲究繁而精，一草一木，皆追求精致完美。在苏州的大型私家园林中，树木、花草、藤蔓类植物加起来一般会有 200 种以上，中小型私家园林中植物种类也会达到 40 ~ 80 种。而且这些绿色植物并不是简单地堆叠在一起，而是基于高水准审美做出的艺术配置，造园者需要考虑植物的生长规律和季相特点，搭配出的植物景观要做到高低错落、疏密有致，四时之景各有千秋。

另外，苏州私家园林植物配置方式与吴门画派息息相关。吴门画派在山水画上成就突出，作画时强调笔触表达的情感，有时用枯墨的形式表现一棵枝干苍虬的老树，有时用细腻的笔法来表现一株山中兰花。这种作画风格运用到园林植物配置中，当以植物作为主要景点时，往往采用孤植手法，这是最能体现植物本身形态的一种配置方式；当植物作为衬景存在时，常常采用丛植的配置手法；当植物作为主题景观的背景时，会用到群植的手法，同种植物的群植可以将植物的纯林景观发挥到极致，多种植物的群植则可以展现各类植物的不同姿态，营造出类似自然山林的景色，就像一幅泼墨山水画，飘逸自然。

（二）明清杭州私家园林中的植物配置

相比苏州而言，杭州西面山林遍布，植物资源丰富，奇花异草繁多，在植物配置上存在得天独厚的优势，可就地取材，多用乡土树种。另外，杭州自唐宋起，园林的营造多重视植物造景，尤其是南宋时期，作为南宋园林精华的所在地，其园林内部多以植物为主要内容，讲求种类多样、成片栽植、形式自然。明清杭州私家园林承袭南宋的植物营造手法，园中的植物种类与苏州私家园林相比有过之而无不及，基本的配置手法如孤植、丛植、群植等都与苏州私家园林大体一致，但尤为关注片植。由于私家园林面积的局限性，这些片植的植物不一定位于园林内部，多是在园林周边，且不多加修饰，追求的是整体效果，成片植物景观又被借入园林内，使得园外与园内景色浑然一体，园中景致被无限放大，营造出宁静深邃的意境。如西湖湖畔的私家园林，常借景西湖内的大片荷花，无形之中增加了园内景观的丰富性，而山林中的私家园林常常直接利用周围成片的山林景观，在林中筑亭、廊等游憩建筑，似乎整片山林都被纳入了园中，园林的范围被极大地拓展。

第三节　浙派园林造园特色总结

明清苏杭私家园林的差异最主要是因为地理环境不同，从而直接造成两地园林选址不同，进而导致两地的造园手法产生互异（见表 3–1），其中选址于山林地的杭州私家园林造园手法可谓自成体系，极具特色。但是，由于保留至今的明清苏州私家园林数量较多，保存较为完整，研究对象也较为直观，而明清杭州私家园林则所存无几，大部分园林描述来源于古籍，这就使得研究结论可能存在一定偏差，需要后人继续深入调查，发掘新的内容，从而完善两地园林的造园特点和文化内涵。

表 3–1　明清苏杭私家园林对比汇总表

对比内容		苏州私家园林	杭州私家园林
造园背景	地理环境	地形平坦；河港交错，湖荡密布	地势整体西高东低，湖山环绕；植物资源丰富；山中多泉水、多怪石
	经济环境	经济极为繁荣；手工业发达；士绅集中	经济极为繁荣，全国性的大都会；旅游业发达；外客云集
	人文环境	在全国文化领域处于中心地位；吴门画派占据了画坛主位，风格宁静、雅致；文风甚炽；有“仕隐齐一”的情怀	文化极为繁荣；受南宋影响深远；浙派绘画风格雄健、简远；注重理性思维；多寄籍进士
	历史环境	文人造园兴起	自然山水园林营造方式积淀深厚
造园要素	选址	多城市地	多山林地、江湖地
	筑山	用石风格单一，以太湖石为主，黄石为辅；筑山形式丰富；筑山规模可大可小，可零可整	善于就地取材，选用的石材种类丰富；石峰较少，“点石”运用较多；常用山中自然山石来营造景观
	理水	利用原有水系进行人工营造；以聚合的水体为主景，水面形态有聚有散；以湖石驳岸为主	常借西湖或山泉、溪流之水，山林中的私家园林水景多保留原真性，少人工痕迹；驳岸自然式与规整式并存
	建筑	大园以自由散逸的布局形式为主，小园以向心式的布局为主；色彩为纯粹的黑白色	布局讲究因地制宜、高低错落、自由分散、舒朗开阔；色彩除了黑白色，还有自然色
	植物配置	讲究繁而精；与吴门画派息息相关	就地取材，种类多样，风格秀雅；园林周边多片植、形式自然；注重借景

从上面的分析可知，浙派园林大多依托于浙江美丽的自然山水，以丰富的文化艺术为内涵、不同的生态环境为骨架，融合绿水青山，彰显地域文化，形成“包容大气、生态自然、雅致清丽、意境深邃”的造园特色（见图 3-11），凸显了天人合一的生态观和价值观，成为东方生态美学思想的杰出代表。

图 3-11 浙派园林造园特色

第二篇

生态造园、雕琢无痕：浙派园林营造技艺

第四章

浙派园林造园意匠

造园即园林的营造、构筑，重在构字，含义深刻，深在意境，妙有诗情画意。因此，它不是山水、建筑、植物的简单组合，而是遵循一定自然法则和艺术规律所创造的符合人们审美情趣的可行、可游、可望、可赏、可憩、可息、可感、可悟的一种人工环境。意匠，按《辞海》的解释："谓作文、绘画等事的精心构思。语出陆机《文赋》'意司契而为匠'。契，犹言图样；匠，工匠。杜甫《丹青引——赠曹将军霸》'诏谓将军拂绢素，意匠惨淡经营中。'"中国诗画同源，充盈着诗情画意的浙派园林亦然，均重意境。意境，犹如灵魂，意立而情出，融情于景，景情相生。景由匠做出，统领匠心的是意，景是意的载体，犹如躯壳，无此，则灵魂无所着落。由此而言，浙派园林之造园意匠，是艺术和技术的有机结合、完美统一，体现了自然之美、空间之美和人文之美。

在过去的研究中，提到的意匠往往是传统造园意匠，指的是营造落成后的园林的展现，是原有的状态。传统园林营造中，除假山石营造之外，其余部分几乎都不用图纸来表达造园诉求，且由于年代久远，古人的造园过程也难以详细考证。那么，从现代园林景观营造的角度来看，从造园之初的目的逐步解析至园林的落成就显得十分必要。

因此，现代造园意匠论就是造园的全过程反映出来的"意"（艺术）和"匠"（技术）结合的方法论，是对园林景观设计与营造的全面指导。现代造园意匠论，是结合现代造园的实际理论，在传统造园意匠的基础上归纳总结，提炼出来的一种方法论。其内容更为充实，适用对象更为广泛。本章以明清浙北私家园林为例，尝试将"意"与"匠"的内涵与流程分别进行梳理（见图 4-1）。

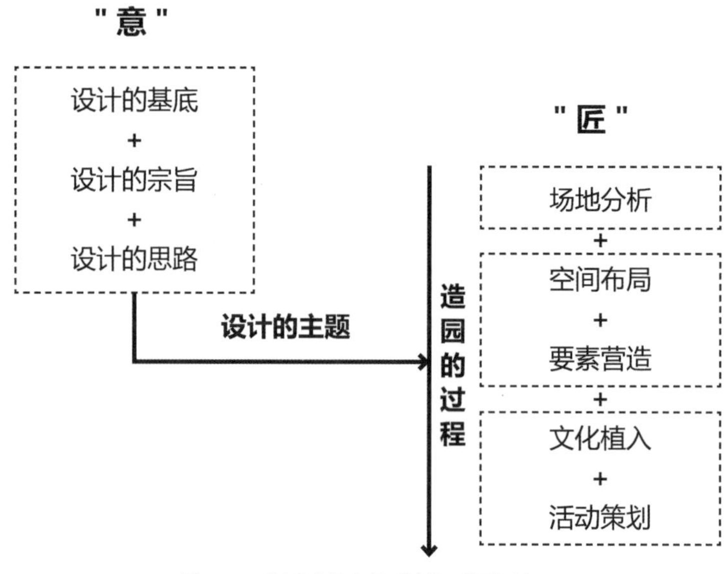

图 4-1　造园过程中的“意”“匠”梳理

第一节　浙派园林的“意”

“意”是“匠”的指导思想。在造园之中，“意”是一种艺术。园林的“意”源于场地之宜，而场地又借“意”生发意境，体现其艺术内涵，是造园当地的自然、政治、经济、人文环境与造园主意志的互相融合，并使之反映天地自然与园主内心世界的一种景观。陈从周先生在《说园》中说道：“造园重在境界，故必先立意，意出而景生。”意往往理解为意在笔先的“意”，即造园之初的构思。然而陈从周先生又说：“我国古代造园，大都以建筑物为开路。私家园林，必先造花厅，然后布置树石，往往边筑边拆，边拆边改，翻工多次，而后妥帖。”可见，私家园林的营造也不是一蹴而就的，而是有一个过程。不仅仅在于造园之初合场地之宜的立意，还关系到造园之后意境的深化。“意”可以提炼为园林设计的主题，贯穿造园的始终。

一、师法自然——设计的基底

明清浙北私家园林在造园之初就深受中国道法自然思想的影响，故明清私家园林多为自然山水园。例如，从整体环境上来说，杭州西湖自然风景的美多有“一湖、二塔、三岛、四堤、五园、六水、七寺观、八胜景、九峰岭、十景”的说法，体现了其风景层次丰富。景物之间自然形成对景、借景等空间关系，并随着季相、时相、天象的变化而变幻无穷。不仅是西湖，嘉兴的南湖、湖州的白蘋洲、太湖周边也存在这种山水组合。明清时期的浙北私家园林显示出的是归隐于山林的思想，讲求最大限度地与周围环境相协调、渗透和融合，不同于苏南园林的精致安逸之感。园林主人在造园前先为园林立意，才能使得园林在造好之后传递出这种情怀。在掇山理水上，多模山范水，以求“虽由人作，宛自天开”的境界。如飞来峰以峰石、洞壑闻名，自南宋以来多被作为假山写仿的对象；杭州的胡雪岩故居就有“擘飞来峰一支，似狮子林之缩本”的美称。又如嘉兴绮园在池中置小峰石写仿西湖“一池三山”的营造模式。

由于受到文人审美的影响，造园时对于园林古韵的追求也是必不可少的。“多年树木，碍筑檐垣，让一步可以立根，斫树桠不妨封顶。”营建房屋时，着意保留原有大树，妥善解决其与建筑在布局上出现的矛盾，便可轻易达到古韵的效果。景观植物的选择也多采用乡土植物。除此之外，古人造园多就地取材。掇山用石按来源分有湖石和山石，即开采于湖中和山里。浙北多湖山，其中杭州的天竺山、凤凰山，湖州的太湖、弁山，在明清时期都是有名的石材产地。故在石材选用上，杭州的石材品种多选用黄石、湖石，甚至是英石、宣石，而湖州则更多地发挥临湖优势，更多地使用太湖石。明清时期水网纵横，为私家园林掇山置石营造的材料运输提供了极大的便利。此外，建筑营造所需的木、竹、桐油等材料，也是取自当地盛产的材料。

二、以人为本——设计的宗旨

以人为本的园林功能性是造园者在造园之初就先予考虑的，即园林主要是为人服务的。郭熙在《林泉高致》中说道：“世之笃论，谓山水有可行者，有可望者，有可游者，有可居者。”这点在明清浙北私家园林的营造中有了更集中的体现（见表 4-1）。

表 4-1　以人为本的设计宗旨与园林设计的关系对照表

以人为本的层面	传统园林的共性	明清浙北私家园林的个性
人的物质追求	可居、可行、可望、可游	园宅分离，更加强调可行、可望、可游
人的精神追求	天人合一、君子比德、隐逸思想	耕读、勤孝、文雅等具有明清浙北地方特色的精神追求

（一）人的物质追求

传统园林作为古人的“家”，成为庇护他们远离风吹日晒，提供给他们饮食起居的场所，是一个舒适自在的人居环境。所以在传统园林营造之中都以建筑为先，就是《园冶》中所讲的“凡园圃立基，定厅堂为主”。在园林营造中，除建筑外的园林要素，如山、水、植物等则展现出园主人在园林中的物质追求，不仅仅停留在得以庇身的生存层面，而是更具有娱乐玩赏的功能。而明清时期大部分浙北私家园林展现出园宅分离的特质，不再仅仅将园林作为建筑的附属品。可见，浙北私家园林在物质上不仅追求可居，还更加刻意地强调可行、可望、可游的功能。

（二）人的精神追求

园林不仅仅只是功能的载体，从精神上讲，它也应该是追求心灵闲适愉悦的场所。在历史上，影响造园的思想大致有以下三个：天人合一、君子比德、隐逸思想。其中，天人合一的思想源自秦汉时期的自然崇拜，从祭祀山河到农业生产再到“第二自然”的营建，可见，古人对于自然敬畏、感恩、向往的情感随着历史的发展也在逐步积淀。君子比德体现在造园时欣赏园林之美，通过要素的营造，体现人类的美德。隐逸思想在明清时期显示为明清交替易代，汉族文人士大夫出于对满族统治者的不满，纷纷归隐山林之间，通过造园营造自己的一番小天地来抒发对现世生活的不满，其园林中的隐逸之味和自由洒脱之情也成为后世私家园林造园的灵感之源。基于这三个传统园林共同的思想追求，在不同的地域和时代，又衍生出了不同的文化与不同的追求，如耕读、勤孝、文雅等。功能性还体现在追求经济效益上，尽管在明清之时，全国范围的园林都有着生产功能衰退、造园更加追求休憩和娱乐的特征；而在浙北私家园林中或多或少都保留了一部分的生产用地，如小莲庄中的莲花池、安澜园中的菜园，都用以满足文人士大夫享受田园农耕的精神追求。

三、诗情画意——设计的思路

浙北私家园林中，不管是利用真山真水而兴建的“天然山水园”，还是人工模拟山水地貌所形成的“人工山水园”，都受到规模的限制，难以在有限的空间中表达大自然的无限蕴含。这时，传统的山水诗画就成为一种联结自然原型与造园之间的媒介。“善画者善园，善园者善画”，诗情画意与浙北私家园林密不可分，是园林设计的思路来源。

（一）山水诗是园林设计的灵感

明清时期，浙北地区的山水文学和造园已密切结合（见表 4-2），中国古人作诗文讲求章法，注重起、承、转、合和抑扬顿挫。“造园如作诗文”，在园林的空间设计上，传统造园也常常借鉴这一创作手法，尤其是先抑后扬的手法。明清浙北私家园林沿袭了这种造园手法，在宅与园的连接部分尤为常见，意图创造由“宅”入“园”时豁然开朗的感觉。并且，这种山水诗的思路贯穿设计全过程，在造园前一些著名的山水诗句（部分山水诗句往往也是前人所造园林的描述）成为造园的启发；在造园完成后，古人还常常作诗咏园。山水诗中也往往记载了私家园林营造的手法，如安澜园前身——清初遂初园，陈元龙就曾作《遂初园亭榭楼阁诗十八首》，并以十八处景点为题。园以文传，对于已经消逝的安澜园更是如此。仅仅是通过四五行诗词的描述，便赋予安澜园中十八景以诗画的气息，那园中之景就已经不是普通的山水建筑和植物所能比拟的了。

除此之外，在明清浙北私家园林中还较为典型地体现出重“清”重“学”的特征。“清”即指空灵脱俗，明清时期浙派诗人大都属于寒士阶层，在其诗词著作中多有清丽、清孤的意味，顾炎武、黄宗羲、王夫之成为当时的代表，这在园林中展现为对于雅致、清丽的追求。“学”指明清时的理学思潮，这在园林中体现为对于这类文化要素的直白表达，如南浔的嘉业堂藏书楼、朱彝尊故居的曝书亭；以及用简单的构筑表达深刻的人生哲学的设计方法，如方池的应用等。

表 4-2　　山水诗与园林设计的关系对照表

项目	传统园林的共性	明清浙北私家园林的个性
山水诗	诗文章法：起、承、转、合；园以文传，文以园兴；造园前后题诗歌咏	诗词主题：自然山水为多
		诗词风格：重“清”，少抒情，多写实
		诗词内容：重“学”，理学思潮的复兴
园林设计	园林空间：讲求空间序列	园林审美：寄情山水、翳然林水的山野之乐
		园林风格：雅致清丽，多自然，少雕琢
		园林功能：游赏兼顾读书、思考之处，表达对人生哲学的思索与体悟

（二）山水画是园林设计的蓝本

浙派山水画创作中继承了传统中国山水画的空间表现形式，多采用散点透视，打破空间的限制，将各种景物集中表现出来，可见，创作时作者的观察位置是移动的。这对浙北地区连续风景布局也产生了重要的影响，浙北私家园林是一系列复杂游赏空间的组合，它带给观赏者的不是一幅幅独立的画面，而是一幅步移景异的整体画卷。除此之外，山水画中注重对比，以达到“言有尽而意无穷”的境界。山水画家通过对主观世界的分析，对客观物象进行了艺术的加工，在画面上呈现了虚实对比、主次对比、疏密对比等各种对比形式。这使得园林营造之时园主人也对场地中的主景次景、疏密布局进行深入的考虑，以求得含蓄深远而耐人寻味的意境（见图 4-2）。

图 4-2　明·吴伟《长江万里图》（局部）

除此之外，浙北地区山水画有着如下显著的特点（见表 4-3）：在南宋宫廷画的基础之上，从民间取材、展现世俗生活，这在浙北的私家园林造园审美中体现为对现实美好生活的追求，在隐逸的追求上以隐于市的中隐为多；在功能上多在园林营造中打造一隅渔樵耕读的场所，而不仅仅是追求园居生活中的吃喝玩乐。同时浙北地区的山水画多以真山水为主题，其画用笔更为刚健，喜好突出笔情墨趣，追求刚柔相济的中和之美。“山石多以大斧劈皴刚线勾勒，大笔挥洒，气势磅礴”，这在明清浙北私家园林营造中又演化出了较为粗犷、野趣、自然的造园风格特征（见图 4-3）。

表 4-3　　山水画与园林设计的关系对照表

项目	传统园林的共性	明清浙北私家园林的个性
山水画	整体构图：散点透视，打破空间的限制，将各种景物集中表现出来	作画主题：真山真水，取材民间、展现世俗生活
	表达方式：画面上形成了虚实对比、主次对比、疏密对比等各种对比形式	画面表现：用笔更为刚健，追求刚柔相济的中和之美
园林设计	园林空间：呈现步移景异的体验	园林审美：偏向现实社会，隐逸思想偏重中隐 园林功能：游赏兼顾生产
	园林要素：采用对比的造园理法	园林风格：较为粗犷、野趣、自然的造园风格特征

图 4-3　浙北山水画家戴进作品（左：《风雨归舟图轴》；右：《溪桥策蹇图轴》）

第二节　浙派园林的“匠”

文化内容若是造园中的“意”，那么技术内容便是“匠”。“匠”是“意”的贯彻和保证，“匠”是对造园意图的落实，即采用一定的造园手法，将山水、建筑、植物等园林要素按造园意图布局在园林中，使之组合成景观。匠的范围极广，大可到全园抑景、障景、框景、借景等构景手法，小可到园林要素的各方面，如园林置石中的匠就体现在石材挑选、石材搬运、石的布置方式等。

一、场地分析

《园冶》“兴造论”中说:“故凡造作，必先相地立基。然后定其间进，量其广狭，随曲合方，是在主者，能妙于得体合宜，未可拘牵。”可见，造园的第一件事就是选址，明清时期由于浙北地区自然山水条件优越，风景大开发活动蔚然成风。浙北私家园林大多选择山水兼具的环境造园，多属天然山水园。

（一）山水园、山地园

山林地有高有凹、有曲有深，只要施以略微的雕琢，就能够形成天然之趣。如岣嵝山房，选址于灵隐韬光山。“逼山、逼溪、逼韬光路，故无径不梁，无屋不阁”，背靠山崖，依仗峰峦，山中有溪，其中建筑多在山间凌空架起，借山势高低错落，与自然融为一体。又如小有天园坐落在南屏山山腰之上，高低俯仰之间“山径至此，石益奇，地益高，所见益远，左江右湖，如在几席矣”，自然之野趣由此可见。

（二）水景园

江湖地依托园外的水域风光，多将水引入园内或是借园外水景，以求得“略成小筑，足征大观”的效果。如漪园“西湖何处不清漪，围作池园因额之”，以水为主题，用亭桥分割园内与西湖水系。又如郭庄，通过赏心悦目亭下的假山作为出水口，引西湖之水入园打造浣池、镜池两块截然不同的水景，并选取几个点观赏西湖：乘风邀月轩、景苏阁外观景平台、赏心悦目亭和北面“园”区的观景平台，既发扬了相地之所长——在山水间求得私家园林的安静氛围，又克服了用地之所短——完全以东面西湖为借景显得过于单调无聊。

对于这类的天然山水园，第一步是“高方欲就亭台，低凹可开池沼”，指的是在尊重原始自然条件的基础之上对地形的改造；第二步是“卜筑贵从水面，立基先究源头，疏源之去由，察水之来历”，指的是对水源的梳理；第三步是考究周边环境，判断是否有景可借，“俗则屏之，嘉则收之”。

总之，明清时期浙北私家园林在场地分析上讲究的是顺势而为，不但省时省力，最终所建园林也更为自然。

二、空间布局

在立意和相地的基础之上，进行的总体规划便是布局。浙北私家园林的体量不等，有地仅一弓的五有园，也有几十亩的安澜园。其中十亩左右的私家园林为最多：西湖边的郭庄、留余山居、蕉石鸣琴、小有天园，南湖边的莲花庄、潜园、述园等。在这样体量的私家园林中，布局也呈现出多样的特色，但总体而言，宅园分离是浙北园林中最突出的特征。由于宅与园分离，所以浙北园林在空间上的分隔不再依赖于建筑，厅、堂、馆、斋等作为宅的主体建筑多自成一体，而亭、廊、轩、榭等风景建筑成为全园的点缀。相对而言，建筑密度也降低了不少，多以山水分隔全园，形成了多类型的园林空间。"相地合宜，构园得体"，古典园林的布局得体即可，没有约定俗成的布局方式，但按照现存和复原的园林来看，可大概归纳为三种类型。

（一）串联式布局

以某一园林要素为主脉，使空间依次展开。在面积较大的园林中，建筑、山水都可以充当串联的要素，起到总领全园主题的作用。以建筑为主脉的如杭州胡雪岩故居，展现一进又一进的庭院空间，直至到达最西面的芝园入口（见图 4-4）；以水为主脉的如海宁安澜园，展现溪、泉、河、湖不同形态的水景序列，用水中岛屿、桥、假山来分隔空间；以山为主脉的如嘉兴绮园，园中假山连绵，在虚实错落之间形成一个统一的整体。除此之外，串联式布局在园林的局部应用最为广泛，尤其是入口处的建筑串联最为常见，可以取得"山重水复"的效果，为"柳暗花明"做了很好的铺垫。

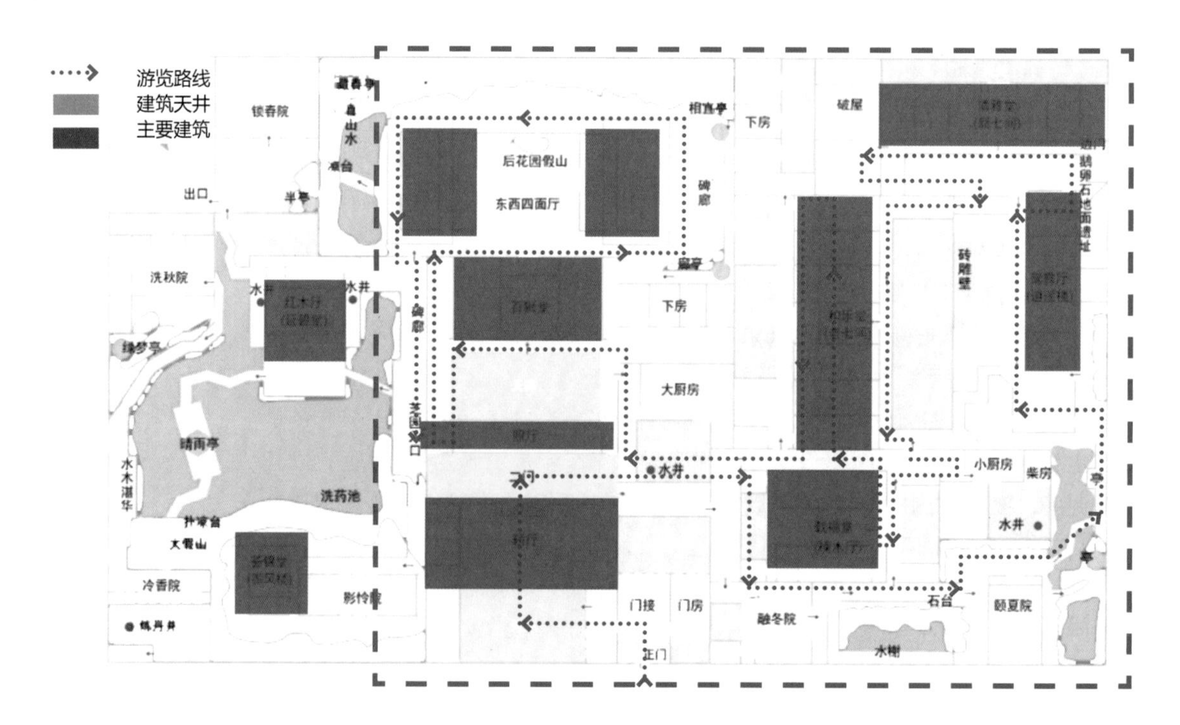

图 4-4　胡雪岩故居中的串联式布局

（二）向心式布局

多在面积较小的园林中，或是面积较大园林的中心，以某一园林要素为核心组织空间，回环曲折，以求得小中见大的效果。如南浔适园水景为核心主景，周边的建筑及景点的组织，围绕水景展开，形成向心式观赏路线。正如陈从周先生所言："南浔园林自具特征，大园绕水，汪洋数倾，荷叶万柄。或无外墙，环水障之，别具一格。"如小莲庄中，围绕荷花池，净香诗窟、水榭、东升阁、退修小榭、圆亭、平桥、听雨亭、内园、观景台、五曲桥、七十二鸳鸯楼、砖牌坊、六角亭依次展开（见图 4-5）。

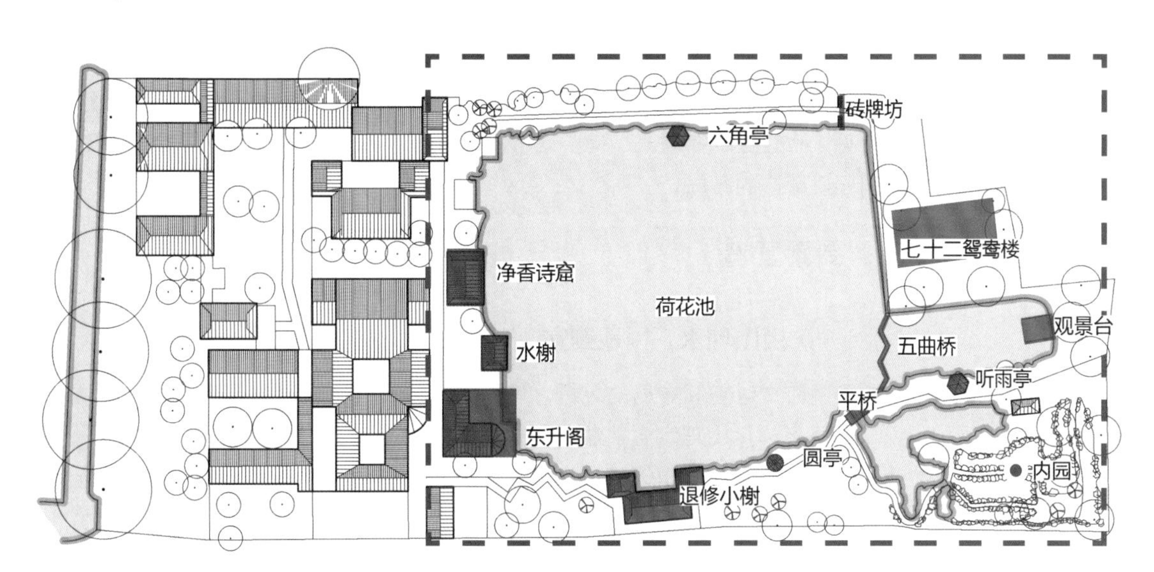

图 4-5　小莲庄中的向心式布局

（三）散点式布局

在浙北私家园林中，由于自然地形高低起伏没有规则，受到场地的限制，散点布局的私家园林尤其多。浙北私家园林多选址山林，园林营造常顺势为之，所以在空间布局上呈现出散点式布局的形态，其在平面构图上看似无章可循，实则是出于经济效益、审美效果等多方面考虑的结果。据统计，在明清浙北私家园林中，多有楼、轩、斋、堂命名的私家园林，其与现在所谓的公共园林之间的区别难以很好地界定，但可以肯定的是，在古籍中这些单个的风景建筑单独成景，古人更多地关注建筑单体的形态与寓意，这就意味着在整个园林中，建筑之间的联系变得不再紧密。这一点在选址于西湖真山真水之间的园林中体现得淋漓尽致，如选址葛岭的小辋川，是明代文人隐居的住所，其在取名与布局上都是以王维的辋川别业为蓝本（见图 4-6），体量小，所以园内建筑也少于辋川别业，但园内布局依山就势，散点分布在自然山水之间。

图 4-6 明·文征明《辋川图》摹本（局部）

总而言之，串联式和向心式的布局更多地应用在村庄地、傍宅地和城市地，以及一些场地较为规整的郊野地、江湖地。散点式布局在地形变化的山林地中更为常见，也往往和串联式、向心式布局相结合，在园林的局部展现这种看似随意、实则匠心营造的布局。

三、要素营造

（一）掇山理水，因地制宜

通过前文对空间布局的分析，可见浙北自然山水园中对于整体山水格局的重视。在局部的掇山理水中，浙北园林也匠心独运。浙北私家园林中的“山”可分为三种：第一种是真山入园，如蕉石鸣琴、青莲山房、小辋川等，其共同特点为以真山石为边界，借选址之奥旷自得清净，并不刻意雕琢山石，保留了原本粗犷自然的山林感觉。第二种是多用土石叠山，正如李渔在《闲情偶记》中写道：“用以土代石之法，既减人工，又省物力，且有天然委曲之妙。混假山于真山之中，使人不能辨者，其法莫妙于此。”浙中叠山具有“重技而少艺，以洞见长，山类皆孤立”的特点。而在浙北的掇山技法中，以张涟主张的平冈小坂为典型，局部寓意全景，以有限的空间表达无限的意境。其中嘉兴的勺园、鹤洲别业、烟雨楼大假山都是他的作品。第三种是置石，在浙北私家园林中，多选取湖石和山石，“以壁为纸，石为绘”，用置石象征自然山体的峰、岭、洞、穴，是一种写意的做法。

“山得水则活”，私家园林在水景理法上也有一番精心的设计与利用，借助自然之水面、山泉或人工开凿水池、水井，营建园林景点。浙北私家园林中水的形态自然与规则兼具。明清时期浙北私家园林的理水有着旷远明瑟的特点，可分三类。第一类是真水入园，借山中泉、瀑、溪，结合自然景观，添置人工构筑物，强调对真水的利用。第二类是在自然的低凹地形上开挖水池，一方面，环水向心布局的模式在明清时期已经广泛运用，小园往往以水池为全园主体。如小莲庄，六角亭、水榭、东升阁、退修小榭、圆亭、七十二鸳鸯楼都围绕水池来布置，用五曲桥分割水面，且小水面所在的东面，与内园水系相通，塑造奥幽之感。另一方面，大园在原本低凹的地形上进行整理，往往串联多处凹地，以水面聚散划分旷奥的空间变化。如安澜园，充分发挥嘉兴地区湖荡多的优势，全园打造“南池”“东池”“大池”“西池”四处水池，其中“大池”区域最为开阔，另外三处水池池岸曲折逶迤，且面积较小，四池之间以涧、溪、沟等带状水系沟通，形成奥幽的氛围。第三类是方池，方池有人工开挖也有改造原有凹地形成的，是明清时期“奇正并用”的园林审美的体现，如果说聚散有致的水体形态是园主人对于园林趣味的追求，那么整齐开阔的水体形态则是园主人通过园林中“半亩方塘一鉴开”的方池形式，对于以水为人生之鉴的一种人生自我修养的表达。

山多在竖向上分隔空间，以达到阻挡视线、求得空间变化的效果；而水则多在平面上塑造空间，聚水给人以旷阔之感，散水给人以奥幽之趣。山与水两者相组合，在浙北园林中显示出“水随山转、山因水活”的特点。

（二）建筑点景，精在体宜

浙北所处地理环境复杂，建筑不拘方向，且建筑形式多样，其中厅、堂、馆、斋等主体建筑多为合院式组合。并且由于全园布局疏朗，宅园分离，园取代宅成为全园之重心，局部有廊将主体建筑与风景建筑相连，但多数风景建筑还是呈现自由式布局。在丘陵地区，台、楼、阁、亭等风景建筑多顺应地形，高低错落。如坐落在南高峰北麓的留余山居，亭、楼、长廊依山就势，在山顶建台，台上建望江楼、望湖亭以借西湖、钱塘之美景。而在平原地区，风景建筑显现出较强的主动借景性，即配合掇山叠石使得建筑错落有致。如郭庄中，以翠迷廊与“园”区主体建筑沟通，围绕镜池，有迎风印月亭、如沐春风亭、两宜轩、赏心悦目阁呈内向布局，其中赏心悦目阁筑于假山洞之上，向东可看西湖胜景，但同时又成为全园制高点，为全园点景增色。此外，园林中还多有榭、舫、桥等具有水乡特色的风景建筑出现，如绮园中光桥的形式就有独拱桥、平板桥、九曲桥。同时，不仅园林建筑本身成为观赏的对象，还为使用者提供了驻足停留的空间，对周围的景致进行欣赏。所以浙北私家园林中的建筑都或多或少开设窗户，正如《园冶》所谓：“轩楹高爽，窗户虚邻；纳千顷之汪洋，收四时之烂漫。”

在建筑色彩上，浙北私家园林整体上受浙派画论的影响，表现出粉墙黛瓦的水墨色彩，但同时受到自然山水的影响，更多呈现自然质感，在颜色上多了一些木色。

（三）植蔬结合，组景入画

浙北西面多丘陵，植物资源丰富，奇花异草繁多，在植物选择上有得天独厚的优势，可就地取材，多用乡土树种。在明清浙北园林中，比较特别的是，除了保留原场地中的参天古木、栽植乡土植物之外，因受到浙北耕读文化的影响，多选用一些经济作物。园林中常用的植物有：松、竹、桃、梅、柳、桑、荷、桂、芦苇、麦、蒲、兰、菱、茶、菊等，其中竹、荷、桃、梅、桑、茶等都是观赏兼具生产之用的植物。也出现了许多以这种经济作物为主题的私家园林，如湖州的苎桑园、嘉兴的梅花庄、杭州的竹素园等。

在配置手法上，植物讲究与山石、水体以及建筑相结合。浙北园林中的植物配置手法如孤植、丛植、群植与苏南园林大体一致。但在明清浙北审美思想和植物选择的共同影响下，私家园林中的植物景观展现出与苏南地区相比更为粗放自然、追求野趣的特点。如绮园，虽有围墙作为私家园林的边界，对于墙内之园来说已是“壶中天地”，而园主多不满足于此，在围墙边多植乡土植物，以求得身处山水之间的感觉；加之围墙开漏窗，虚实之间仿佛真的置身山林。又如郭庄，在临西湖的东面广植荷花，求得园林与西湖大环境的过渡，更是增添了园林之野趣。同时，浙北私家园林中也注重植物的季相变化，尤其是嘉兴张公甫的南湖园，一年十二月四季交替，而园中花开不断，成为一时美谈（见表 4–4）。

表 4–4　嘉兴张公甫南湖园中的花卉

月份	花卉	月份	花卉
正月	玉照堂梅花，揽月桥新柳	七月	应铉斋葡萄，霞川涧水荭
二月	餐霞轩樱花，玩乐堂瑞香花	八月	桂隐厅前桂花，众妙峰山木犀
三月	苍寒堂绯碧桃，阆春堂牡丹芍药	九月	把菊亭金菊，景全轩金橘
四月	艳香馆长春花，群仙绘幅楼前放玫瑰	十月	满霜亭蜜橘，杏花庄荠花
五月	烟波观碧芦，丛奎阁榴花	十一月	摘星轩枇杷花，苍寒堂南天竺
六月	芙蓉池荷花，清夏堂新荔枝	十二月	花院兰花，绮互亭檀香蜡梅

四、文化植入

造园不仅仅在于山水、建筑、植物等的外在形式，还表现出园主人的审美情趣，而园中的匾额楹联，以及园外的诗画作品，正是这种审美情趣的外显。

浙北私家园林中的匾额楹联在形式上就地取材，以竹木为主，在内容上为对山水胜景的描绘，以显示园主人对于自然山水的向往。如郭庄中的“香雪分春”“乘风邀月”“两宜”“伫云”“如沐春风”，可见园主虽在园中，却胸怀日月风雨，想揽四季入园。又因浙北园林一般占地面积较小，园主力求在有限的空间中营造自然，以求得身体与心灵的双重满足。除“一拳代山，一勺代水”来获得“象外之境、境外之景”之外，园林中的匾额楹联可谓是点睛之笔。如小莲庄中的内园，内园与外园以一道月洞门相通，正反两面分别题有“曲径”和“通幽”，如此一来，内外园有所联系，更见造园者虚实相生之匠心。浙北其余园林中的匾额也多题有“洞天”，以象征“别有洞天”、引人入胜之意。除此之外，浙北私家园林的意境不仅仅存于园内，园以文传，园以文盛；浙北地区的私家园林在纸上更富有对诗情画意的追求。《安澜园记》《白鹤园自记》《灵洞山房记》《寓山注》等皆以妙笔描绘了明清时期私家园林内的山水胜景。如清代进士写南浔适园十二景：奇峰拱笏、高峡观泉、松崖溅瀑、桃鸣寻源、平谷塔影、曲沼风荷、池亭拥翠、画阁凌波、桂廊伫月、石窟留云、涧桥踏雪、鹤诸探梅，表现出一幅幅山水画卷。并且这种组景景题的形式，不局限在单独的一个园林中，如浙北三地明清时期分别有西湖十八景、嘉禾八景、湖州八景等文化景观代表的传统组景方式；此外，各地天然山水景观优越的地方也出现了景题文化，如富春十景、南北湖十六景、南湖八景等，表现出明清时期浙北地区人民的审美喜好。

造园还需经过年岁的积淀。明清时期浙北私家园林中有很大一部分是前朝倾颓后，废园新生而成的，如绮园，在其前身“灌木园”的基础之上，自得古木繁花，又移用废园拙宜园、砚园的精华山石，才得以成为一代名园。合理利用场地不仅在造园之初就能起到事半功倍的造景效果，还在废园新生后赋予更加深厚的文化蕴含，正如陈从周所说：“须知佳者虽零锦碎玉，亦是珍品，犹能予人留恋，存其真耳。”后者又如乾隆时期四大名园之一的安澜园，也是历经扩建，从宋代郡王开基筑园，到隅园三代主人的变迁，再到清代乾隆御题安澜。也正是在这样书香世家的传承下，安澜园逐渐形成儒风清韵的氛围，会聚了一批名人雅士，为园林增添了光辉。

五、活动策划

明清时期，浙北地区继魏晋南北朝之后成为旅游胜地，然而游客的旅游动机则从礼佛进香成为山水揽胜。《儒林外史》中夸赞道：“这西湖乃是天下第一个真山真水的景致。且不说那灵隐的幽深，天竺的清雅，只这出了钱塘门，过圣因寺，上了苏堤，中间是金沙港，转过去就望见雷峰塔，到了净慈寺，有十多里路，真乃五步一楼，十步一阁，一处是金粉楼台，一处是竹篱茅舍，一处是桃柳争妍，一处是桑麻遍野。”可见，明清时期的西湖已然成为一处以真山真水为游赏对象的大园林。明代高濂的《四时幽赏录》中就按季节将当时流行一时的活动进行了整理（见表 4-5），从分类可看出当时杭州地区盛行的活动以观赏自然山水、动植物、天象景观为最多。自然环境已然成为承载明清时期人们游赏的最主要场所，而山水、动植物、天象也成为人们乐衷观赏的对象。

园居生活是造园的主要目的。在追求隐逸的文化背景之下，私家园林成为造园者心中的世外桃源；又因为在明清时期政治动荡，当时的文人士大夫在官场失意之际，多选择退隐于园林这个凡尘中的桃花源中。明清时期私家园林是园主人社会活动的载体，在园林中，园主人同来访的朋友饮酒作诗、品茶观景，是对自然的吟咏和玩赏。同时，园林反映了园主人的兴趣爱好，比如浇花灌蔬、参禅冥想等，是对自然的尊重和体悟。其中不论是园主人的社会活动还是兴趣爱好，都更倾向于与自然的互动。

表 4-5　《四时幽赏录》中的活动

季节	观赏山水景观	观赏动、植物景观	观赏天象景观	观赏其他景观（民俗）
春	保俶塔看晓山	孤山月下看梅花、八卦田看菜花、登东城望桑麦、三塔基看春草、初阳台望春树、山满楼观柳、苏堤看桃花、西泠桥玩落花	天然阁上看雨	虎跑泉试新茶、西溪楼啖煨笋

续表

季节	观赏山水景观	观赏动、植物景观	观赏天象景观	观赏其他景观（民俗）
夏	东郊玩蚕山、湖晴观水面流虹、步山径野花幽鸟	苏堤看新绿、湖心亭采莼、乘露剖莲雪藕	三生石谈月、山晚听轻雷断雨、空亭坐月鸣琴、观湖上风雨欲来	飞来洞避暑、压堤桥夜宿
秋	资岩山下看石笋	西泠桥畔醉红树、满家巷赏桂花、三塔基听落雁、策杖林园访菊	胜果寺月岩望月、水乐洞雨后听泉、北高峰顶观海云、乘舟风雨听芦、保俶塔顶观海日	宝石山下看塔灯、六和塔夜玩风潮
冬	湖冻初晴远泛、登眺天目绝顶	雪霁策蹇寻梅、山头玩赏茗花、山窗听雪敲竹、除夕登吴山看松盆	三茅山顶望江天雪霁、西溪道中玩雪	山居听人说书、扫雪烹茶玩画、雪夜煨芋谈禅、雪后镇海楼观晚炊

第三节　浙派园林造园意匠的价值

由上文分析可见，造园中“意”与“匠”相辅相成，缺一不可。少了“意”，园林就会显得呆板无聊；少了“匠”，园林的气质、功能和特色就难以得到实现，只是一纸空谈。

一、传统造园意匠的艺术借鉴

明清浙北园林由于其独树一帜的造园意匠对中国传统园林的营造产生了深远影响。首先，明清浙北园林的传承中，不乏记录造园之意匠的指导书，如清代陈淏子的《花镜》，记述了园林的布局以及花木的应用；清代李渔的《闲情偶寄》，记述了造园手法并介绍了许多技术细节。此外，其他造园名家、文人所撰的造园纪要均成为指导当时造园的准则。其次，明清浙北私家园林的山水格局成为中国自然式山水园林营建的典范。明清时期，全国范围内出现了许多写仿浙北私家园林的园子。其中有缩模于尺寸之间的，如北京圆明园长春园中小园写仿的小有天园；也有模仿局部园林格局的，如圆明园中的四宜书屋写仿安澜园；还有仿建筑规制的，如避暑山庄中的烟雨楼仿嘉兴南湖烟雨楼，圆明园中的飞睇亭仿杭州龙井龙泓亭，颐和园中的睇佳榭仿杭州蕉石鸣琴。但是无论哪种都不是照搬照抄，而是有匠心独运的再创作，其核心内涵是对明清浙北私家园林造园意匠的艺术借鉴与致敬。

二、现代造园意匠的传承启示

不同于现代园林的公共性，明清浙北私家园林的服务对象较为狭隘，且园林面积较小，能够承载的园林功能也是有限的。对于按图施工的现代造园来说，某些传统园林技术已不适应时代的发展，已被更为先进的技术所替代。但明清浙北私家园林的造园意匠对于现代造园的影响，主要体现在传统园林艺术的传承与创新中，主要包括如下内容：

第一，明清浙北园林中展现出来的生态大智慧。古人造园多用竹、石、木等自然材料，取之于自然，用之于自然，可在色彩、质感上与自然环境相融合。在园林选址上，讲求“藏风聚气”和“因地制宜”。藏风聚气是考虑园林小气候，利用地形地貌，引导风向、日照，以求得令人感觉舒适的生活环境；因地制宜指的是根据选址的不同优势劣势，扬长避短。尤其是浙北私家园林中借景手法的应用，追求“自成天然之趣，不烦人事之工”。近些年来，保护环境、注重生态已成为社会热点，关注心灵、环境以及传统，回归自然、轻松、和谐的境界，是人们的迫切需求。这与现在的园林建设策略不谋而合，其核心内涵为试图以对自然最小的干预达到最良好的景观和生态效果。

第二，对于审美的特别追求。浙北私家园林以其更为粗犷野趣、天然雅致的特点在江南私家园林中独树一帜。在视觉审美上反映为对于园林要素的处理方式更为贴近自然，追求一种翳然林水的园林之美。“以小见大”“虚实相生”已然成为传统造园审美的代名词。为了表现其特点，大到全园格局，小至园林铺地、窗花，古人都精雕细琢，为的是与全园的风格达成一致。在现代造园中，设计师只懂“设计”而不懂施工的现象普遍存在，这就导致设计缺乏整体性和操作性，仿佛是美人插着不合宜的簪子，虽无伤大雅，但却失去了一份韵味。可见，对于细节的把握也是对设计师匠心的考验。浙北私家园林的造园意匠相互之间具有共性，其产生必然交织着相似的自然、政治、经济、人文背景，可见造园意匠并非凭空捏造，而是有核心有内涵的，所有的园林要素都是浙北传统文化的一种载体。当然，传统造园的核心与内涵或许早已不能满足如今时代发展下对园林功能的需求。对于现代造园而言，由于追求高周转、模块化园林营造的方式，往往让人忘记了造园的初心，而是一味地去追求时代的审美。其表现为过分注重形式之美，缺乏文化内涵作为主题的支撑，导致园林作品显得生硬和缺乏人情味。这是值得注意并需要加以改进的。

第三，追求可游可居，盘活园林。浙北私家园林之所以生机盎然，不仅是因为花草树木四季变化，禽鸟鱼虫生生不息，还因为其园居生活推陈出新，丰富多彩。浙北私家园林中，虽以山水为主，建筑密度较小，但建筑承担起不同功能，使得园内各类活动在合理场所中得以实现。在现代造园中，常常出现造园结束之后无人赏、无人游的情形，甚至有很多刚造完的园林几年后由于疏于管理沦为废园。这与经济学上的概念对应起来可称之为“沉没的”园林，其意思是无人欣赏的，仅作为文物保护起来，紧锁大门，却不能为社会带来价值。其解决之道主要在“人”。当前，越来越多的园林开始注重如何留住人，从而盘活全园，如百年老园嘉兴绮园在这方面做出了不懈努力，先是在 20 世纪 80 年代成为《红楼梦》的拍摄基地，近年又在园林内开展了十八相送、琵琶古筝合奏等文艺演出，既是对古韵的传承，又是为增添人气做出了新的探索。这让我们不由得思索：一个新时代的造园难道仅仅只是呈现美丽的景色，增添城市的光彩吗？除此之外，现代造园在园林教育功能上应有更高的追求，这也可以在浙北私家园林造园意匠中得到启示。

第五章

浙派园林生态造园手法

我国园林历史源远流长，从先秦时期的萌芽到后期逐步发展，至宋时达到成熟，一直延续到明清时期，生态理念从造园的初始一直与之相伴，从选址到植物等方面都有所体现。尤其是杭州，作为南宋的都城，是当时政治、经济与文化的中心，在上层统治者的推动下，园林建设尤为繁荣。而明清时期的杭州园林承袭宋代园林之精华，日趋繁盛，是宋代杭州园林成熟期的延续和发展。《江南园林志》中提到的“南宋以来，园林之盛，首推四州，即湖、杭、苏、扬”，就是对这种情况的概括。而杭州园林作为其中经典之一，其存在的价值和意义可想而知。明清时期的杭州园林遵循着古人“天人合一”“道法自然”的朴素生态观，“自成天然之趣，不烦人事之工”，生态造园手法在园林基址、园林水体、园林建筑、园林植物等园林要素营造的各个环节都有所体现，表达了杭州人民对自然山水的尊重，从而营造出顺应自然、感悟自然、人与自然和谐共处的美好境界。本章以明清时期杭州园林为例，通过园林基址、园林水体、园林建筑、园林植物这四个园林要素分析浙派园林中蕴含的生态造园手法。

第一节　园林基址

“相地”是园林创作的第一步，其内容包括两个方面，一是园林基址的选择；二是园址的现场踏勘、自然环境条件的评价，以及根据地形地势对景观意向做出规划决策。通过总结明清时期杭州园林的基址选择，得出其主要运用的造园手法有藏风得水法和因地制宜法。藏风得水法重在园林基址选择，旨在选择风水宝地来造园；而因地制宜法则是注重园林基址地形条件来得体合宜地确定园林的结构和总体布局。

一、藏风得水法

中国古老的风水学说认为，世上的生气并非永不枯竭，所以在园林营造时要选择适宜的基地，使生气积聚不散。《葬经》曰：“气乘风则散，界水则止。古人聚之使不散，行之使有止，故谓之风水。风水之法得水为上，藏风次之。”故而在选择园林的基址时，前要有弯曲的水流（朱雀），远处有起伏的案山和朝山；背后要有主山（玄武）；左右有砂山（青龙、白虎），环山绕水，山上均植物繁茂，环境清幽，最终“藏风聚气”，使生气凝聚而不散（见图 5–1），形成一个适宜的居住环境。园林的轴线最好坐北朝南，但只要符合这套格局，轴线是其他方向也是可行的。简言之，便是“背山面水、负阴抱阳”，这是“藏风得水”的外在表现，也是风水理念中住宅、村落、城镇选址的基本原则和基本格局。这样的基址环境正好形成一个背山面水的基本格局，有利于形成良好的生态环境和良好的局部小气候，背山可阻挡冬日北来寒流，面水可迎接夏日南来凉风，朝阳可以争取良好日照，近水利于水上交通以及生活用水，植被可以保持水土、调节小气候（见图 5–2）。采用这种“藏风得水法”来选择园林基址，既以园林自身适应自然，又使自然适应自身，是一种选择和利用自然地形构成吉祥福地的生态造园手法。

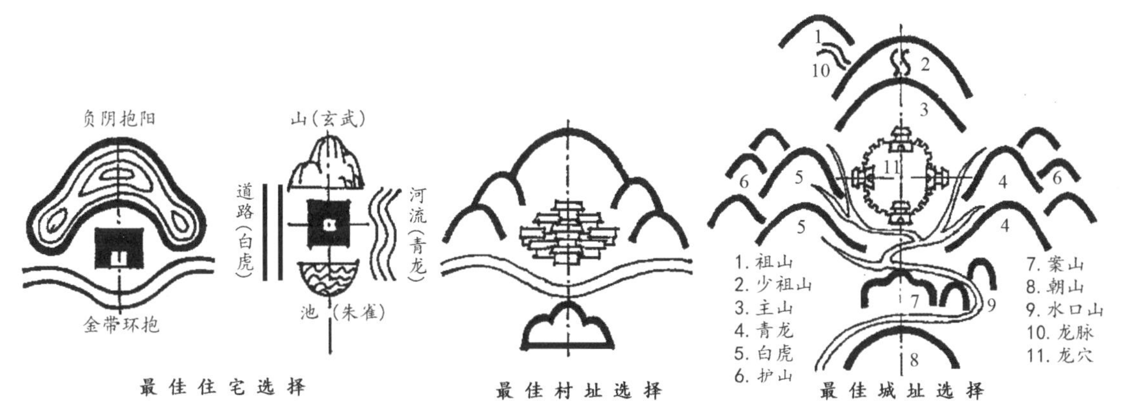

图 5–1　风水理论中宅、村、城的最佳选址

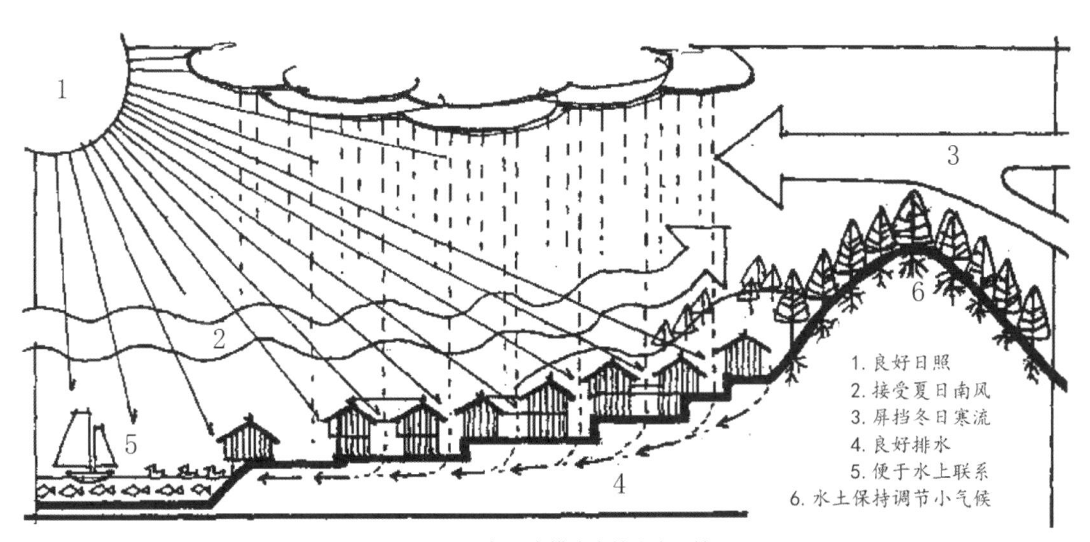

图 5–2　理想风水模式中的生态环境

明代田汝成编撰的《西湖游览志》中记载，杭州太守杨孟瑛疏浚西湖前向朝廷上奏："杭州地脉，发自天目，群山飞翥，驻于钱塘。江湖夹挹之间，山停水聚，元气融结，故堪舆之书有云：'势来形止，是为全气，形止气蓄，化生万物。'又云：'外气横形，内气止生。'故杭州为人物之都会，财赋之奥区。而前贤建立城郭，南跨吴山，北兜武林，左带长江（钱塘江），右临湖曲，所以全形势而周脉络，钟灵毓秀于其中。若西湖占塞，则形胜破损，生殖不繁。"西湖周边群山之脉，皆源自天目山，天目山蜿蟺东来，龙飞凤舞到钱塘，其中以天竺山最为高峻，而自天竺山后遇西湖形成两条支脉，由南到东，有五云山、大慈山、玉岑山、南屏山、龙山、凤凰山、吴山等；自北向东有灵隐山、仙姑山、履泰山、宝石山等，使西湖形成三面环山一面临城的格局。西湖的群山宛如一道屏障，阻挡了来自西北的寒风，并留下大量的温暖湿润的气流（见图 5-3）。山水环抱之间，"气"融结于中，增加了环境中负氧离子的含量，形成西湖特有的"烟水茫茫"的生态环境，造就了西湖盆地特有的湿润温和小气候，苏东坡对其赞叹曰"水光潋滟晴方好，山色空蒙雨亦奇"。《西湖游览志》称："故东南雄藩，形势浩伟，生聚繁茂，未有若钱塘者也。"因此，西湖为天然妙境，未经过人事之雕琢，使见者心旷神怡，游者流连忘返。由此可见，西湖对杭州风水的影响甚大，造就了杭州依山傍水、风景如画的自然环境。

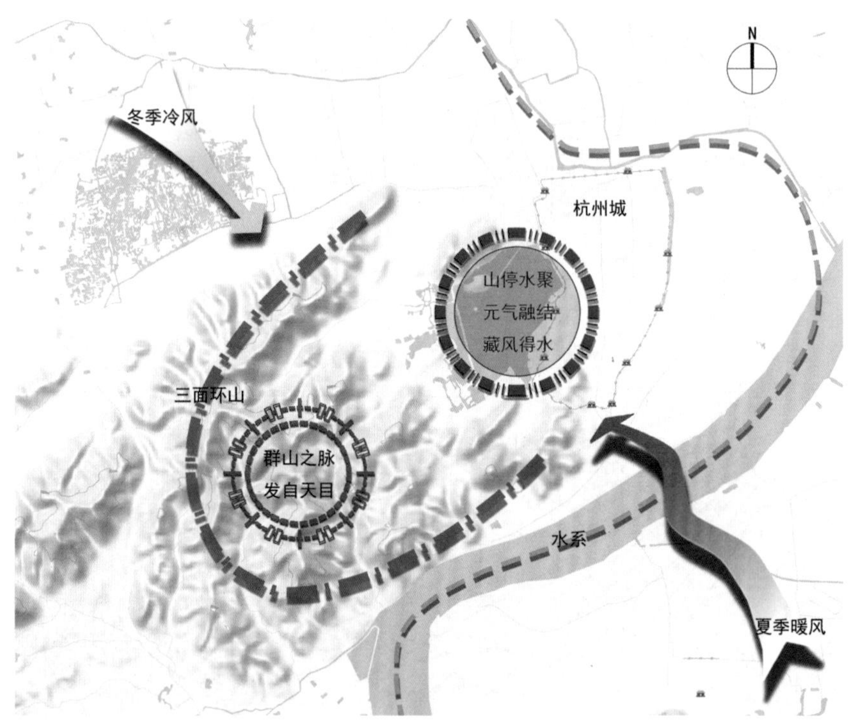

图 5-3　西湖风水格局分析

在西湖这样一个环境绝佳的大环境下，吸引了诸多僧人、文人、商人在西湖周边建造园林，尤其是明清时期，西湖周边园林鳞次栉比。这些园林大多环西湖而建，自然形成了背山面水的格局，风水极佳（见图 5-4）。例如，杭州的孤山行宫和西泠印社的基址选择非常符合“藏风得水法”。孤山行宫位于孤山南麓，西泠印社位于孤山西南侧，它们都背靠孤山、面临西湖，坐北朝南、依山就势而建；朝南保证了良好的日照，夏季东南风经过西湖，带来清凉；冬季依靠孤山挡住北来寒风；孤山上林木葱郁，利于水土保持，营造了良好的气候环境（见图 5-5）。

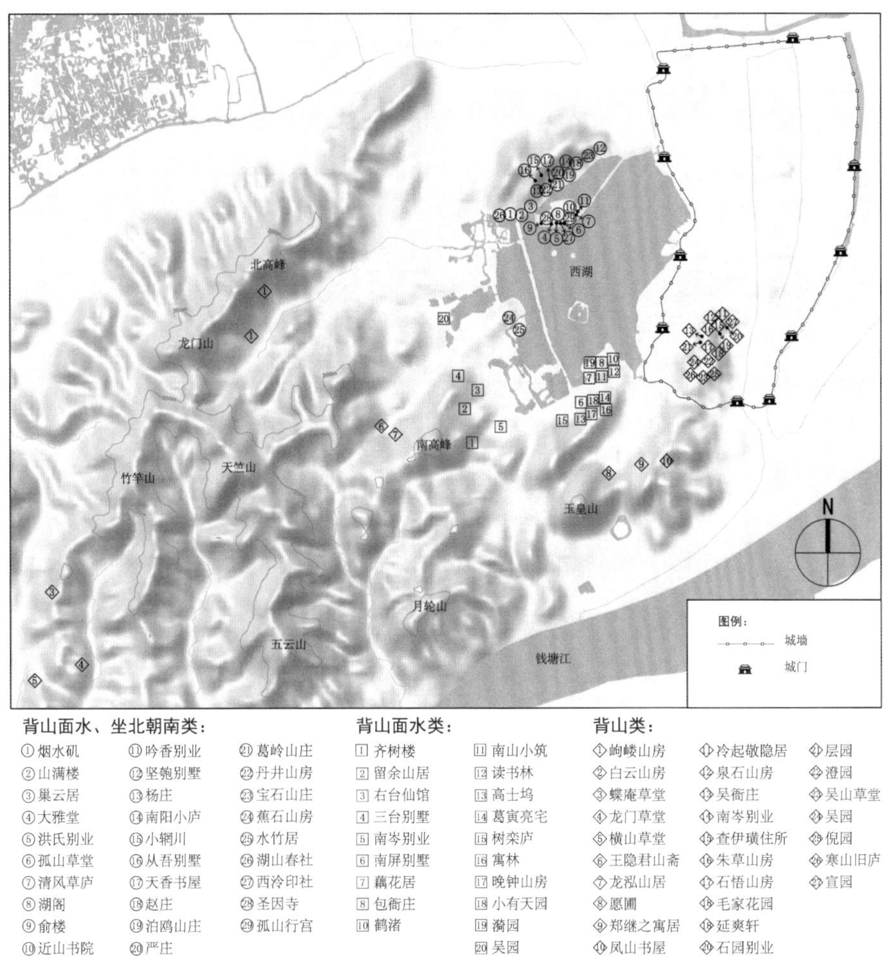

图 5-4　明清杭州园林风水格局分析

图 5-5　西泠印社生态环境分析

再如漪园，亦是“藏风得水法”的体现。漪园位于雷峰西麓，它背靠夕照山，面朝西湖而建（见图 5–6），虽为坐南朝北，但也符合背山面水、负阴抱阳格局。除此之外，其他私家园林的基址位置虽然在书籍中描述得并不全面，但仍可以认为是遵从“藏风得水”“负阴抱阳”之说的。如《西湖新志》中对杨庄的描述：“为清杨味春观察宦杭时所筑，与西泠相衔接，极背山面湖之胜。”民国时期出版的《实地步行杭州西湖游览指南》中记载，坚匏别墅与小莲庄的地理位置“在宝石山东南，前后毗连，均为吴兴刘锦藻建，俗称小刘庄。倚山面湖，风景颇佳”。这些园林利用湖面减缓杭州夏季东南风带来的热气，背后的群山抵御冬季寒冷的西北风，同时视野开阔，风景优美，可谓利用天然环境，创造出适宜人居住的生态环境。

图 5–6　背靠夕照山、面临西湖的漪园

二、因地制宜法

杭州位于浙江省北部，地势整体西高东低，山林、湖泊和平原地貌相互耦合，造就了特有的离奇、多变的自然环境。杭州古城三面环山，一面临湖——西湖，山、水、城融为一体，构成了独特的“三面云山一面城”“乱峰围绕水平铺”的大格局（见图 5–7），京杭大运河穿城而过，钱塘江水系在城南外自西向东奔腾而去；城内河港交错，是典型的江南水乡。计成在《园冶》中将园林选址分为六类，即山林地、江湖地、城市地、村庄地、郊野地和傍宅地。园林基址选择类型多种多样，但杭州的地形情况均能满足这六种基址类型。

在整理和归纳《西湖梦寻》《西湖游览志》《湖山便览》《西湖志》《西湖志纂》《东城杂记》《西湖新志》《说杭州》等古籍后，发现明清杭州园林基址多位于山林地和江湖地（见表 5–1、表 5–2）。分布于山水间的明清杭州园林数量多，而且自然山水园林更能体现出生态造园手法，故而以下着重从山林地和江湖地论述“因地制宜法”在基址选择中的运用。

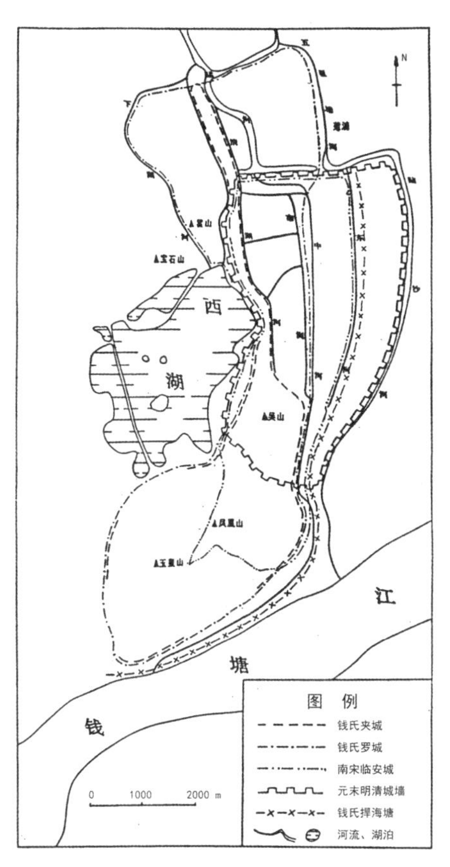

图 5-7　杭州城墙演变略图

表 5-1　　明清杭州主要私家园林选址类型汇总

选址类型	山林地	江湖地	城市地	村庄地	总计
园林数量	58	41	31	4	134
比例	43.3%	30.6%	23.1%	3%	100%

表 5-2　　明清杭州主要寺观园林选址类型汇总

选址类型	山林地	江湖地	城市地	总计
园林数量	78	19	13	110
比例	70.9%	17.3%	11.8%	100%

（一）山林地选址法

山林地一词出自《周礼· 地官· 大司徒》，其中记载“辨其山林、川泽、丘陵、坟衍、原隰之名物”。因文人多选择在山林地隐居，并且在此期间都会不同程度地修建自己的园林，因而独特的地理条件和造园风格使得“山林”在某些时候成为“园林”的代名词。

计成在《园冶》中对山林地这样描述："园地惟山林最胜，有高有凹，有曲有深，有峻而悬，有平而坦，自成天然之趣，不烦人事之工。入奥疏源，就低凿水，搜土开其穴麓，培山接以房廊。杂树参天，楼阁碍云霞而出没；繁花覆地，亭台突池沼而参差。绝涧安其梁，飞岩假其栈；闲闲即景，寂寂探春。好鸟要朋，群麋偕侣。槛逗几番花信，门湾一带溪流，竹里通幽，松寮隐僻，送涛声而郁郁，起鹤舞而翩翩。阶前自扫云，岭上谁锄月。千峦环翠，万壑流青。欲藉陶舆，何缘谢屐。"山林地本来就拥有丰富多变的地貌，建造园林时尊重和利用原有的地理条件，无须过多的人工，就能将园林与周围的环境有机结合，同时还能利用"杂树""云霞""繁花""池沼"等自然景观，形成引人入胜的园林景观效果。这样不仅"不烦人事之工"，还能实现人与自然的和谐相处，达到"天人合一"之境。明清杭州园林无论是私家园林、寺观园林，还是书院园林，都喜好在群山之中选址建造（见图 5–8）。

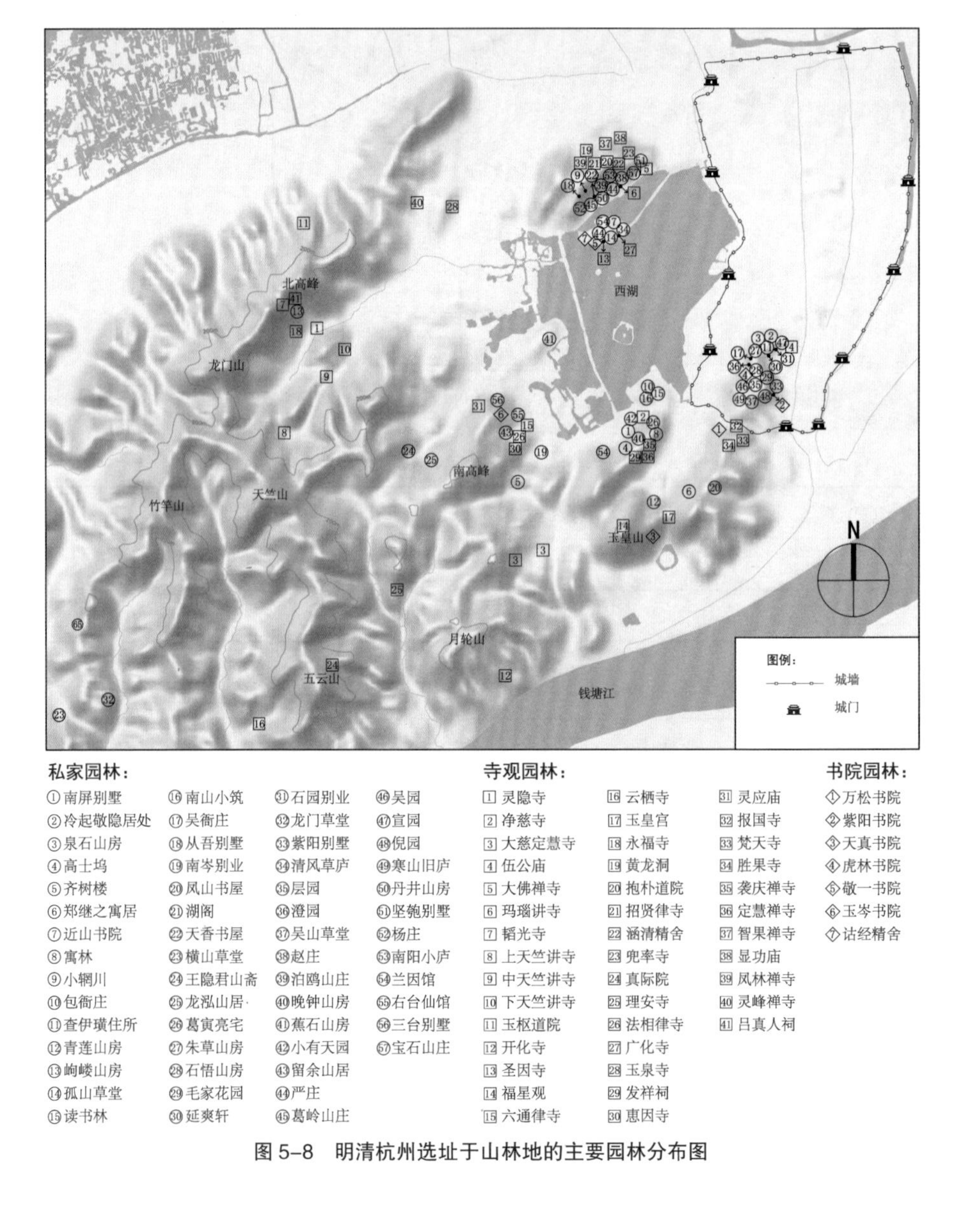

图 5–8　明清杭州选址于山林地的主要园林分布图

如留余山居，“由六通寺循仄径而上，灌木丛薄中，奇石林立，不可名状。山阴陶骥，疏石得泉，泉从石壁下注，高数丈许，飞珠喷玉，滴崖石作琴筑声。遂于泉址结庐，辅以亭榭。由泉左攀陟至顶为楼，曰‘白云窝’，楼西为台，以供眺览，曰‘流观台’。台下洞壑窈窕，稍得平壤数弓，为堂三楹”。留余山居布置建筑时并未破坏自然环境，只是在相对平缓的地方建造三间屋堂，再结合地势辅以园路组织景观，以曲桥通向听泉亭所在的高台，此处山谷环绕，听泉赏景两不误。再顺着泉声向上攀爬，至白云窝，此处已是最高处，与天上白云近距离相接，犹如神仙住处，再往西为流观台，台上有望江亭，在此可见西湖烟波迷离的浩淼水景，无论近处的园景，远处的湖光、苏堤，以及更远的雷峰塔和南屏山，尽收眼底，正如傅玉露在《恭和预制留余山居杂咏五首元韵》中描述的“蹑履上巉岩，江海森寥廓”。山居的巧妙建造使整体与地形相结合，高低错落自成天然之趣（见图 5-9、图 5-10）。

图 5-9　留余山居界画

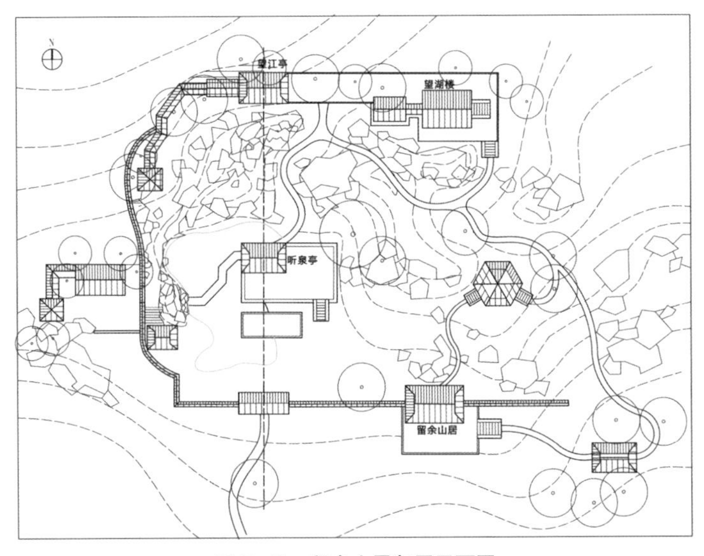

图 5-10　留余山居复原平面图

另外，其他园林如白云山房“飞来峰之西，白云峰下，为副使翁公嵩年建，中有爱吾庐、得树轩、环山楼。流水绕屋，岚翠在庭，多植梅桂松竹，剥啄罕到，习静最宜”，吴园“商山吴氏售其弃地，依山就树，结构为园”，这些山地园林建造时充分利用原有地形和植被，努力降低在建造时对自然的破坏，体现出古人对自然的尊重与爱护。

（二）江湖地选址法

计成在《园冶》“江湖地”中说道：“江干湖畔，深柳疏芦之际，略成小筑，足征大观也。悠悠烟水，澹澹云山；泛泛鱼舟，闲闲鸥鸟。漏层阴而藏阁，迎先月以登台。拍起云流，觞飞霞伫。何如缑岭，堪偕子晋吹箫；欲拟瑶池，若待穆王侍宴。寻闲是福，知享既仙。”江湖地是最为讨巧的选址类型，人造的园林只需稍微建造，配合着江河湖海天然的背景，既可欣赏到美景，也不会破坏江湖地本身的生态环境，足以纵览周围的“江干湖畔”“深柳疏芦”“烟水”“云山”等大自然景观。杭州西湖边的园林借西湖之水，只需稍加雕琢，便能塑造出丰富的园林景观（见图 5-11）。

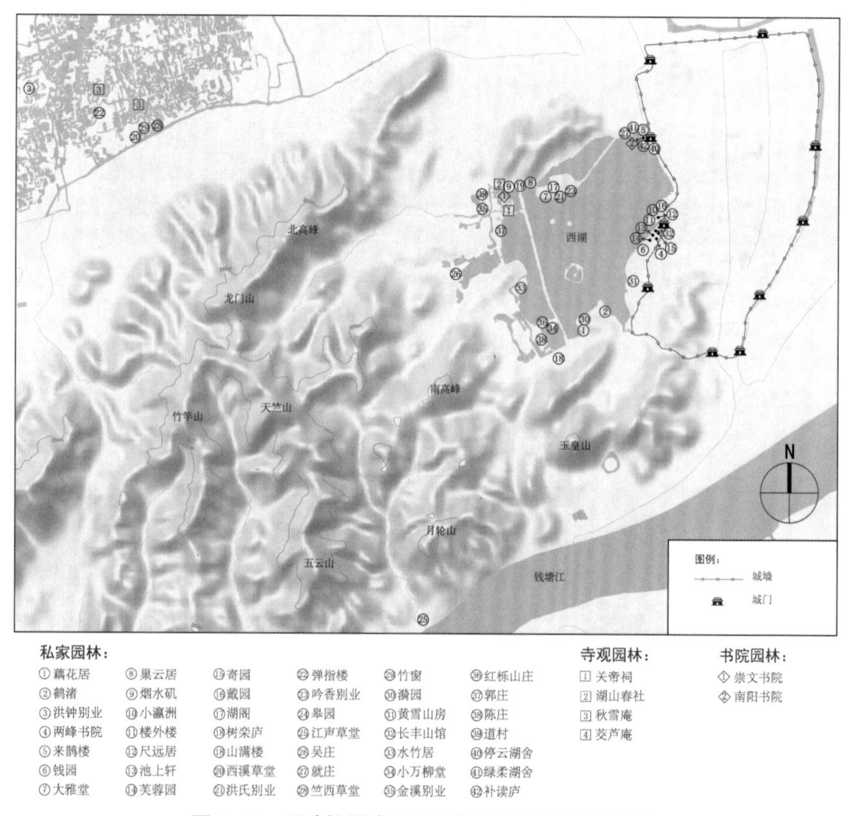

图 5-11　明清杭州选址于江湖地的主要园林分布图

分布于西湖周边的园林，优势在于地势较平坦，园内建筑可随意按照园主人的想法分布，哪里可以欣赏到优美的景致，哪里就可以建造亭台楼阁，而且还能引西湖之水入园，解决园内水景的源头，营造丰富的水体景观。郭庄是一个典型的江湖地园林，它位于西湖卧龙桥北堍，东临西湖，西靠杨公堤，北接曲院风荷，周围景致丰富。赏心悦目亭下挖有一条沟渠，湖水可流入园内，只要西湖不枯竭，园内水景便可多姿多彩，完全不费太多人力去管理，经济又节约。临湖还有一优势在于可以最大限度地借景，郭庄主要景观建筑如乘风邀月轩、景苏阁、赏心悦目亭等建筑都是面湖而建，能够使园主人更逍遥地欣赏到西湖美景（见图 5-12）。陈从周的《重修汾阳别墅记》有言："园外有湖，湖外有堤，堤外有山，山外有塔，西湖之胜汾阳别墅得之矣。"于园中小憩，远眺西湖，犹如身处西湖美景之中，达到人与自然和谐相处的境界。由此观之，郭庄的"借景"可谓精妙绝伦，有灵气又有趣味，园小乾坤大，举头四顾，景移目前，画呈眼底，其选址可谓是功不可没。

图 5-12　郭庄乘风邀月轩

第二节　园林水体

水是园林中最不可或缺、最富有魅力的园林要素，尤其是在江南一带，几乎是"无园不水"。通过总结和归纳，得出明清杭州园林在园林水体上有水系互通法、源头活水法、自然形态法、功能合宜法四种生态造园手法。

一、水系互通法

园林有边界，水池有边界，但水体是没有边界的，所以对于理水的视野不应只局限在园内，应该放大到地表整体水系或者水文循环中。

"杭州之有西湖，如人之有眉目"，西湖对于杭州而言，不仅仅是作为一个观赏性的公共园林，它更关系到杭州的发展，影响着杭州人民的生活。西湖容易淤泥堆积，所以从唐至清，历代都对西湖进行过疏浚。唐代诗人白居易是治理西湖的先导者，其以建造水闸、堤塘之法将钱塘湖分为上、下二湖，初步确定了西湖之水的边界。北宋时苏东坡任杭州知府，召集数万人疏浚西湖，将挖出的淤泥合理利用——堆成苏堤，解决了西湖南北向交通问题。明代杨孟瑛兴工浚湖，拆毁田荡，使苏堤以西皆成湖面，挖出淤泥堆成杨公堤，堤上建六桥。杨孟瑛之后，西湖经过数次疏浚以后，湖泥堆筑起湖中的湖心亭、小瀛洲二岛。清代，浙江总督李卫和巡抚阮元都大规模疏浚西湖，阮元用湖中淤泥堆起了阮公墩，至此，杭州西湖的“一湖三岛，两堤纵横”格局基本形成。

至于疏浚西湖的原因，杨孟瑛在《呈复西湖状》里提到：“首谓湖水不浚，则运河不通，其不可占塞一也。仁和、海宁濒河之田，弥望万顷，湖水不浚，则岁旱无收，其不可占塞二也。城西一隅，以湖为池，恃之为险，湖水不浚，则城失险阻，其不可占塞三也。湖在城西，形胜所系，湖水不浚，则形胜破缺，其不可占塞四也。湖中所产鱼虾、菱芡之类，贫民皆得采卖为生，湖水不浚，物产不饶，贫民失业，其不可占塞五也。”尤其是水利方面，“杭州府为浚复西湖以兴水利事。本府古有西湖，周围二十余里，用藉蓄水溉田。水少而旱，则泄湖水以溉田。水多而潦，则泄田水以入河。故濒河千顷之田，岁无潦干之旱”。通过疏浚西湖，使西湖与杭州河道、钱塘江之间互通，在洪涝季节可以将过多的河水排入西湖；在干旱季节可以泄湖水进入河道用以灌溉。所以对杭州城市经济、城市环境、市民用水与水环境协调发展等方面的促进，西湖居功至伟，不仅能起到在杭州雨洪、干旱等突发问题上的水文调节与管理作用，更能保障杭城居民的环境和生活条件。而这水系互通法，与今之雨洪管理、海绵城市建设等理念有异曲同工之处（见图 5-13）。

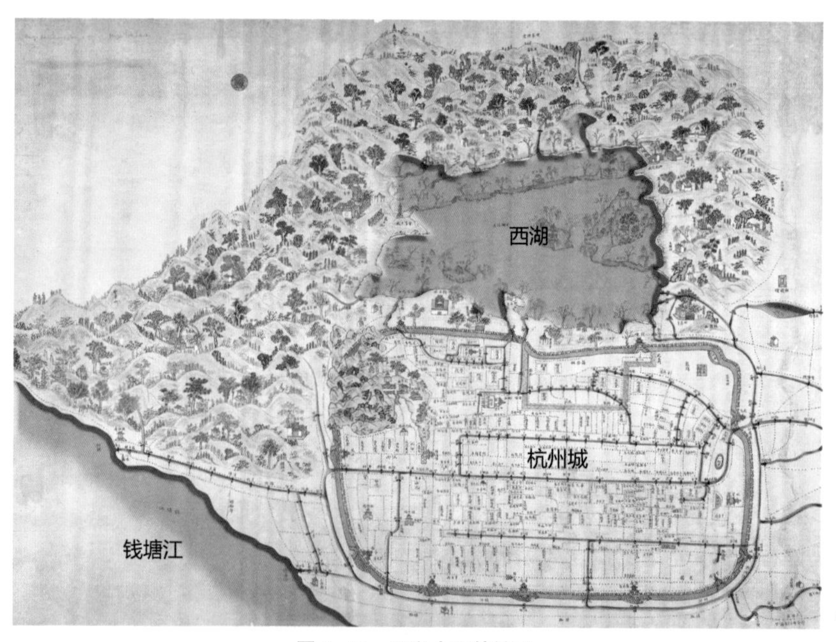

图 5-13　西湖水文管控图

二、源头活水法

如果说水系互通法是从宏观水文管理角度来阐述，那么源头活水法则是关注园林内部水源的微观方面。明清杭州园林内部水源大多是活水，泉水、溪水、湖水均能作为园林内部水体的源头。

建在西湖周围山林之中的园林，理水的过程中常会用到山泉和溪流，由于地势的局限性和出于保留自然原真性的需要，一般不会进行人工大水面的开挖（见图 5–14）。古籍《西湖梦寻》中有许多相关记载，如描写青莲山房时，书中写道："倚莲花峰，跨曲涧，深岩峭壁，掩映林峦间。公有泉石之癖，日涉成趣。台榭之美，冠绝一时。"青莲山房引山涧，借深岩峭壁之景，掩映在树林山峦之间，自成幽静之处；西泠印社基址内泉水充盈，通过人工开挖成泉池，形成莲池、印泉、文泉、闲泉、潜泉五个泉池，虽然全园水体面积不大，却起到画龙点睛的作用，因景致幽绝且泉池独特而被赞为"湖山最佳处"。而选址于西湖边的园林，善于引西湖之水入园，营造景观。如漪园、吟香别业、郭庄、红栎山庄，这些园林挖湖引水，将湖水引入园中（见图 5–15），只要西湖不枯竭，园内水源永远不断。这些园林的源头或是自然山泉和溪流，或是西湖之水，使园林内部水体与自然之水相互贯通，才能确保园内活水长流。

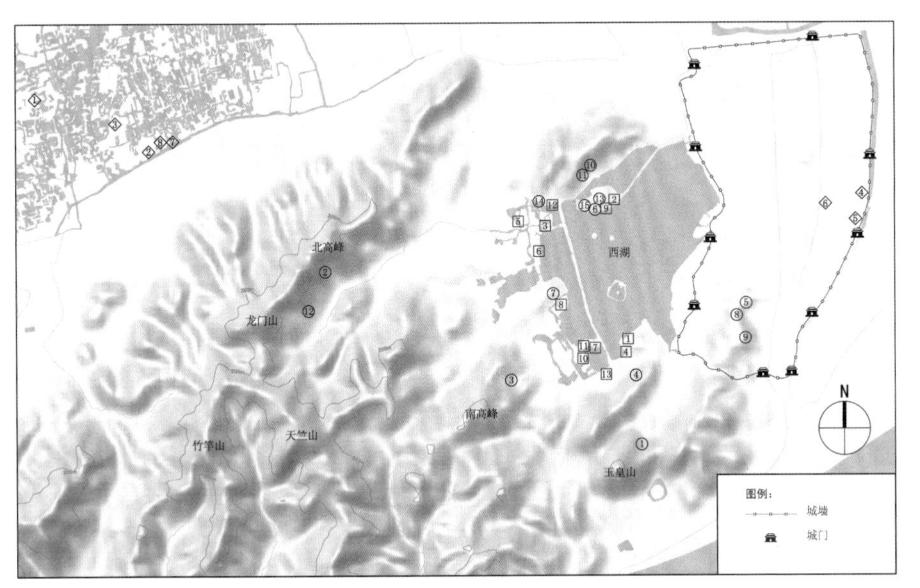

源头为山泉、山溪水：
①青莲山房 ②岣嵝山房 ③留余山居 ④小有天园 ⑤宜园 ⑥洪氏别业 ⑦蕉石山房 ⑧泉石山房 ⑨紫阳别墅 ⑩翁庄 ⑪丹井山房 ⑫白云山房 ⑬孤山行宫 ⑭湖山春社 ⑮西泠印社

源头为西湖水：
[1] 漪园 [2] 吟香别业 [3] 关帝祠 [4] 藕花居 [5] 金溪别业 [6] 郭庄 [7] 小万柳堂 [8] 水竹居 [9] 文澜阁 [10] 陈庄 [11] 红栎山庄 [12] 烟水矶 [13] 树栾庐

源头为河水：
◇1 洪钟别业 ◇2 西溪草堂 ◇3 弹指楼 ◇4 金衙庄 ◇5 皋园 ◇6 庾园 ◇7 竺西草堂 ◇8 竹窗

图 5–14　明清杭州园林水体源头类型分布图

图 5-15　郭庄假山下的进水口

三、自然形态法

水体本身源于大自然，创造园林水景就是为了将自然水系之美，再现于人工园林中。自然界中的水有多种形态，像泉、池、溪、涧、江、河、湖、海等，研究这些自然的水态，以大自然的水体形态为蓝本，加以模仿，缩景入园，才能呈现出自然之美。

例如，湖山春社的水景可谓是一大特色，典籍中对此有诸多描述，如《西湖志》中说“花枝入户水浸阶，人称湖上流泉之胜，此最为者”,《湖山便览》中评价“湖上泉流之胜，以此为著，乃素竹园也”。此处水景引北面栖霞山之桃溪水入园，先经石阶形成跌水，一部分汇入西侧的大水面，一部分形成蜿蜒曲折的溪流，仿照古人流觞之意，最终汇入西湖。这种理水手法将动水与静水相互对比，设计出水塘、溪流、瀑布、湖泊等形态，既彰显了水体的灵动、多样，又将曲水流觞之意纳入其中，同时将水景与园林建筑流觞亭、植物、置石等相互搭配，营造出山林野趣、兰亭曲水的深远意境，富有人文内涵，也模仿出了自然之形、自然之意（见图 5-16）。在园林中营造溪流、瀑布、湖泊，虽是人工模仿，更胜自然之景。

再如皋园（见图 5-17),《东城杂记》记载“引外沙河之流，从水门穿堑入园中，流经亭阁间，束而为涧，展而为沼，縠纹镜光，随风日波荡，复注篱外长沟，以达于东河。倚杖闲听，潺湲有声，城市所无也”。皋园通过暗渠将外沙河的水引到园中，流经亭阁时，或缩小为溪涧，潺潺有声；或展开为沼池，水平如镜，一动一静，张弛有度。然后再流进篱外长沟，汇入东河。在城市有限的空间里通过巧妙创造得自然之水貌，难怪皋园当时在杭州有“第一好园林”之称。

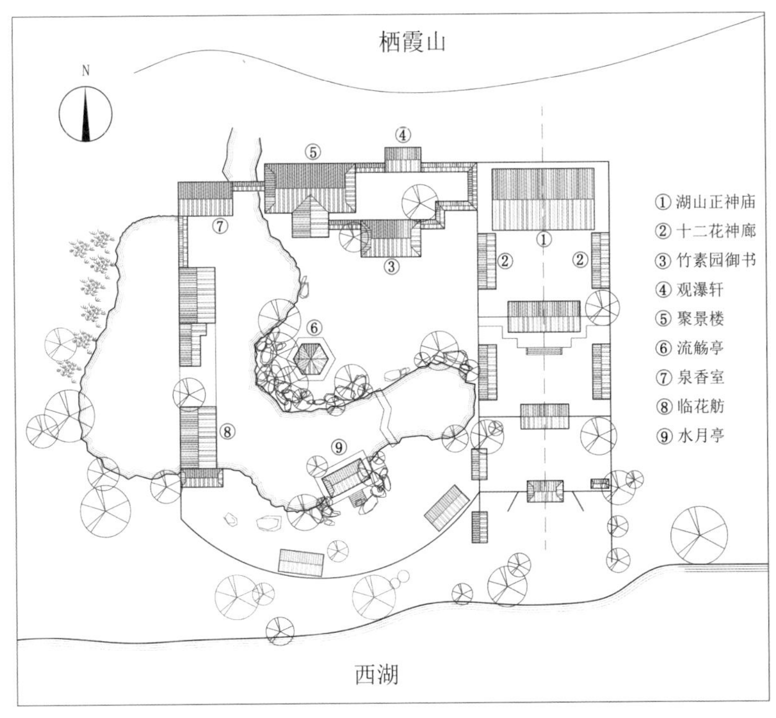

图 5-16 湖山春社复原平面图

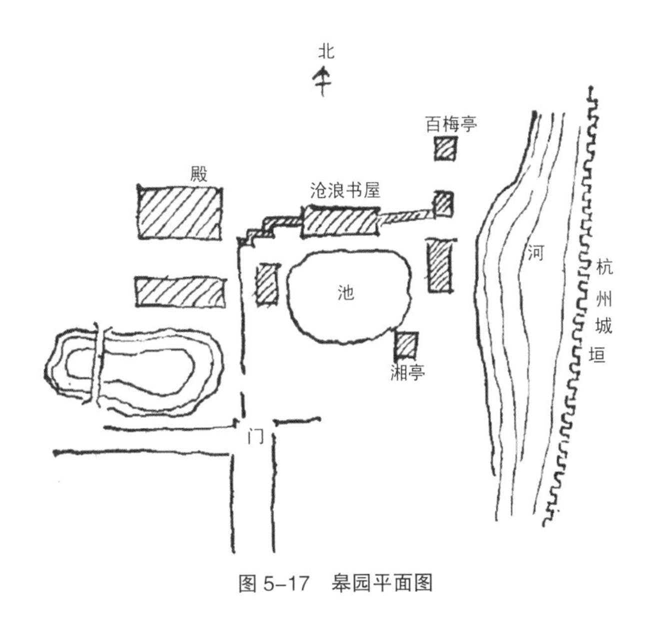

图 5-17 皋园平面图

四、功能合宜法

水的功能多种多样，它可赏、可游、可乐、可用，而且人的亲水性促使了园林总是“无水不园”，所以在造园时，不能忽视人对水体的需求。为使园林更具有活力，应充分发挥园林水体的功能。明清杭州园林水体的功能是多方面的，不仅包括水景的观赏，还兼具泛舟、赏月、养鱼、养作物、防火，以及生活用水等功能，从而使美观与实用相结合。

如西湖具有大面积的水面，人们可泛舟游玩，还能种植菱芡等植物以补贴生活。如清行宫八景之一的“贮月泉”，“圆影入平池，一泓恰受之。虚明两无着，荡漾总相宜。方寸灵台湛，高天宿雾披。镜花同会悟，坐玩故迟迟”，贮月泉三面皆为崖壁，泉从崖中出，汇成水池，晚上月光倒映于水中，更显静谧氛围；水体与月光、月影结合，将园林游赏从白天延续到晚上，充满诗情画意的美景，让人流连忘返。如半山园，“堂无数仞，山才一篑，因蓄鱼而凿池，偶结篱而护竹，既而踵事增华，山日益高，水日益深，台谢轩廊，翠飞鸟革，遂月异而岁不同矣”，因为日常生活需要养鱼所以凿地为池，这便是人对于水最为直观的利用。如紫阳别墅，东侧有广约一亩的春草池，池边有石名曰“垂钓矶”，“左手把修纶，右手摊书卷。拈丝百丈长，会心不在远”。于园中一边垂钓，一边读书，感受无比惬意的生活情趣。如文澜阁，阁前设有水池，池水与西湖相通，辅以假山和花木，营造出清静自然的庭园空间，使文澜阁与西湖山水环境相融合。文澜阁的水体不仅丰富了园内景观，而且它还起到防火的作用，防患于未然。再如翁庄，“屋后小池，味极甘洌，甲于葛岭诸泉”，取屋后甘甜清冽的池水泡茶品茗，不仅可观，还可品。

第三节 园林建筑

中国古典园林以自然景观为主体，但园林建筑常是造景的中心，或对自然景观起画龙点睛的作用。园林建筑作为园林四大要素之一，它筑于天之下、地之上，能够“感通天地”，是天地自然和人之间具有活力的媒介，将“天、地、人”三者贯通一气。本节通过归纳总结得出明清杭州园林在建筑上有就地取材法、适应气候法、融于自然法这三种生态造园手法。

一、就地取材法

由于园林建筑的建造需要用到很多材料，这一过程中不免产生各种材料购买成本、运输成本等。采用就地取材的方式能够节约建设成本、减少材料运输时间、保证供应、缩短工期。此外，就地取用的材料一般为乡土材料，使用乡土材料，更能体现当地的地域特色。明清时期杭州及周边地区建筑用材方便，种类更是繁多。明清杭州建筑均是采用砖木结构，一般用到的建筑材料有木材、砖瓦、石灰、石材、桐油等，从结构用材到装修用材，均就地取用。

明清杭州建筑主要用的木材有松、杉、樟、枫、梓木以及毛竹等，西湖群山植被茂密，木材取用方便；再护以桐油，以防止木材年久腐烂。建筑所用砖瓦多来自长兴、嘉兴等地，通过运河运至杭州，它们由水和黏土烧制而成，材料廉价易得，具有防水、防寒保暖性能好、取用方便、绿色无害的优点，是杭州传统建筑的主要材料。经营瓦砖者多兼营石灰，材料可一同取得。西湖群山中多山石，不少建筑可直接取用山中石材，夯筑基础。

二、适应气候法

一方水土养一方人，这句话对建筑同样适用。各地都有自己的建筑特色，这是因为不同的地方有着不一样的气候特征，这些因素影响当地建筑的造型与外貌。杭州地处亚热带地区，东部临海，属季风性湿润气候，春季阴冷多雨，时常会有大风；夏季潮湿闷热、光照充足，会有一段时间的梅雨季节；秋季气温起伏较大，冷与暖、晴与雨交替频繁；冬季气温相对温和，但会有寒风和雨雪。在历史长河中，明清杭州园林建筑不断与地域环境相磨合，并且通过考验最终保留下来，它是杭州人民与自然和谐相处的产物。

为了适应杭州的气候特征，明清杭州建筑设有天井，能解决通风、采光等问题，加快室内空气循环；有的还会在天井内布置绿化、水池来调节小气候。屋顶也多以硬山顶和歇山顶为主，屋顶大多做成倾斜度为 30° 的坡屋顶，呈“人”字形，这样有利于直接利用屋面排水，解决了屋顶防水问题（见图 5-18）。另外采用硬山顶在防火隔断方面很有优势，随着杭州地区人口居住密度的提高，硬山顶在明清杭州建筑中大量使用。屋面则是用小青瓦，以多层正反相叠的方法铺设，使之具有一定的空气间隙。夏季时，风可以沿着空气间隙带走砖瓦上的热量，并促进室内外空气循环。由于杭州夏季多台风，多层瓦材叠铺的方式还可以增加屋顶的重量，保证建筑的稳定和人身安全。由于杭州多风多雨且夏季日照强烈，明清杭州建筑出檐较深，这样可以避免阳光直射和雨水冲刷，以保护墙面，延长使用年限。

图 5-18　清郁希范《西湖胜景图册》中的硬山顶和歇山顶

所谓“岁有其物，物有其容”，不同气候条件下，传统建筑呈现出不同的气质。除了建筑结构受到气候环境的影响，明清时期杭州园林建筑的整体色调也受到影响。杭州地处江南地区，由于气温较高、湿度大、气候比较炎热，冷色调的建筑色彩可以让人们感觉明快、淡雅，所以明清杭州园林的建筑色彩以黑白两色为主。但是它们不会追求纯粹的黑白，尤其是私家园林，不会像苏州私家园林那般，木柱也被漆上深色的漆，来营造纯粹的黑白色彩。明清杭州私家园林在色彩上会多保留一抹自然的颜色，一方面，这是因为它们始终受西湖自然山水的影响，更多呈现出自然山水园的质朴面貌；另一方面，明清时期的杭州受南宋及浙派绘画的影响，讲求雄浑大气，质朴天然，少了一些人为艺术的加工，整体色调清新淡雅，因此，呈现出简洁、秀丽、别致、大气的特征（见图 5-19、图 5-20）。

图 5-19　杭州郭庄建筑保留了木材的原色

图 5-20　苏州拙政园香洲木柱被漆上深色的漆

三、融于自然法

建筑美与自然美的融糅是中国古典园林的四大特点之一，明清杭州园林的建筑营造亦不例外，它力求与山、水、植物这三个造园要素有机地组织在一系列的风景画面之中，从而在园林总体上使得建筑与自然融合在一起，达到一种人工（人）与自然（天）高度和谐的境界——天人和谐的境界。如岣嵝山房，“逼山、逼溪、逼韬光路，故无径不梁，无屋不阁。门外苍松傲睨，蓊以杂木，冷绿万顷，人面俱失”。它选址于灵隐韬光山间，背靠绝壁，倚着山峰、溪流，旁有苍劲的古松，四周树林郁郁葱葱，有山有水，环境极佳，紫盏楼、翠雨阁、孤啸台、礼斗阁、香寻巢等亭台楼阁，皆采用木结构凌空架起，建筑之间采用木栈道相连，既不破坏自然环境，又可避免山间的潮湿，最大限度地借周边环境，与自然融为一体，此种手法与 20 世纪 30 年代名垂世界建筑史的美国流水别墅有着异曲同工之妙，一样建在山间溪流瀑布之上，溪水淙淙声、入林风啸声、林间鸟语声，声声入耳。

明清杭州园林中的单体建筑更是化整为零，不刻意强调中轴对称，完全自由随宜、因山就水、高低错落，这种千变万化的面上的铺陈更强化建筑与自然环境的嵌合关系；同时还利用建筑内部空间与外部空间的通透、流动的可能性，把建筑的小空间与自然界的大空间沟通起来。如留余山居整体与地形巧妙结合，高低错落自成天然之趣，在园子最高处有望江亭和望湖楼，于其中可见西湖烟波迷离的浩淼水景，无论近处的园景，远处的湖光、苏堤，以及更远的雷峰塔和南屏山，尽收眼底。

此外，园林建筑虽分内外，但建筑的内墙、外墙可有可无，空间可虚可实、可隔可透，具有很大的灵活性和随意性，并获得与自然环境中的山、水、植物的密切嵌合。如湖山春社界画中竹素园西北面建筑没有围墙与外界分隔，能够将西侧和北侧的景物纳入园中，具有一定开放性，这就是人向往自然、渴望自然的结果（见图 5-21）。再如郭庄的乘风邀月轩、景苏阁和赏心悦目亭这些主要观景建筑，都是临湖布置修建，这是因为靠湖景致最佳，开窗便是西湖水景，水光潋滟、山色空蒙，恍若与世隔绝（见图 5-22）。正如《园冶》中提到的“轩楹高爽，窗户虚邻；纳千顷之汪洋，收四时之烂漫”，“内构斋、馆、房、室，借外景，自然幽雅，深得山林之趣”，园林建筑为人与自然的交融提供了良好途径。“西湖天下景，朝昏晴雨，四序总宜。”西湖的湖光山色吸引着文人墨客，不厌其烦地在山水之中建造园林，布置建筑，以借丰富多姿的自然景观。

图 5-21　竹素园西北面与外部环境相融

图 5-22　从郭庄建筑里向外看的视野

明清杭州各类建筑通过融于自然的营造手法，除了满足功能要求外，还与周围景物和谐统一，参差错落，虚实相间，富于变化，既尊重了园林内部生态环境，又通过门窗接触外面的大自然，入眼便是西湖山水、自然景象，阅尽春秋、体察自然之变幻，使人体会到无限的空间、时间，虽处处有建筑，却洋溢着大自然的盎然生机，达到了人工与自然高度和谐、“天人合一”的理想境界。

第四节 园林植物

我国园林的发展历史十分悠久，从古至今已有三千多年的历史，形成了自己独特的园林体系，浓缩了我国古代人民的精神文明和无穷智慧。明清杭州园林中的植物配置，在经验总结中体现了科学的成分，植物的形体特征、生长习性、配置方式、色彩搭配和种植模式等成为造园者关注的重点。清代著名园艺家陈淏子所著的《花镜》中，其卷二“课花十八法”是作者在博览先人植物专著，归纳总结人民群众的劳动经验后，结合自己在杭州栽花种树的园林实践而首创的植物景观营造方法（见表 5-3），故而后人可从“课花十八法”看出明清杭州园林中是如何进行植物景观营造的。

表 5-3　　课花十八法的内容要点

课花十八法	内容要点	课花十八法	内容要点
收种贮子法	植物种子的采收与存储方法	整顿删科法	植物整形修剪的要求与内容
下种及期法	植物晒种与播种的方法	变花摧花法	植物花朵变色与促放的方法
扦插易生法	扦插繁殖的步骤与内容	浇灌得宜法	植物灌溉施肥的原理与内容
接换神奇法	嫁接繁殖的步骤与内容	培壅可否法	烟熏防寒与培养土制作方法
过贴巧合法	靠接繁殖的步骤与内容	治诸虫蠹法	植物虫害防治的原理与内容
辨花性情法	辨别植物生态习性与生长环境	枯树活树法	植物枯亡与复活原理与内容
种植位置法	根据地形与观赏要求确定种植位置	种盆取景法	盆花盆景的制作原理与内容
移花转垛法	植物移植的步骤与内容	养花插瓶法	植物插花与持久保存的方法
分栽有时法	植物种植的时令与方法	花香耐久法	酿花、干花、花茶制作方法

深入研究“课花十八法”后可以发现，它涵盖了植物种植设计的整个过程，对种植移植、种植时期、种植准备、种植穴挖掘、种植朝向、种植支撑、养护管理等各环节都有具体的阐述。其中，有些方法即使在今天也是可以直接使用的，如收种贮子法、下种及期法、扦插易生法等；有些方法则需要经过改良后方可使用，如辨花性情法、种植位置法等；有些方法已被现代更加全面、更加系统、更加实用的内容所替代，如变花摧花法（见表 5-4）。

通过“课花十八法”的研究和明清杭州园林具体案例描述，经提炼与归纳，可得出三种园林植物生态造园手法：植物选择法、适地适树法和季相丰富法。

表 5-4　　课花十八法的古为今用分析

古为今用类型	课花十八法
直接使用	收种贮子法、下种及期法、扦插易生法、接换神奇法、过贴巧合法、移花转垛法、分栽有时法、种盆取景法、培壅可否法、花香耐久法、养花插瓶法
改良使用	辨花性情法、种植位置法、整顿删科法、浇灌得宜法、治诸虫蠹法、枯树活树法
替代使用	变花摧花法

一、植物选择法

自然界中植物种类成千上万，但并不是所有植物都适合用到园林中，所以园林中植物种类的选择尤为重要。在园林中选择植物种类时，不仅要考虑植物的生态习性，尽可能选择乡土树种，还要保证树种的多样性，才能营造出稳定而优美的园林植物景观，因此，植物选择法可以细分为生态习性法、乡土特色法和种类多样法等三种方法。

（一）生态习性法

《花镜》里的“辨花性情法”提到：“苟欲园林璀璨，万卉争荣，必分其燥、湿、高、下之性，寒、暄、肥、瘠之宜，则治圃无难事矣。若逆其理而反其性，是采薜荔于水中，搴芙蓉于木末，何益之有哉？”“辨花性情法”位于课花十八法之首，足以说明了解植物的生态习性、根据植物生态习性选择需要种植的植物在植物配置过程中的重要性。书里用若干例子论证了选择树种首先要考虑植物的生物学特性与生态习性。这说明在古时候，人们就认识到为了能营造优美的园林景观，要选择合适的植物。树种选择合理，可以提高观赏效果、保证景观质量、节约建设资金和管养成本。

对于各种植物相关生态习性以及栽培原理的研究在陈淏子所著的《花镜》中有相关的记载，他对植物进行的相关分类以及对生态习性的具体说明，主要集中在“花木类考”“藤蔓类考”“花草类考”中，总共介绍了 295 种植物。从中可知古人对园林植物的选择在当时就已经有了一定的研究基础，对于当时植物景观的营造提供了切实可靠的依据。明清杭州园林在植物选择上均考虑到了这一点，在园林中也都是采用适宜的植物来进行景观营造，如梅、桂花、垂柳、荷花、木芙蓉、松、竹、桃、杏、枫香、山茶、杨梅、石榴、海棠、紫薇、樟、李、朴、杉、柿等，这些植物均能适应杭州的气候，并在明清杭州园林中广泛运用。

（二）乡土特色法

乡土树种，指经过长期的自然选择及物种演替后对某一特定地区有高度生态适应性的自然植物区系成分的总称，具有适应性强、病虫害少、抗逆性强等特点。有些乡土树种在当地种植的历史非常悠久，还能形成当地的乡土文化特色。它们首先在选材上方便、运输成本低，后期也不需要投入太多人力物力去养护管理。

乡土树种对于外来植物而言有着无法比拟的造景优势，其在所处的地域已经经历了长期的物竞天择，体现出对本地环境良好的适应性。

明清时期，杭州对乡土树种的栽植和应用已经有了一定的理论基础，这在各时期府志、县志等的物产篇中均有记录。而记载明清杭州园林的诗文古籍中涉及的乡土植物也不少，例如，提到梅花的有“山房多修竹古梅”的青莲山房，“古梅翠竹，夹岸排立”的竺西草堂，“玉梅倚石如高士”的小有天园；提到桂花的有“周植老桂修篁”的小辋川，“阶前老桂婆娑”的天香书屋，“泉侧丛桂常青”的清孤山行宫。此外，垂柳、荷、芙蓉、松、竹等古籍、诗文中常提到的植物也都是杭州的乡土植物。

（三）种类多样法

“物种多样性促进群落稳定性”是生态学中一条重要的原理，因此，园林植物配置时必须重视物种多样性选择，尽可能采用更多的植物种类，避免采用单一物种的配置形式。明清杭州园林植物配置在植物种类选择上除了考虑其生态习性外，使用的种类数量也非常之多。在《万历杭州府志》《乾隆杭州府志》《西湖志》《西湖志纂》《民国杭州府志》《万历钱塘县志》《嘉靖仁和县志》《康熙仁和县志》《康熙钱塘县志》的物产篇，以及《西湖游览志》《西湖梦寻》《湖山便览》《遵生八笺》《花镜》等古籍、诗文中提及的植物有 300 多种，而常用的植物有 100 多种，这些植物不仅是杭州的乡土树种，而且种类繁多，它们至今在杭州园林中依然广泛应用。

二、适地适树法

风景园林学中的“适地适树”，是指人们在植物景观营造过程中，根据其功能性需求，选择适生于当地气候和景观营造场地条件的植物种类及品种，并进行合理的植物配置和养护管理，形成稳定的、适宜的、节约资源的植物景观。适地即根据栽植地的气候、水文、土壤等自然条件和功能需求确定合适的植物种类；适树即在充分了解园林树种的生物学特性、生态习性和对功能需求的适宜性的基础上，确定合适的栽植地。

适地适树需要正确处理“地”与“树”之间的关系。在我国，人们很早就认识到适地适树在植树造林中的重要性，如西汉刘安的《淮南子》中说“欲知地道，物其树”，指出了树木生长与自然条件的密切关系。《花镜》“种植位置法”中的“故草木宜寒宜暖，宜高宜下者，天地虽能生之，不能使之各得其所，赖种植时位置之有方耳……花之喜阳者，引东旭而纳西晖；花之喜阴者，植北囿而领南薰”，进一步阐明了适地适树的重要性以及“地”与“树”之间的重要关系。

2013 年，清华大学李树华教授等对适地适树理论进行了重新解读，并提出了适地适树理论的实现途径（见图 5-23），对未来植物景观设计与营造具有一定指导作用。据此，适地适树法可细分为改树适地法、改地适树法、选树适地法等三种方法。

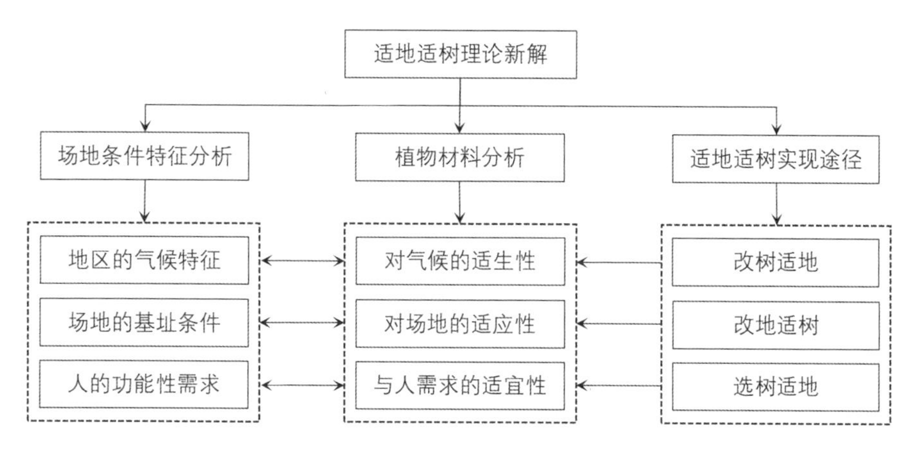

图 5-23 适地适树理论系统框架

（1）选树适地。若场地条件适宜营造植物景观，则尊重和保持场地的基本条件，对当地的气候条件进行充分认识的条件下，选择适当的植物种类，根据人们对场地内植物景观的基本功能需求进行植物景观营造。

（2）改地适树。植物景观营造场地的某个条件或某些条件不能满足观赏植物正常生长发育需求时，可以通过土壤管理、给排水管理和养护管理等一系列技术措施逐步改善场地条件，使之满足植物景观生长发育的需要。这也是园林中植物景观营造的常用方法之一。

（3）改树适地。通过育种、选种等方法，改变植物的某些原有特性，并目的性地选育某一抗性，例如抗寒性或抗旱性，使植物与立地条件相互适应。

在风景园林植物景观规划设计实践中，应以“选树适地”为主，配合实施改地适树或改树适地，这样既不违背自然和经济规律，还可以充分发挥人在植物景观营造中的创造性。由于在不同的环境条件中，立地条件差别较大，因此，适地适树法应用于植物配置具体实践时，需要特别关注与建筑、水体、山石以及植物本身之间搭配的协调性，应分别对待。下面从园林建筑、山石和水体这三种立地条件以及与植物之间的搭配，分析适地适树过程中的生态手法。

（一）与建筑配置法

在园林中，植物和建筑之间有着非常紧密的关系，应根据建筑周边环境的限制，选择合适体量、适当数量的植物来适应建筑周围的小环境。结合建筑的采光、空间范围，根据植物的生态习性及与建筑的搭配，进行相关的选择，达到建筑和植物相协调的状态。

明清时期，杭州园林植物与周围建筑之间的关系在不同古籍中多有体现。《西湖志》中的白云山房：“大抵屋皆南向，而就其地势高下，盘旋往复，结构疏密，或整或斜，中多牡丹、松、桂、梅、竹、桃、杏，皆嵩年手植。”该处以地势上的盘旋往复，结合南向的建筑，将植物进行疏密上的结合，或整或斜的排布，既是对建筑的适应，也满足植物自身对环境因素上的需求。翁庄“前有殿春舫，植牡丹数十本”，在局限的庭院空间，不宜植大树，便以牡丹这种低矮花木作为其主要呈现的景观。

综合以上古籍可见，一般古人造园受限于空间，建筑和植物之间的关系较为局限，在庭院中以低矮花木为主，一方面不会阻挡建筑采光，另一方面低矮植物所需生长空间较小，不会与相对体量较大的建筑之间相互妨碍，也更适合其生长。庭院外的建筑空间，体量大的植物可环植于建筑周围，在不影响建筑采光的条件下，营造相应的植物景观。

（二）与水体配置法

水是园林中灵活多变的元素之一，园林中在水边多种植耐水、喜湿的植物来营造景观。水池周边则以各植物之间层次和疏密上的关系相互搭配，留以足够的观赏水景的视线空间。

《西湖梦寻》中的就庄“海宁莱州守陈谦，致政后所筑，沿堤插柳，结篱为门，垒石为山”。沿堤插柳是古代常见的岸边植物配景方式，垂柳耐水湿，更重要的是，随风拂动的柳枝，柔条拂水，能营造惬意宜人的景观效果。《清波小志》中对放生池周围景观有相关描述：“今池内种莲，围堤遍植木芙蓉，自初秋迄于九月，花光叶翠，映于水面，比长堤桃李更觉繁艳。”以水生植物莲花作为水中之景，岸边围植喜湿润环境的木芙蓉，其优美景观映于水面之上，相比常见的桃李搭配更为惊艳。对杭州的姚庄描写为“割西湖水一二亩于堂之西以为沼，内植荷芰，外环堤岸，树桑麻，种蔬菜，取地之利焉”。水中种植荷花与菱角，不仅能提升景观效果，还能净化水质；堤岸边种植桑麻、蔬菜瓜果，经济实用。

（三）与山石配置法

因古人造园模山范水于自然，在有限的园林小空间内，以体量较小的假山石作为自然山石的替代，同时以合适体量的植物与其搭配，形成景致优美的园林小景。《说杭州》一书在南园的描写中提到“池南垒土石为山，植乔木数株。山坡遍植书带草”，书带草即是沿阶草，是多年生的常绿草本，其喜半阴，耐寒性强，须根粗壮，对于山石环境的适应性良好，与山石配置相得益彰。《东城杂记》中对庾园的介绍为“其中叠石为山，疏泉为沼，间以竹木，错以亭台，即一花一草，必使位置得宜，详略有法”，这说明庾园内一花一草的栽植，都要在适合其生长的地方，是《花镜》“种植位置法”最直接的体现。《西湖游览志》记载，在孤山俞公祠中有“古梅一株，盘抱奇石，干出石孔中，岁久与石吻合。老干丫杈，如从石面生也”，梅花耐贫瘠，能适应山石环境，梅石搭配最相宜。

（四）群落内配置法

植物群落内每种植物之间都存在着互利、竞争等相互作用关系，所以在园林植物配置时要考虑每种植物所处的生态位。生态位是指一个物种在生态系统中的功能作用以及它在时间和空间中的地位，反映了物种与物种之间、物种与环境之间的关系，其直接关系到生态园林系统景观审美价值的高低和综合功能的发挥。正确处理植物的生态位，才能构成一个相对稳定的植物群落结构。

在对明清杭州园林进行相关记载的古籍中，虽没有众多的文字篇幅来说明不同植物之间的搭配造景，但从三言两语中可知其群落结构。《清波小志》中对万松书院的记载："亭外左湖右江，高城环带，奇石林立，杂植松柏、桐桂、梅杏、桃李诸花木，掩映山谷间，随在可畅襟怀"，可见，上层有松、柏和梧桐，中层有桂花、梅、杏和桃李；《西湖韵事》中记载："初筑新堤，遍栽垂柳，以名卉错杂其间，俗呼十锦塘者是也"，可见，堤旁植柳，名花杂植其下。以上古籍记载的植物群落文字描述简短，但是通过其描述可知这些植物在群落结构上有各自的生态位，彼此之间各得其所。再如郭庄东南隅庭院（见图 5-24），上层有香樟、水杉等喜阳物种，这些高大乔木均是位于庭院右侧，这样植物根部不会对建筑产生破坏；中层有梅花、鸡爪槭、桂花等植物，梅性喜阳，片植于庭院中间，上层没有高大乔木遮挡，有利于梅花的生长；下层有常春藤、络石、沿阶草等植物，作为地被。在一个小庭院内，植物群落结构分明，每种植物都有合适的生态位，全靠其合理的种植位置。

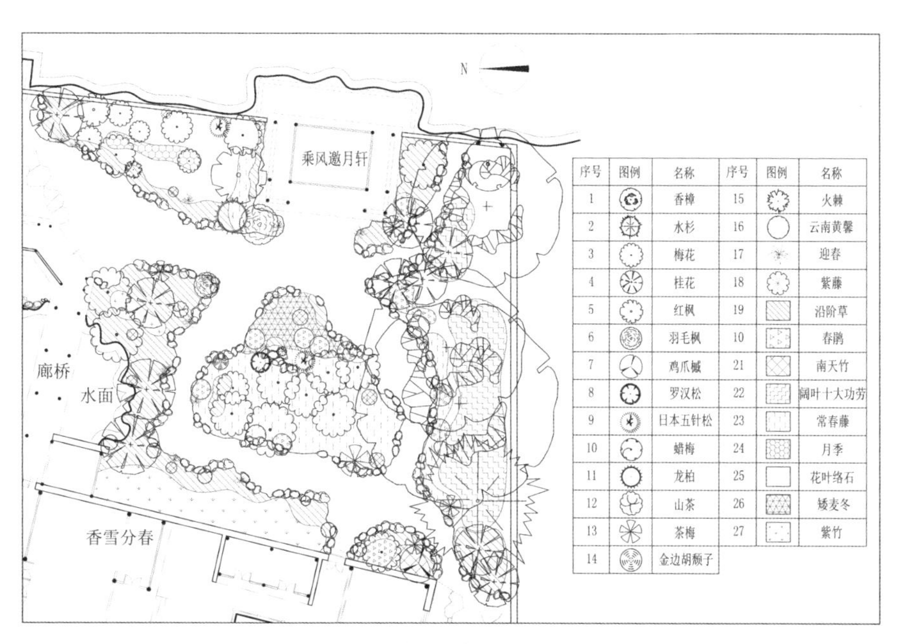

图 5-24 郭庄东南隅庭院植物群落平面图

三、季相丰富法

植物有兴衰，随四季而变；园林便也随着时间而不断变化，通常我们把这一过程称为季相变化。植物的开花、结果和凋零时间不同，使得每季的观赏重点也不一样。因此，掌握植物的观赏特性，对植物进行合理配置，突出其季相特点，使四季有景可赏尤为重要。

关于季相，众多古籍中均有论述。《花镜》中的"其中色相配合之巧，又不可不论也”讲述了季相的重要性;《长物志》中也提到“草木不可繁杂，随处种植，使其四季更替，景色不断”，同样指出植物要合理选择、搭配，以使四时之景不同;《园冶》在“借景”一节中详细描述了景色随四季变化的景象:“片片飞花，丝丝眠柳……红衣新浴，碧玉轻敲……冉冉天香，悠悠桂子，但觉篱残菊晚，应探岭暖梅先”，春有柳树夏有荷，秋有桂香冬有梅，四时景致不一，皆有景可赏。以上的讲述都是总体而论，在谈到具体花木的季相时，《长物志》在花木篇中说道:“红梅、绛桃，只是林中点缀，不宜多植”;《闲情偶寄》在述及紫荆时提到此花本是可以不要的，“但春季所开，多红少紫，欲备其色，故间植之”，说明古人也十分注重季相，根据花色来决定是否栽植其于庭院中。

明清杭州园林植物在四季景观营造上可谓匠心独运，一年四季各种花木竞相开放，赏梅可去孤山和伍相庙、赏玉兰去灵隐寺、赏杜鹃花去孤山寺、赏牡丹去开元寺、赏荷去曲院、赏桂花去灵隐和天竺、赏蜡梅去万松岭等。明代学者高濂在《遵生八笺》一书中总结出杭州一年四季的宜游活动，其中不少与植物相关，春可孤山月下看梅花、苏堤看桃花，夏可苏堤看新绿、乘露剖莲雪藕，秋可西泠桥畔醉红树、满家弄赏桂花，冬可雪霁策蹇寻梅、山窗听雪敲竹。

除此之外，明清杭州园林中四季可赏的植物亦是非常丰富（见表5-5），甚至有些还成了名景。如西湖行宫八景的鹫香庭以孤山山岗为背景，房前遍植桂花，金秋时节桂花飘香，竹凉处在原有松林的基础上，种植了万竿绿竹，其间夹杂着各类怪石，形成清阴茂密的环境;玉兰馆堂前多植白玉兰，花开时节，远望如琼枝玉树。还有西湖十八景中的梅林归鹤（梅）、鱼沼秋蓉（木芙蓉）、莲池松舍（莲）、凤岭松涛（松）、西溪探梅（梅），杭州二十四景中的吟香别业（荷花）、黄龙积翠（竹）。除了开花植物丰富杭州园林植物群落季相，落叶植物也起到了重要的作用，常绿与落叶组合、观花与赏叶搭配，共同组成明清杭州园林植物景观。依托于这些植物，明清杭州园林形成了四季有景、季相突出的植物景观特色，植物也成了杭州园林文化的符号;依托于这些植物，杭州四季景观变化多姿多彩，犹如自然之更新交替（见图5-25～图5-28）。

图5-25　杭州之春——苏堤春晓

图5-26　杭州之夏——曲院风荷

图 5-27　杭州之秋——平湖秋月

图 5-28　杭州之冬——断桥残雪

表 5-5　　明清杭州园林四季观赏植物表

季节	观赏植物
春季	杜鹃、牡丹、梅、李、桃、梨、杏、海棠、玉兰、琼花、木香、紫荆
夏季	荷、凌霄、夹竹桃、茉莉、木槿、荼蘼、紫薇、石榴
秋季	芙蓉、桂花、玉簪、枫、银杏、无患子、乌桕、柚、石楠、菊
冬季	蜡梅、山茶、梅、松、竹

总而言之，作为自然山水园的杰出代表，明清杭州园林遵循天人合一、人与自然和谐的价值取向，是符合未来发展趋势的。所以在步入生态文明新时代之际，探究中国传统园林的"绿色启示"，对现代浙派园林建设有着重大意义，尤其在处理"人与自然关系""生态园林建设"等方面对当代浙派园林具有深刻的现实意义。本章结合地域环境分析得到明清杭州园林在四个造园要素上有十二大类（含十二个小类）生态造园手法（见表 5-6），可供浙派园林景观设计中借鉴应用。

表 5-6　　明清杭州园林生态造园手法一览表

造园要素	生态造园手法	
	大类	小类
园林基址	藏风得水法	/
	因地制宜法	山林地选址法、江湖地选址法
园林水体	水系互通法	/
	源头活水法	/
	自然形态法	/
	功能合宜法	/
园林建筑	就地取材法	/
	适应气候法	/
	融于自然法	/
园林植物	植物选择法	生态习性法、乡土特色法、种类多样法
	适地适树法	改树适地法、改地适树法、选树适地法 与建筑配置法、与水体配置法、与山石配置法、群落内配置法
	季相丰富法	/

第六章

浙江传统村落景观生态技法

传统村落既是传统文化的介质，也是农耕历史与文化的“活化石”与“博物馆”，但是它们正在遭受令人担忧的毁坏。城市的扩张，传统村落的劳动力向城镇大量转移，导致部分传统村落逐渐空心。城市完善的教育、医疗与生活服务设施吸引了大批传统村落的人们到城市中安居，导致部分传统村落无人打理逐渐荒废。政府主导城镇化，拆村并点力度大，导致部分传统村落逐渐消失。近十年间，我国的村落，包括传统村落，消失了约 100 万个，令人触目惊心。

现存的传统村落现状也并不乐观。历史悠久的传统建筑被拆除重建成现代风格的砖混建筑；质朴的卵石或石板路被挖掉重新浇筑成水泥路或铺成现代花岗石路；蜿蜒曲折的溪流或河流被加装形态统一的栏杆或被钢筋混凝土“沟渠化”。盲目粗暴地套用城市建设模式去指导传统村落建设，把城市的审美标准与理念技法简单嫁接到传统村落中，导致城市中熟悉的元素占据了传统村落，传统村落的原始景观风貌出现了类城市化、千村一面、保护性破坏的问题。

浙江的村落，特别是传统村落，也正在遭受以上问题的困扰。为了让浙江的传统村落走出困境，不能照搬照抄城市景观的做法，需要向传统学习。浙江传统村落在几千年的发展中，始终坚持“天人合一”的思想，采用能够与自然和谐、对生态环境影响最低的生态技法去建设村落景观，所以能够屹立数百年乃至千年，有的至今依然焕发着生机活力。因为“口授心传”的传承方式与时代发展原因，那些优秀的生态技法渐渐地被人遗忘，甚至部分生态技法濒临失传。生态技法源于传统村落，与传统村落景观风貌有很大的契合度，或许能够对传统村落原始景观风貌修复有着实质性的指导作用与意义。

因此，我们可以到浙江传统村落中去，挖掘、整理、提炼、总结那些被人遗忘或濒临失传的生态技法，形成对浙江传统村落景观建设具有指导性的生态技法系统，用于解决浙江传统村落景观风貌修复过程中出现的各类问题，同时，这些千百年来久经考验的传统生态技法，对城市景观建设也具有很强的参考价值。

第一节　浙江传统村落景观与生态技法概况

一、浙江传统村落景观概况

（一）传统村落发展概况

1. 浙江传统村落的出现

浙江的 100 多个新石器时代遗址，比如良渚遗址、马鞍遗址、河姆渡遗址等，表明八千年前的浙江就有了人类居住、生活与生产的踪迹。新石器时代，农牧分离，人类以农耕为生计组成了氏族，形成了最初传统村落的雏形。在优越的地理因素、气候条件与历史文化的综合影响下，浙江传统村落逐渐从原始社会的无序氏族聚居发展到封建社会的有序族群聚居，并出现了古村落。

2. 浙江传统村落的发展

从夏朝到清朝约五千年间，浙江传统村落呈现出多样性发展状况，并且奠定了当代的分布格局与风貌，对传统村落的发展影响最大的有以下 3 方面因素：

（1）战乱，特别是汉朝的七国之乱、南北朝的侯景之乱、唐朝的安史之乱与宋朝的靖康之乱，令浙江省内外很多人为了躲避战乱，逃难与迁移到浙江山区或偏远地区，范围涉及浙江的平原地区、丘陵地区、盆地地区、滨海地区。比如浙江江山市清漾村从公元 535 年初始形成至今，已经有约一千五百年的悠久历史，但是经历了约一千三百年封建社会的动荡与战乱，清漾村村民的后裔外迁到省内的奉化、龙泉、遂昌、丽水、余姚等地，或省外的云南、江西、湖南、福建、安徽等地，人数不计其数。

（2）风水学，从先秦的形成期、魏晋南北朝发展期到明清的成熟期，持续影响着浙江传统村落的择址。浙江大多数的传统村落形成了“前朱雀、后玄武、左青龙、右白虎”的山环水抱地理空间格局（见图 5–1），以及条带状、网格状、核心状与组团状 4 种建筑分布形态（见图 6–1）。比如说浙江温州的芙蓉村，按照“七星八斗”的风水格局设计，“七星”翼轸分裂，设于关键道路的交会点；“八斗”按八卦状散设于溪沟交汇点，但芙蓉村的人们沿寨墙、街巷与房屋错落有致地挖掘了许多涵洞，联络各斗。连接“七星八斗”的道路、溪沟蜿蜒曲折，与街巷形成了比较复杂的网格状形态。

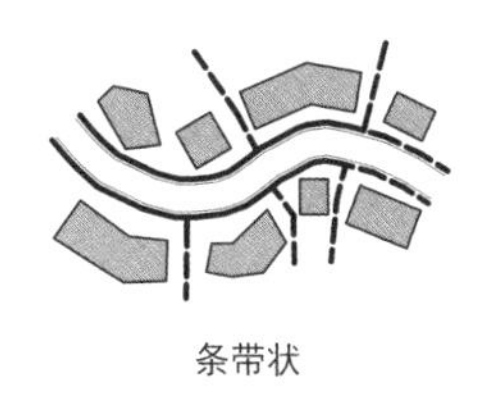

条带状

网格状

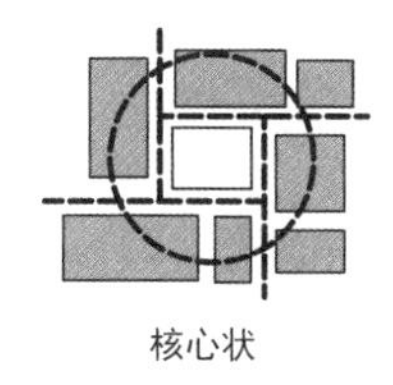

核心状

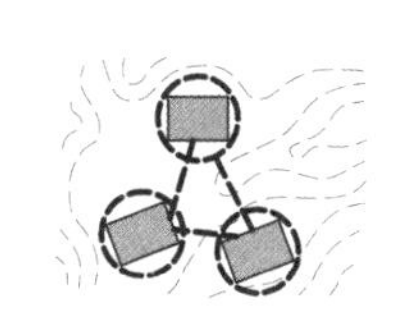

组团状

图 6–1　浙江传统村落建筑分布形态

（3）宗族制度，维系着血缘纽带，成为组织、协调与管理村落的有效方法；理学思想维持村落宗族内部的和谐、稳定与发展，推动祠堂与书院的建设，文化素质的提高间接促使村落中的文人学者外出求官经商。经济支撑着传统村落的基础建设，影响着村落的性质，农副结合、农商结合、农牧结合成为了浙江村落的经济源泉。

3. 浙江传统村落现状

新中国成立以后，特别是改革开放以来，浙江省的城镇化率不断提高，截至2019年末，城镇化率已达70%。大量村落的劳动力向城市转移，导致村落空心化，加上年久失修与人为破坏，浙江许多传统村落逐渐走向消亡，特别是那些历史悠久、拥有丰富历史积淀与文化景观的传统村落也受到影响。传统村落面临消亡的情况引起了政府的重视。为了拯救全国的传统村落，从2012年到2019年，国家住房和城乡建设部总共公布了五批中国传统村落名录，囊括了全国6819个传统村落，其中浙江的国家级传统村落有636个。

虽然浙江传统村落得到了关注，但它们的现状仍令人担忧。主要原因包括：①浙江许多传统村落的原始风貌情况严峻，新建筑与老建筑同存，但风格差异很大，整体风貌呈现出无秩序、美观性差的状况；传统建筑外观残破，濒临坍圮风险，有的被强拆，破坏了传统建筑群的风貌；基础设施落后，环境脏、乱、差，生活环境恶化。②浙江传统村落里的年轻人外出打工，唯有老人与孩童留守，村落的发展没有劳动力支撑，有的房屋因为无人在家成荒废状态。③浙江地方政府对传统村落的遗产价值认识不足，没有形成有关传统村落保护方面的系统性规划，从而轻视了它们的保护与发展，详细表现在以下几方面：传统村落的保护没有法律保障，无法可依；保护资金额度低，仅重点保护村内的历史建筑，对非历史建筑放任不管，任其自生自灭，有的还被强制性拆除，加速了传统建筑的消失。④浙江传统村落里面的人们文化自信程度低，对自己的传统文化与原始环境的认同度低，从而导致原有的礼俗秩序破裂，血缘亲情变得淡薄，拜金风气盛行，文化与教育呈现凋零状况。

但是，并不是所有浙江传统村落都面临以上状况，有些传统村落充分挖掘自身的优势，结合自身的资源，呈现了非常好的发展态势。例如南浔荻港村、建德新叶村、绍兴冢斜村、宁海许家山村、武义俞源村、松阳杨家堂村与永嘉苍坡村。它们或是小桥流水的江南水村，或是鹅卵石砌垒的千年石村，或是黄泥夯成的山上人家，或是桃源美如画的书香名村。它们充分利用自身的资源，发扬传统文化，从而成为农村旅游的网红打卡点，既提高了经济水平，改变了贫穷的局面，也提供了劳动岗位，为传统村落的物质文化与非物质文化传承提供了机会。

（二）传统村落景观调研

住房和城乡建设部公布的五批中国传统村落名录中，浙江的国家级传统村落有636个；住房和城乡建设部与国家文物局联合公布的七批中国历史文化名镇（村）名单中，浙江的国家级历史文化名村有44个。把浙江的国家级传统村落名单与国家级历史文化名村名单对比分析发现：浙江 44 个国家级历史文化名村全都是批次靠前的国家级传统村落，因此把浙江 44 个同属国家级历史文化名村的国家级传统村落确定为初步调研范围（见表 6-1）。因为历史越悠久、批次越靠前的浙江国家级传统村落所遗留的历史痕迹与文化信息就越多，更容易被人认同，也更有代表性与说服力。

表 6-1　　初步研究范围的浙江传统村落名单

序号	村落名称	村落地址	序号	村落名称	村落地址
1	上吴方村	杭州建德市大慈岩镇	23	倍磊村	金华义乌市佛堂镇
2	李村村	杭州建德市大慈岩镇	24	管头村	金华磐安县尖山镇
3	新叶村	杭州建德市大慈岩镇	25	梓誉村	金华磐安县双溪乡
4	茆坪村	杭州桐庐县富春江镇	26	榉溪村	金华磐安县盘峰乡
5	芹川村	杭州淳安县浪川乡	27	嵩溪村	金华浦江县白马镇
6	深澳村	杭州桐庐县江南镇	28	山头下村	金华市金东区傅村镇
7	荻港村	湖州市南浔区和孚镇	29	寺平村	金华市婺城区汤溪镇
8	鄣吴村	湖州安吉县鄣吴镇	30	厚吴村	金华永康市前仓镇
9	冢斜村	绍兴绍兴县稽东镇	31	俞源村	金华武义县俞源乡
10	李家坑村	宁波市海曙区章水镇	32	郭洞村	金华武义县武阳镇
11	走马塘村	宁波市鄞州区姜山镇	33	岭根村	台州临海市东塍镇
12	方家河头村	宁波慈溪市龙山镇	34	张思村	台州天台县平桥镇
13	柿林村	宁波余姚市大岚镇	35	高迁村	台州仙居市白塔镇
14	龙宫村	宁波宁海县深甽镇	36	碗窑村	温州苍南县桥墩镇
15	许家山村	宁波宁海县茶院乡	37	福德湾村	温州苍南县矾山镇
16	南坞村	衢州江山市凤林镇	38	屿北村	温州永嘉县岩坦镇
17	清漾村	衢州江山市石门镇	39	南阁村	温州乐清市仙溪镇
18	大陈村	衢州江山市大陈乡	40	河阳村	丽水缙云县新建镇
19	灵山村	衢州龙游县溪口镇	41	下樟村	丽水龙泉市西街街道
20	泽随村	衢州龙游县塔石镇	42	独山村	丽水遂昌县焦滩乡
21	三门源村	衢州龙游县石佛乡	43	西溪村	丽水市莲都区雅溪镇
22	霞山村	衢州开化县马金镇	44	大济村	丽水庆元县松源镇

经现场踏勘，这 44 个浙江国家级传统村落中有部分传统村落的原始景观风貌是类似的。因此，为了让调研更有针对性、合理性与科学性，需要排除原始景观风貌类似的传统村落。影响浙江传统村落原始景观风貌的因素有许多，比如自然

因素的地形、地貌、气候与水文，人文社会因素的经济、文化与历史，但关键的影响因素是地形地貌与地理区位。因为地形地貌与地理区位差异会导致地表热量、温度、降水量、风化作用、岩化作用、物质与能量交流循环出现重大变化，从而导致传统村落土壤种类、植被种类、景观风貌与生态系统的差异。

类似的地形地貌会让传统村落产生类似的景观风貌。例如，海拔较高的磐安县管头村与苍南县福德湾村，景观风格类似，植被茂密，建筑大多为山石建筑，沿着山坡村落分布，规模较小，生产用地主要沿着村落周围山地分布，形成梯田景观。类似的地理区位也会让传统村落产生类似的景观风貌。例如，上吴方村与李村同属于建德市大慈岩镇，地势都较平坦，建筑风格都为徽派特色，建筑密度都较大，由于距离中心城市比较近，道路多为平坦老石板路。

从地形地貌的角度可以把浙江传统村落划分为山岭坡地类、山间盆地类、平原河网类、海岛聚落类4类；从地理区位角度可以把浙江传统村落划分为浙东村落、浙北村落、浙西村落、浙南村落4类。因此，把44个初步确认的浙江国家级传统村落调研范围按照地形地貌分类与按照地理区位分类进行叠加对比分析。从地形地貌类似、原始景观风貌类似的传统村落中，多取一；从地理区位类似、原始景观风貌类似的传统村落中，多取一，能够比较准确、客观、有效地避免调研取样数据的重复，从而大大减轻了调研的工作量（见表6-2）。

表6-2　　初步调研范围浙江传统村落的叠加对比分析

地理区位	地形地貌	传统村落
浙东村落	山岭坡地类	柿林村、龙宫村、许家山村、方家河头村
	山间盆地类	李家坑村
	平原河网类	冢斜村、走马塘村
	海岛聚落类	
浙北村落	山岭坡地类	茆坪村
	山间盆地类	上吴方村、李村、新叶村、芹川村、深澳村、郎吴村
	平原河网类	荻港村
	海岛聚落类	
浙西村落	山岭坡地类	管头村、榉溪村、郭洞村、大陈村、霞山村
	山间盆地类	倍磊村、梓誉村、嵩溪村、山头下村、寺平村、厚吴村、俞源村、南坞村、清漾村、灵山村、泽随村
	平原河网类	
	海岛聚落类	
浙南村落	山岭坡地类	三门源村、福德湾村、碗窑村、下樟村、独山村、大济村
	山间盆地类	岭根村、张思村、高迁村、屿北村、南阁村、河阳村、西溪村
	平原河网类	
	海岛聚落类	

通过对 44 个初步确定的浙江国家级传统村落调研范围进行叠加对比分析，能够比较准确地排除景观风貌类似的传统村落。另外，从叠加对比分析过程中得知，浙西地区、浙南地区的地形比浙北地区、浙东地区复杂，在各种因素的影响下，几乎没有平原河网类的传统村落，因此可以把它们排除在调研范围外。但是，滨临海洋的浙东地区、浙南地区明显是有海岛聚落类的传统村落，因此需要结合文献资料，增补缺失的海岛聚落类传统村落 2 个，形成最终的调研范围（见表 6–3）。

表 6–3 最终确认实地调研的 16 个浙江传统村落名单

地理区位	地形地貌	村落名称	村落特点
浙东村落	山岭坡地类	许家山村	浙东沿海山地石屋建筑群落代表。石屋、石巷、石院、石墙、石板桥、石路与石凳组合形成的石头世界
	山间盆地类	李家坑村	宁波海曙四明山中保存最完整、规模最大的传统村落，像一部用石头写成的凝固历史，明清四合院遍地
	平原河网类	冢斜村	江南传统村落代表，至今存留着富有绍兴地方特色风格的民居、祠堂、古井与完整的卵石街巷格局体系
		走马塘村	中国进士第一村。河网流水密布，道路四通八达，人称“四明古群，文献之邦，有江山之胜，水陆之饶”
	海岛聚落类	东门渔村	浙江第一渔村，“活炭”渔文化博物馆。坐山面海，风光旖旎，海防历史悠久，古迹、古貌、人文景观众多
浙北村落	山岭坡地类	茆坪村	三面环山，自村北向南有条卵石铺筑的古道穿村而过。村口古树苍天，清澈凉爽的溪水绕村流过，风景宜人
	山间盆地类	新叶村	目前国内最大的叶氏聚居村落。传统建筑风格与皖南、赣北类似，村落格局呈现五行九宫风水格局
	平原河网类	荻港村	全国最大、最全、最有名的桑基鱼塘聚落地，四面环水，河港纵横交错，是浙北地区最有代表性的江南水村
浙西村落	山岭坡地类	郭洞村	江南风水第一村。地处层峦叠嶂的山谷之中，山环如郭，幽邃如洞，故名郭洞。郭洞森茂竹翠，静雅宜人
	山间盆地类	梓溪村	秀雅的山水自然景观和婺州山地的人文景观构成了集古屋、古巷、古井、古树、古风、古韵于一身的传统村落
		霞山村	位于钱塘江的源头，鹅卵石堆砌的千年村落。民居既有徽派建筑庄严肃穆的气势，也有江南婉约秀巧的神韵
浙南村落	山岭坡地类	独山村	周围高山耸立，村前孤峰对峙，江水清流，古街、黄泥屋，形成质朴的山区生活气息，存留着“明代一条街”
		碗窑村	村前绿水漾波，村后青山叠翠，村东拱桥高架，村西飞瀑悬空，古色古香的古民居、古戏台、古庙宇、古瓷窑洋溢着悠悠古韵，仿佛世外桃源
		下樟村	村貌质朴如旧，建筑依山就势，错落有致。四周绿树成荫，云雾缭绕，山高涧深，石奇瀑美，幽若仙境，大自然的鬼斧神工展示得淋漓尽致
	山间盆地类	河阳村	山清水秀，民风淳朴，是江南罕见的传统村落活化石。清一色的灰色建筑群落，如清水出芙蓉，婉约、含蓄
	海岛聚落类	东沙村	舟山群岛历史闻名的渔村，也是清朝、民国时期东部沿海的繁华商埠。悠悠石板小巷，精美四合院，让人不禁穿越时空，感受浓郁的渔镇风情

（三）传统村落景观现状

浙江传统村落的魅力，在于它有岁月与光阴，能够让人感知季节与岁月的美，享受生活的宁静。“枯藤老树昏鸦”与“小桥流水人家”，最为人可见、可忆、可喜。对16个有代表性的浙江国家级传统村落实地调研后，结合文献资料分析，得知浙江传统村落景观现状如下：

（1）地形方面：原有用于塑造地形的石砌（干砌）挡墙逐渐被浆砌（钢筋水泥）挡墙替代。比如，榉溪村河流原有卵石砌垒的部分驳岸现已经被钢筋水泥的密封性驳岸替换，失去了原有的透水性，雨天时，容易出现雨洪河水漫到路面的情况（见图6–2）。但在茆坪村、独山村、碗窑村、许家山村、东门渔村依然存在着传统的石砌（干砌）挡墙。

图6–2　榉溪村被水泥硬化的河流驳岸

图6–3　新叶村被水泥密封渠化的引水溪流

（2）理水方面：原有理水形态渐渐失去了应有的作用。因为自来水到家，引水的溪流被荒废，苍朴的古井被填埋，卵石或块石砌垒的渗透性很强的生态引水沟全被卵石水泥砌筑替换。比如，新叶村以前解决生活与生产用水的引水沟全部被水泥改成规整方正的水沟，仅为排水而用（见图6–3）。但李家坑村、榉溪村、河阳村依然存在着较为原始的理水形态，如引水沟、溪流、池塘或水井，它们解决生活用水、生产用水与雨水排放问题的功能依然存在，做法也传承着较为原始的技法，简单、生态、实用、经济。

（3）植物方面：浙江传统村落的植物分布很有特色。浙东北的传统村落因为聚落族居性质与地理条件限制，内部的建筑密度非常大，屋檐连屋檐，弄巷纵横交错，所以植物多数是孤植点缀，偶尔会出现植物群，然而植物群下面往往是蔬菜地；浙西南的传统村落因为大多分布于山岭，所以房屋依山就势，高低错落有致，周围的植物成片成群但多是较矮的灌草。浙江传统村落中往往有许多百年或千年古树，周围除了茂密的自然植被外，都是蔬菜或经济性植物，比如说番薯、毛竹、枣树、核桃与柿树。独山村为山岭坡地类传统村落，黄泥屋依山就势，高低错落有致，房屋掩映于郁郁葱葱的矮灌植物中，若隐若现，偶尔有几棵老樟树，而村落前面都是成畦成行的蔬菜园地（见图6–4）。

图 6-4　独山村的植物分布特色

图 6-5　郭洞村突兀的红瓦砖混建筑

（4）建筑方面：许多浙江传统村落建筑群的风貌受到或多或少的破坏。因为没有合理、系统的规划设计指导传统村落的修复或建设，所以出现了部分建筑的形状、风格或颜色与传统建筑有很大差异。比如，鸟瞰浙江金华市的郭洞村，村内有好几幢现代砖混结构的红瓦房屋在粉墙黛瓦建筑群中显得非常的突兀（见图 6-5）。但许家山村保留着原始的石屋做法，独山村保留着原始的夯土建筑做法，碗窑村保留着原始的木构建筑做法、河阳村保留着空斗墙青砖建筑做法，它们都是浙江传统村落劳动群众的智慧结晶。

（5）铺装方面：部分传统村落因为道路翻修或雨污管线增修的原因，把原始透水性强的卵石、青砖或石板铺装挖掉，替换成水泥路或现代的火烧面或荔枝面的花岗石。比如李家坑村因为雨污管网增修的原因，把村内很多原有的石板路挖掉，装好雨污管网后，因为经费有限、施工偷工减料或没有保护意识，老石板被替换成了工字纹的火烧面芝麻灰花岗石，导致李家坑村的地面没有了沧桑朴素的神韵（见图 6-6、图 6-7）。但有些传统村落原始铺装得以留存，碗窑村与许家山村的卵石路、荻港村与走马塘村的石板路、独山村与杨家堂村灰空间的夯土地面与新叶村的青砖路，它们的做法简单而生态，仅靠各种石材间的镶嵌、填埋、挤压或摩擦形成稳定的铺装，散发着浓郁的乡土气息。

图 6-6　李家坑村原有的石板路

图 6-7　李家坑村石板地面被替换成花岗石铺装

综上所述，浙江传统村落地形、理水、植物、建筑与铺装各景观要素，都或多或少受到了人为破坏，导致浙江传统村落的原始风貌受到了影响，甚至有的传统村落出现了熟悉的城市元素。幸好，浙江传统村落中依然存在着许多濒临失传的各景观要素的生态技法。北宋文学家张舜民曾赞扬传统村落的美："水绕陂田竹绕篱，榆钱落尽槿花稀。夕阳牛背无人卧，带得寒鸦两两归。"浙江传统村落中存在的濒临失传的生态技法为原始景观风貌修复提供了可能。

二、浙江传统景观生态技法概况

调研发现，浙江传统村落景观生态技法涵盖了宏观、中观与微观 3 个层次（见图 6–8）。

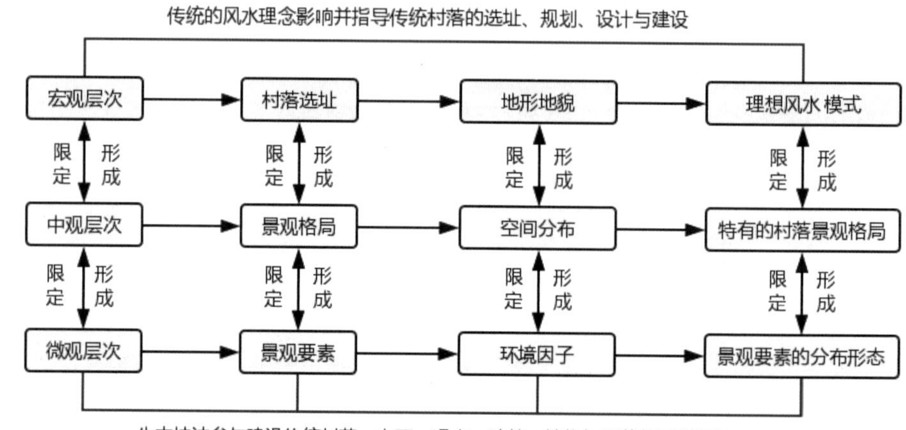

图 6–8 浙江传统村落景观生态技法的层次关系

（一）宏观层次生态技法

浙江传统村落宏观层次生态技法主要解决村落选址的问题。传统文化中，"天人合一"代表着生态智慧的核心观念，天是自然，人是人类，"天人合一"代表着人与自然的和谐。"天人合一"思想投射到浙江传统村落景观建设宏观层面的生态技法是指传统村落选址所形成的"理想风水模式"。

"理想风水模式"是指传统村落背靠连绵的群山峻岭，前临河水，远方有低矮丘陵相依，左右各有群山环抱，在群山环绕中有平坦开阔的盆地或谷底，发源于群山的溪河蜿蜒流经盆地或谷地，村落则坐落在群山环抱之中，呈现出"左青龙、右白虎、前朱雀、后玄武"的空间风水格局，优点表现在以下 4 方面。

（1）便利的生活条件。平坦开阔的盆地或谷地，方便了人们营造房屋与耕作劳动；周围环绕的群山，为人们提供了造房所需的木材以及烹煮所需的薪火；蜿蜒的河溪为人们提供了生活与生产用水，算得上是"艺则有圃，薪则有山，行则有道，饮则有水，耕则有地"。

（2）舒适的生态环境。传统村落位于地势比较平坦的盆地或谷地中间，坐北朝南，背山临水，冬天北侧群山可以抵抗凛冽的东北风，夏天把凉爽的东南风沿着河流送到村落，另外村落位于河流北侧的安全区域，避免了夏季的洪涝灾害。

（3）安全的生活环境。传统村落被群山峻岭所环绕，三面高一面低，高处可以将群山作为屏障，预防与抵挡敌人侵袭，低处用于迎敌，易守难攻。

（4）优美的景观环境。山水自古以来作为浙江传统村落选址的首要因素，曲折蜿蜒的河溪、清净幽悠的盆谷、苍翠秀茂的山岭，既给传统村落的人们提供了天然的居住环境，也成为古代官绅、商贾与士大夫所追逐的“世外桃源”。

（二）中观层次生态技法

浙江传统村落中观层次生态技法主要是解决村落景观格局分布合理性的问题。景观格局是指大小与形状各异的景观要素在空间上的排列与组合，包括了景观组成单元的类型、数目或空间分布与配置。斑块、廊道、基质是景观格局的基础元素。斑块强调的是面积的空间概念，形态与周围环境的非线性区域有很大差异，内部景观有同质性，是构成景观单元的基础结构。廊道是外观上与两侧环境有区别的狭长地表区域，是形状特化的斑块，也有同质性，是构成景观的基础结构与功能单元，呈隔离的条状与过渡性的连续分布。基质是景观中面积最大、连通性最好的景观元素，在景观功能上起着关键作用，影响着生态系统物质、能量与信息的交流。

浙江传统村落的组成元素为聚落，聚落周围的地形、地貌、山水、林地、农田、植物、道路等要素深刻地影响着浙江传统村落的位置、面积与形状，从而影响着传统村落的整体原始风貌与生态环境。把浙江传统村落中的块状要素——池塘、林地、建筑群看成斑块；把传统村落中的带状要素——河流与道路看成廊道；把传统村落中的植物、房屋、铺装看成基质，那么可以看出浙江传统村落的景观格局是在对环境因子动态适应与利用的过程中形成的（见表 6–4）。

表 6–4　　浙江传统村落景观格局适应环境的分析

名称	构成要素			形成原因	适应性分析
景观格局要素	斑块	廊道	基质	基质的多样性决定斑块与廊道	村落组成元素可比喻为景观格局的要素，而且房舍、植物是田地、蔬果地、建筑群存在的基础。村落景观格局是为了适应环境而出现的
村落组成元素	田地、池塘、蔬果地、建筑群	河流、道路	植物、房屋、铺装	地质、气候、人为因素让自然肌理出现变化	

浙江传统村落中观层次的生态技法就是合理地调整斑块、廊道与基质在村落景观格局中的比例。因为当村落选址确定后，浙江传统村落的斑块、廊道与基质的形态、面积与大小往往决定了村落对自然的影响程度，它们合理的比例能够让村落内部的环境形成与周围环境和谐共生的良好生态系统。唯有如此，浙江的传统村落方能抵挡各种因素的侵扰，没有香消玉殒，从而屹立千百年，以物质文化

与非物质文化遗产的瑰宝形式呈现在我们面前。

（三）微观层次生态技法

浙江传统村落微观层次生态技法主要是解决各景观要素的施工问题，例如，地形、理水、植物、建筑或铺装的施工问题。浙江的传统村落历史非常悠久，既有四百年历史的碗窑村，也有二千年历史的冢斜村。它们能够存在几百年或几千年，除了选址选得好、景观格局合理外，优秀建设技法的作用也是难以忽视的。生态的建筑材料、简便的施工方法、完美的细节把控令浙江传统村落的各景观要素能够符合当地环境气候与自然规律。例如，浙江夏季多雨的地方，比如杭州、嘉兴、湖州等地，它们的传统村落会用石材将房屋基础垫高，并且设置悬挑的屋檐，从而起到防潮的作用；浙江冬季寒冷的地方，比如台州、丽水、衢州等地，它们的传统村落会用厚重的石头砌垒墙壁，从而起到隔热保温、降低能耗的作用；浙江海风频繁的地方，比如宁波、舟山、温州等地，它们的传统村落会将窗户的体量缩小，从而起到削减风速、减少进风量的作用。以上例子说明了浙江传统村落景观建设拥有着非常高明的智慧与生态技法，它们能够适应当地地形地貌与气候环境，降低环境负面效应，所以能够成为生态良好、生产富足、生活舒适的美丽宜居村落。

第二节　浙江传统村落各景观要素生态技法

浙江传统村落景观的生态技法涵盖宏观、中观与微观 3 个层次，各层次中都存在着许多优秀的生态技法，比如说建筑群屋顶雨水管理的四水归堂法（见图 6–9）、自然渗透法（见图 6–10）与地表排水法（见图 6–11）；理水空间的桑基鱼塘法（见图 6–12）与稻田养鱼法（见图 6–13）。但是根据调研得知，浙江传统村落景观的生态技法与景观要素的关联性更为密切，研究微观层次各景观要素的生态技法更有合理性与科学性。所以文中并不对宏观与中观层次的生态技法做过多的研究，而是从景观工程技法与景观要素的角度，选取了与传统村落景观风貌密切相关的地形、理水、植物、建筑与铺装五大景观要素去研究浙江传统村落景观的生态技法。

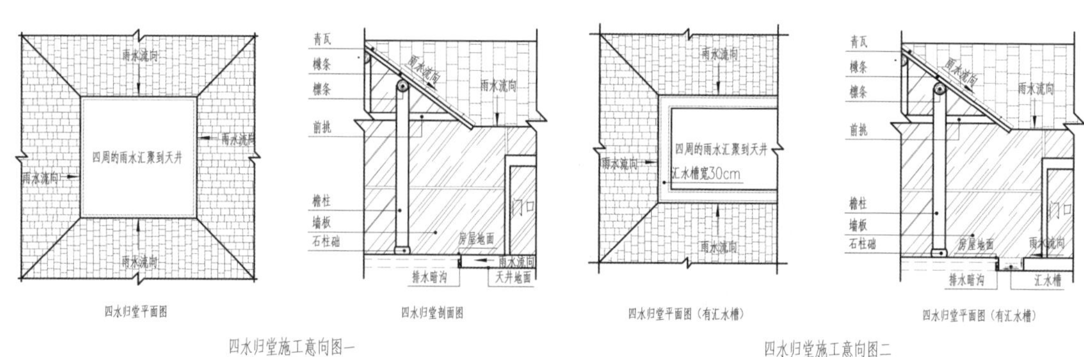

图 6–9　浙江传统村落四水归堂法

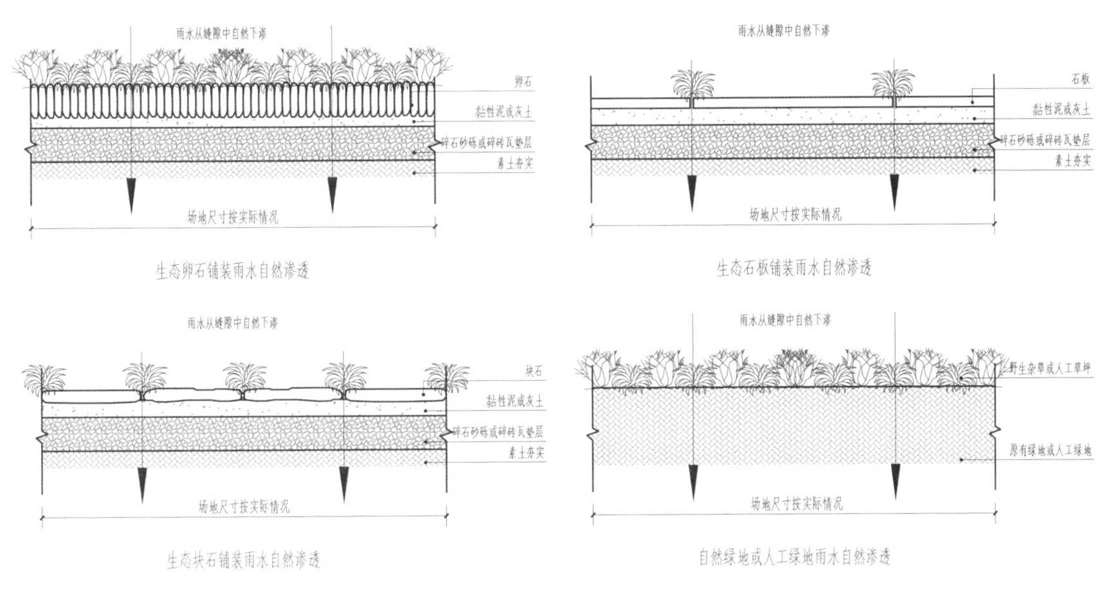

图 6–10　浙江传统村落自然渗透法

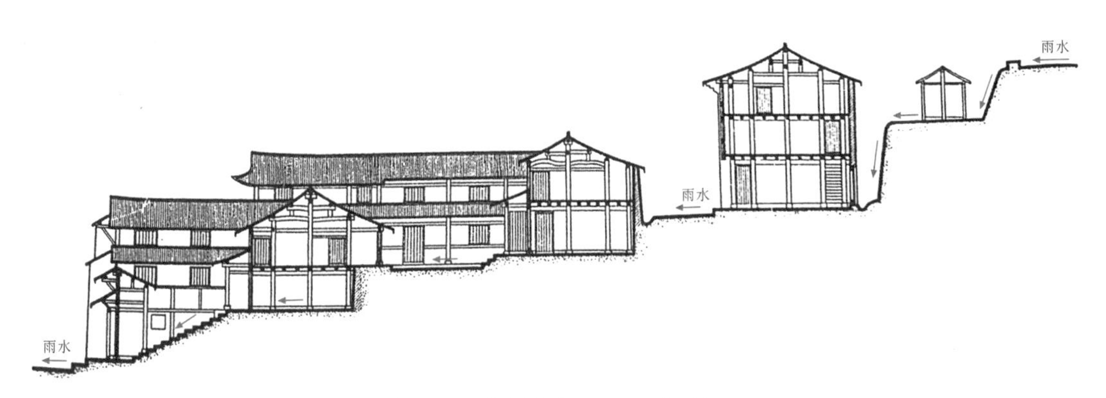

图 6–11　浙江传统村落地表排水法

图 6–12　湖州市荻港村桑基鱼塘法与生态智慧

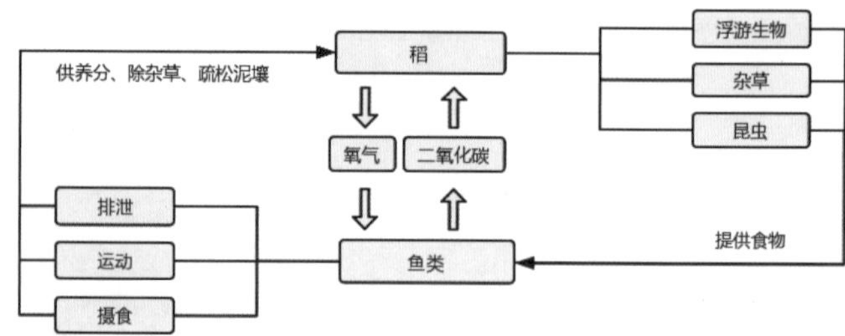

图 6-13　青田县山石村稻田养鱼法与生态智慧

一、地形类生态技法

中国传统园林中常有“园可无山，不可无石”的说法，而在传统村落中，掇山置石的手法几乎是没有的，但是在微观层次的地形类生态技法方面，存在用山石做挡墙塑造地形与高差处理的情况。因此，可以把研究微观层次的地形类生态技法转化为研究生态山石挡墙技法，这样更有合理性、针对性与科学性。调研发现，地形塑造与处理高差的景观工程做法有两种：浆砌山石挡墙法与干砌山石挡墙法，但干砌山石挡墙法比浆砌山石挡墙法生态，因此可称为生态山石挡墙技法。

（一）概况

生态山石挡墙是指没有使用任何胶凝材料（多指水泥），依靠卵石、块石或方石[1]自身的重量、山石间的挤压与摩擦力维持结构稳定，把卵石、块石或方石像砌砖那样砌垒堆叠（干砌）成塑造地形与处理高差的山石挡墙。生态山石挡墙因为就地取材，能够大量降低材料购买与运输的费用，施工简单，造价低廉，雨水侧透性强，有利于排水、降低雨水径流，因此深受浙江传统村落的喜爱。调研中发现，浙江传统村落的生态挡墙有以下特点。

（1）生态挡墙绝大多数分布在浙江山岭坡地类与海岛聚落类传统村落中，比如浙东宁波市许家山村、浙北杭州市茆坪村、浙西金华市郭洞村与浙南丽水市独山村。

（2）生态挡墙材料都是天然或人工开采的当地石材，根据形状可分为卵石、块石或方石，它们单独或组合砌垒所形成的自然纹理，宛若精美的山石壁画。

（3）浙江传统村落附近卵石数量多，村民们常到河边或山坳中拣卵石砌挡墙，高度多在 50 ~ 100cm，比如浙南龙泉市下樟村拣卵石做挡墙。附近卵石数量较少时，除了拣外，还到山里人工开采块石或方石砌挡墙，高度多在 100 ~ 300cm，比如说浙东宁波市许家山村人工开采铜板石做挡墙。附近既无卵石拣，也没有山可供开采石材时，他们会发挥滨水的优势，借助发达的河网用船把远方石材运输

[1] 方石是指人工开采得到的形状规则如正方形或长方形的块石。

到村落供人使用，部分用于砌挡墙，高度多在 100 ~ 300cm，比如浙北湖州市荻港村用船运来的方石做挡墙。

（二）分类

浙江传统村落的生态山石挡墙所用材料虽然都是石材，但石材形状大小有较大的差别，形状大小各异的石材砌成的挡墙所表现出的图样也有区别。因此，需要根据石材的形状大小对生态挡墙加以细分，一般可分为以下 3 类：卵石挡墙、块石挡墙与方石挡墙（见表 6–5）。

表 6–5　浙江传统村落生态山石挡墙的分类与概念

技法名称	技法概念	生态特点
卵石挡墙	用粒径在 10 ~ 30cm 的天然卵石砌垒而成的山石挡墙（见图 6-14）	做法简便，用石材砌垒而成，既能阻挡水土流失，也因为缝隙孔洞较多，雨水能够侧渗，保证了挡墙结构稳定安全。另外，挡墙缝隙与孔洞常长矮小花草，山石挡墙在花草的映衬下成为优美的山石景观
块石挡墙	用直径在 10 ~ 50cm 的天然或开采的块石砌垒而成的山石挡墙（见图 6-15）	
方石挡墙	用直径在 10 ~ 50cm 的开采或运来的方石砌垒而成的山石挡墙（见图 6-16）	

图 6–14　丽水市独山村卵石挡墙

图 6–15　台州市黄石坦村块石挡墙

图 6–16　宁波市李家坑村方石挡墙

（三）做法

浙江传统村落的生态山石挡墙选用的卵石、块石或方石，质地要坚硬，没有风化剥落与裂缝，大小与色彩要均衡，表面无污垢与杂质。另外，浙江传统村落的生态山石挡墙与我们印象中的干砌山石挡墙的做法有一个非常明显的区别，那就是挡墙从底部到顶部都是同样大小的，而不是呈梯形，背后有大小各异的卵石或碎石做垫背，支撑着垂直的挡墙，维持着结构的稳定与安全。因此，生态挡墙施工步骤是（见图 6–17）：

（1）砌垒前，需要试放，假如有突出的地方导致无法砌垒时需要用铁锤修凿，让卵石、块石或方石彼此能够咬嵌挤压紧密。

（2）砌垒时，将卵石、块石或方石的大面与坡面方向垂直，与坡面的横向平行，做到砌石垂直面平整，底部结实，卵石、块石或方石能够彼此咬嵌挤压紧实。边砌边在挡墙内侧堆放碎石或粗砂砾，增加挡墙强度，削减雨水冲能，降低雨水径流及其对挡墙的冲击力。

（3）砌垒快完成时，需要在挡墙顶部收边的地方用较大的卵石、块石或方石加砌双层或单层收边。缝宽控制在 1cm 以内，砌垒的挡墙内部空隙率要低于 30%，挡墙上的任何卵石、块石、方石或碎石片用手扒不动，人走在上面没有松动感，即说明挡墙的砌垒是成功的。

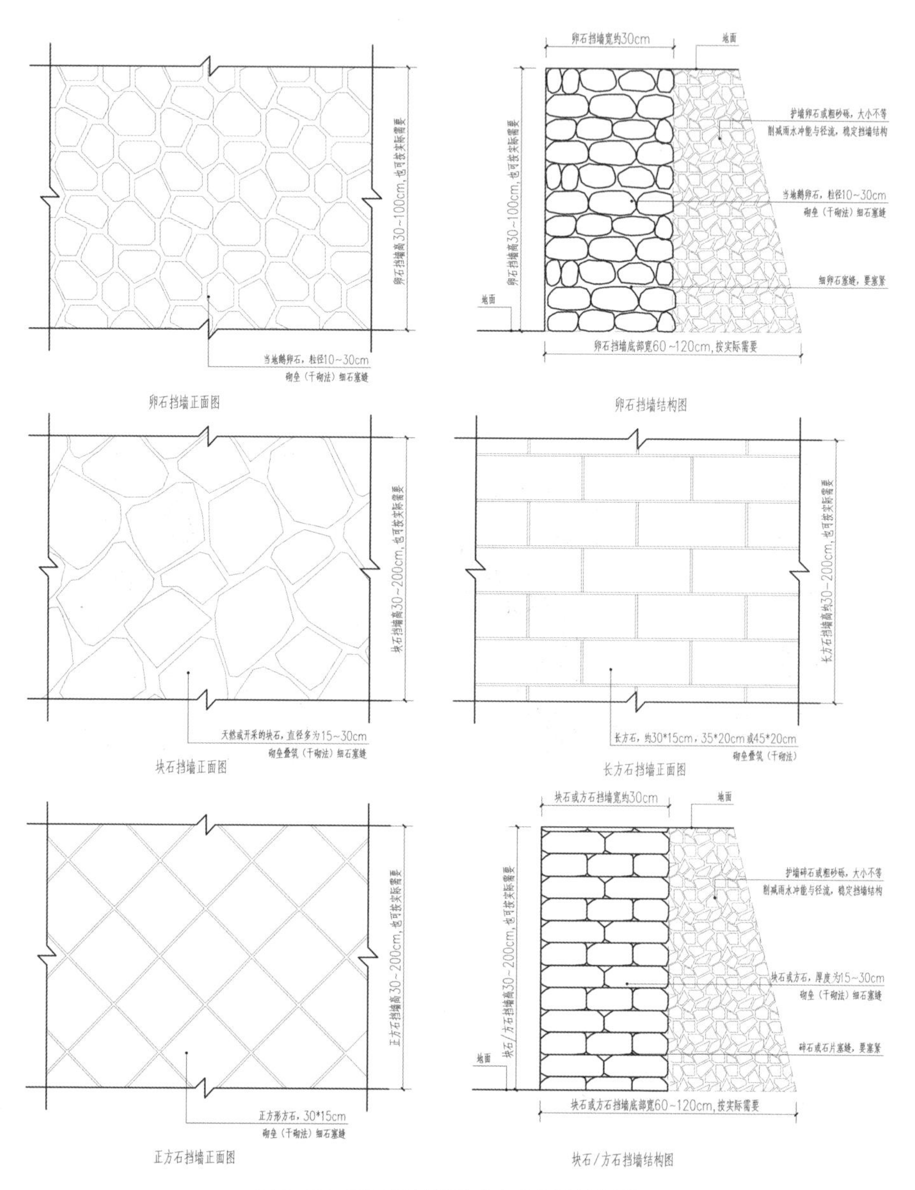

图 6-17　浙江传统村落生态山石挡墙图样

另外，生态山石挡墙虽然是靠石材的砌垒堆叠（干砌）形成的，看似简单，其实在挡墙砌垒的过程中有很多需要注意的事项（见图 6-18）。

（1）卵石、块石或方石比较薄的边忌讳砌垒在坡面上或底层的块石上，因为这样会造成坡地架空，使得反滤层容易被掏空或薄边折断脱落，挡墙出现坍圮。

（2）砌筑用碎石或细片石塞缝隙时没有塞紧，容易被渗漏雨水冲刷后脱落，会导致卵石、块石或方石出现松动。

（3）大量细小的卵石、块石砌垒或填充在大缝隙中，雨水冲刷时，细石容易被冲走，出现塌坡或垫层掏空的情况。

（4）上层与下层的卵石、块石或方石间的缝隙没有错开，出现较长的竖向通缝，会导致挡墙坡面咬合、镶嵌、连锁的稳定性差，容易出现石材竖向滑落导致大面积坍塌的情况。

（5）砌石横竖乱砌，没有挤压密接，空隙中充斥许多细石塞，容易出现石塞脱落导致大面积脱坡的情况。

（6）砌石没修凿，大面朝上，小面朝下，底部悬空，雨水冲刷会导致坡面变形或塌方。

（7）砌垒时把两块薄的块石累叠放在山石挡墙坡面的顶部，会出现浮搁的现象。

因为生态挡墙是靠卵石、块石或方石自身重量或彼此间的挤压、咬嵌维持着结构的安全与稳定，所以整体性能较差，因此在砌垒山石挡墙时需要非常注意以上几点，避免施工完成后出问题，从而影响工程质量。

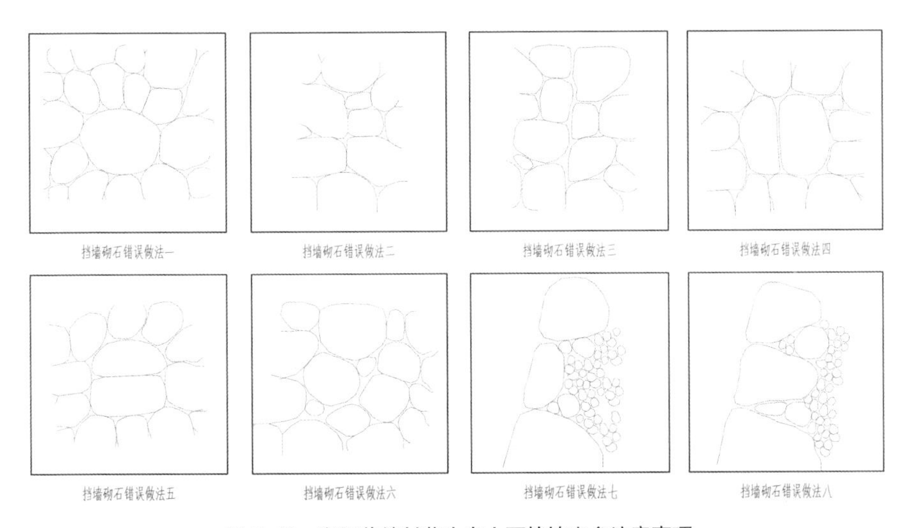

图 6-18　浙江传统村落生态山石挡墙砌垒注意事项

二、理水类生态技法

浙江传统村落“山环水抱”的理水格局是解决灌溉、洗涤、防火与航运问题的先决条件。比如浙西金华市俞源村的理水格局类似“太极八卦图”，将山溪改直为曲，成阴阳图的“S”形蜿蜒从村中穿过，村内设七个池塘与七口老井各呈“北斗七星”状分布，完美解决了村落中的生活、生产与消防用水问题。调研得知，与浙江传统村落景观风貌修复密切相关的理水形态有水井、河流、沟渠与池塘。

（一）河塘营造生态技法

河是指河流（见图6–19），塘是指池塘（见图6–20）。河流与池塘虽然形态各异，但它们施工的重心都是驳岸，因此可以把河流与池塘结合，把研究河塘营造技法转化成研究河塘驳岸技法。调研得知，浙江传统村落河塘驳岸做法有混凝土浇筑法、石材浆砌法与石材干砌法，石材干砌法形成的驳岸是相对生态的，因此可称为生态驳岸。生态驳岸是指可以恢复自然“可渗透性的”人工滨水驳岸，它是以生态为基础、安全为导向的工程方法，可以降低对河流池塘生态环境的破坏。

图6–19　杭州市茆坪村芦茨溪

图6–20　宁波市走马塘村荷塘

1. 河塘概况

浙江传统村落的发展离不开水，调研发现，浙江所有传统村落都是滨临河流的，说明滨河临水是传统村落择址的首要条件，包括一面临水、两面临水、三面临水、背山面水与山环水绕等情况。有的传统村落甚至以河流的名字命名，如浙西浦江县嵩溪村的嵩溪与磐安县榉溪村的榉溪。

浙江传统村落，除了个别村，比如杭州市茆坪村、丽水市下樟村或温州市碗窑村，没有池塘外，其他都有池塘，据说池塘大多数都是挖泥建房形成的。杭州市新叶村以前的房屋大多数是夯土房，建造时需要用泥，假如各家到处任意取泥，必然会破坏农田或道路，因此新叶村的祖辈们约定到村内地势低洼、无法建房的地方集中取泥。随着时间的流逝，新叶村建房用泥逐渐增多，挖泥的地方形成大坑，降雨积水成池，后来加以检修，成为“浅碧池塘连路口，淡黄杨柳护檐牙”的池塘风光。池塘是浙江传统村落生活饮水与用水的地方，供人们洗衣、洗菜与淘米。另外，池塘除了提供生活饮用水外，也能够调节旱涝，积蓄雨水。旱季时能够保障村落生活、灌溉与消防用水；雨季起到蓄、排水，防止村落被淹的作用。

2. 河塘分类

浙江传统村落的河流主要分布在村内或村边，根据河流所在的位置，可以把河流分为 5 类：①河流只有一条，从村边绕过，比如金华市的郭洞村；②河流只有一条，从村内穿过，如龙泉市的下樟村；③河流有两条，从村内穿过，如义乌市的倍磊村；④河流有三条，从村内穿过，如建德市的新叶村；⑤河流有许多条，从村内穿过，或形成河网，如湖州市的荻港村。

浙江传统村落的池塘主要分布在村内，呈散点状，依据池塘的外部形状，可以把池塘分为以下 4 类：①方形池塘，比如永嘉县河阳村长方形的东池；②多边形池塘，比如金华市郭洞村的荷塘；③阴阳鱼形池塘，比如兰溪市诸葛村的钟池；④半月形池塘，比如建德市新叶村的半月塘（见图 6–21）。

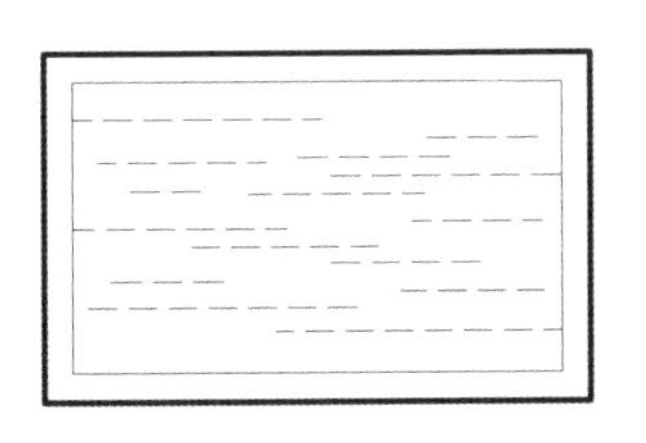

方形池塘

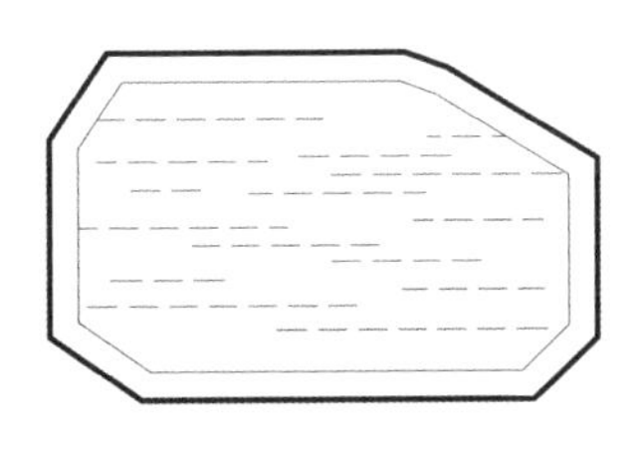

多边形池塘

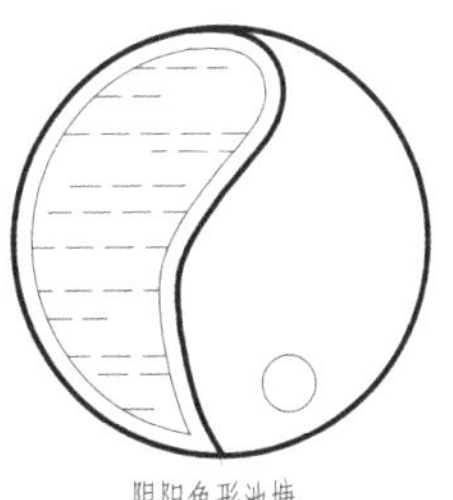

阴阳鱼形池塘

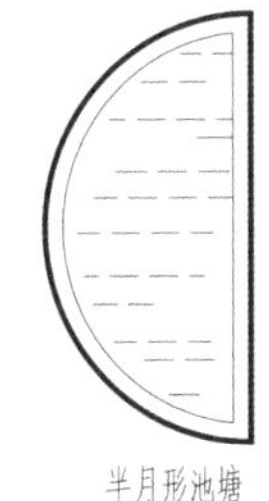

半月形池塘

图 6–21 浙江传统村落池塘形状

3. 河塘做法

浙江传统村落河流或池塘驳岸所用的石材是卵石、块石或方石，依靠石材自身的重量或石材彼此的挤压与摩擦力维持结构安全牢固，抗洪能力强，能够充分维持河岸与流水间的交换与调节，施工步骤如下（见图 6–22）：

（1）驳岸石砌垒前，需要试放，有突出部分导致无法砌垒时需要用铁锤修凿，让卵石、块石或方石间咬嵌挤压紧密。

（2）驳岸石砌垒时，牢记“下大上小”的驳岸砌垒原则，规格重量大、能够抵挡流水冲击的卵石、块石或方石放在驳岸的底部，规格重量相对小的放在上方，山石的大面与坡面方向垂直，与坡面的横向平行，做到砌石垂直面平整，底部结实，卵石、块石或方石能够彼此咬嵌挤压紧实，分层砌筑，各层缝隙错开。同时，砌垒过程中，需要边砌边在驳岸内侧堆放碎石或粗砂砾，阻挡流水对驳岸的冲击力，增加驳岸的牢固强度。

（3）驳岸快完成时，需要在驳岸顶部收边的地方用较大的卵石、块石或方石加砌双层或单层收边。缝宽控制在 1cm 以内，砌垒的驳岸内部空隙率要低于 30%，假如驳岸的任何卵石、块石、方石或碎石片用手扒不动，人走在上面没有松动感，说明驳岸砌垒是成功的。

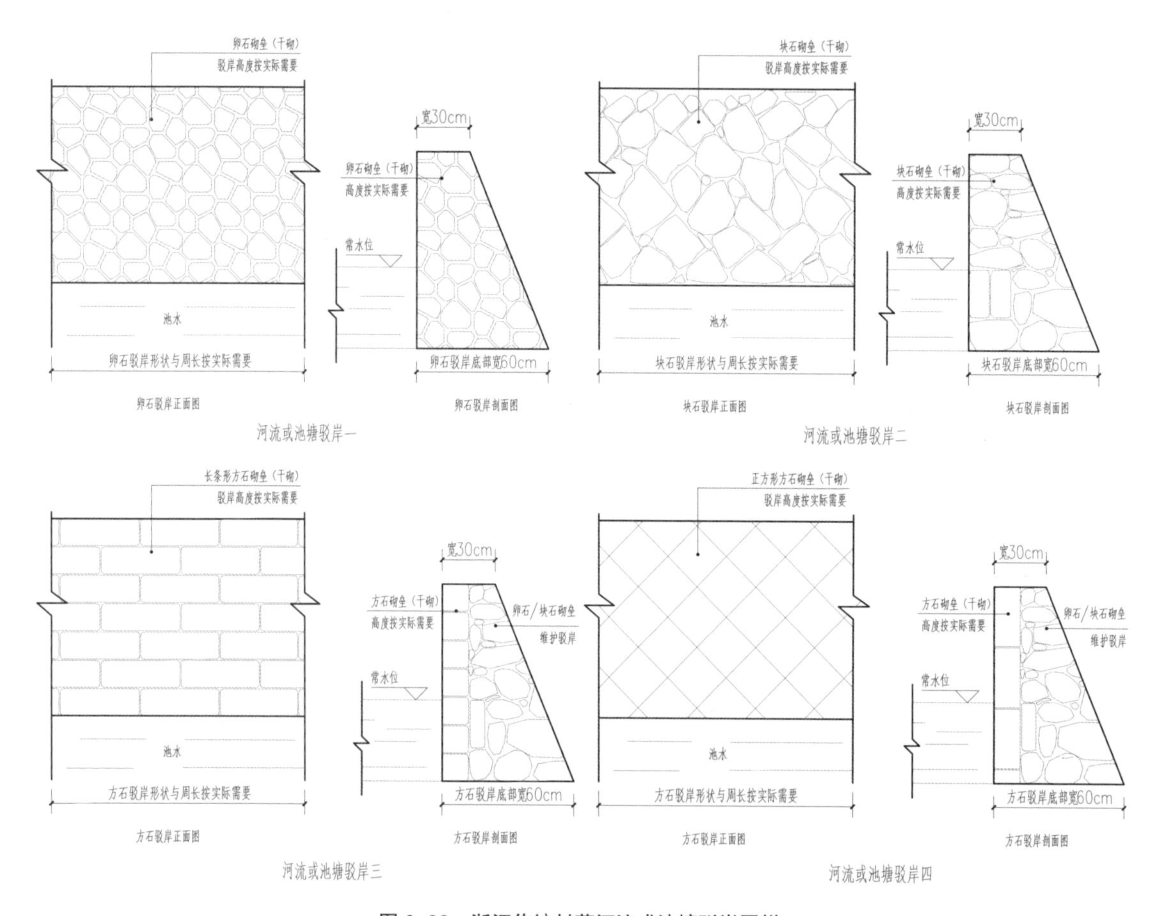

图 6-22　浙江传统村落河流或池塘驳岸图样

另外，在砌垒河流或池塘驳岸时，砌石的过程并不是简单地把石材砌筑堆叠牢固就行，而是有许多需要注意的细节与事项（见图 6-23）：

（1）卵石、块石或方石比较薄的边忌讳砌垒在坡面上或底层的块石上，因为会造成坡地架空，使得反滤层容易被掏空或薄的边口折断脱落导致挡墙坍圮。

（2）砌筑用碎石或细片石塞缝隙时没有塞紧，容易被渗漏池水冲刷后脱落，导致卵石、块石或方石出现松动。

（3）大量细小的卵石、块石砌垒或填充在大缝隙中，雨水冲刷时，细石容易被冲走，导致塌坡或垫层掏空。

（4）上层与下层的卵石、块石或方石间的缝隙没有错开，出现较长的竖向通缝，会导致挡土墙坡面连锁稳定性差，容易出现竖向滑落导致大面积坍塌的情况。

（5）砌石横竖乱砌，没有密接，空隙中充斥许多细石塞，容易出现石塞脱落导致大面积脱坡的情况。

（6）砌石没有经过修凿，大面朝上，小面朝下，底部悬空，池水冲刷时，容易导致坡面变形或塌方。

（7）砌垒时把两块薄的块石垒在驳岸靠泥那侧的顶部，出现浮搁现象。

因为生态山石挡墙是靠卵石、块石或方石的挤压咬嵌维持结构的稳定，整体性能较差，所以在砌垒挡墙时需要非常注意以上问题，避免影响工程质量。

图 6-23　浙江传统村落河流或池塘驳岸砌垒注意事项

（二）沟渠营造生态技法

1. 沟渠概况

沟渠是为防守、灌溉、引水或排水而挖掘的水道。传统村落沟渠的作用是双重的，一方面是给水，把村外的河水、溪水或山泉水通过人工挖掘、砌筑的沟渠引到村内，提供生活、生产、消防用水；另一方面是排水，把村内院落、街巷或道路的积水通过人工挖掘、砌筑的沟渠排放到村外，避免出现雨涝灾害。调研发现，浙江传统村落沟渠因为“自来水到家，地面铺装硬化”的原因，引水的功能逐渐减弱，排水的功能逐渐增强。另外，浙江传统村落沟渠传统做法有两类：灰土浆砌法与干砌法，更多的是灰土浆砌法，它们比现代水泥浆砌法生态。

2. 沟渠分类

浙江传统村落的沟渠，无论是给水用的沟渠，抑或是排水用的沟渠，都有明暗两种形式（见表 6–6）。浙江传统村落大多靠明沟渠给水，比如宁波市的东门渔村；但也有少数传统村落是靠暗沟渠给水，比如杭州市深澳村。浙江传统村落的排水沟渠根据沟渠所在位置对卫生的要求程度被设计成"明沟"或者"暗沟"，明沟渠多分布在房前屋后，暗沟渠则多分布在院落天井。

表 6–6　浙江传统村落的沟渠分类与概念

沟渠分类	概　　念	生态特性
给水明沟渠	依地就势，人工开辟的，把村外的泉水、溪水或河水引到村内供人使用的桥洞形地上的引水沟（见图 6-24）	提供了生活用水。流动的水有自净功能，解决了用水卫生问题。路水结合的港路结构让水蜿蜒穿过每条街巷，加速通风，洁净空气，有助于形成凉爽怡人的气候环境
给水暗沟渠	依地就势，人工开辟的，把村外的泉水、溪水或河水引到村内供人使用的桥洞形地下的引水沟（见图 6-25）	提供了生活用水。清净的泉水与溪水从地下流过，极大程度地保证了水质的干净卫生
排水明沟渠	依地就势，人工开辟的，把村内污水或雨水排放到村外的桥洞形地上的排水沟（见图 6-26）	明沟能够把村内路面积滞的雨水外排，避免出现雨洪灾害导致财物受损的情况，维持了村内的清洁卫生
排水暗沟渠	依地就势，人工开辟的，把村内污水或雨水排放到村外的桥洞形地下的排水沟（见图 6-27）	雨水与污水汇聚，避免污水外露导致空气难闻或富营养化，优化环境。污水排放到污水塘，在池塘的天然生物净化系统中得到较为合理的净化

图 6–24　温州市碗窑村的水圳（明沟渠引水）

图 6–25　杭州市深澳村的澳（暗沟渠引水）

3. 沟渠做法

浙江传统村落的沟渠内部有许多缝隙，流水可以侧渗，维持"气 – 水 – 大地"的循环，改善了微环境气候。另外，有些村落为了防止水资源的流失过大，常在垒砌的沟渠缝隙中填塞灰土（石灰、黄泥与糯米浆混合物），堵住缝隙，减少水资源流失。灰土自身结构有很多缝隙，对“气 – 水 – 大地”的循环影响较低。

图 6–26　金华市桴溪村排水明沟

图 6–27　杭州市新叶村的排水暗沟

炎炎夏日，潺潺流水总能给村内输送几分清凉。浙江传统村落充分发挥地形地势与天然水源的优势，设计水网，挖沟开圳（人工沟渠）连接各户人家，同时沟圳与道路结合，形成“路水互生”的网络理水结构（见图 6–28），比如浙南温州市的碗窑村。碗窑村是浙南青花瓷主要生产地，它以水作为陶瓷生产的动力，沿着山势而筑，形成“山 – 水 – 村”的聚落格局，引山水成溪，从上而下，流水淙淙、曲折穿梭，沿着卵石路流经各房屋与村内的水碓作坊，以供生产、生活与消防三者用水。

另外，沟渠引水所形成的“路水互生”的网络理水结构除了地上的形式外，还有地下的形式，即暗沟渠引水（见图 6–29），比如浙北杭州市的深澳村。深澳村因为地势过高，所以通过“澳”（暗沟渠埋在地下约 4m，宽 1.5m，高 2m）的方式把村外拦截的溪水或河水引到村内，然后每隔几十米就设置个澳口（取水口），以供村民取水，另外，澳口也能够用于定期清理澳内经年累积的泥沙或者淤泥。

浙江传统村落排水明 / 暗沟渠的施工步骤大同小异，与给水明 / 暗沟渠非常相似，包括以下内容（见图 6–30、图 6–31）。

（1）挖沟槽。规划好需要设置排水沟的路线，然后沿着路线挖出所需要宽度与深度的沟槽。

（2）铺沟底。先在沟槽底部均匀撒铺约 3cm 厚的灰土压实打底，然后把卵石、块石、方石或青砖铺设在灰土打底层上，铺设要平整，最后用灰土塞填缝隙，泥刀抹平。在填塞缝隙时，缝隙填塞要充实饱满，避免漏填、少填的情况出现。干砌沟渠没有灰土打底与填缝。

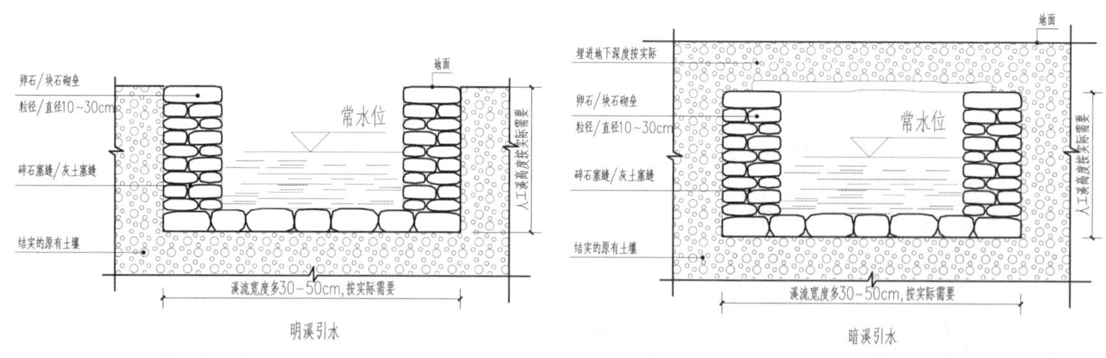

图 6-28　浙江传统村落给水明沟渠图样

图 6-29　浙江传统村落给水暗沟渠图样

（3）砌沟壁。以灰土（石灰 / 黄泥 / 糯米浆）为浆，把卵石、块石、方石或青砖沿着槽壁从下往上砌筑，上下层的缝隙要错开，沟壁要垂直平整。

（4）封沟盖。明沟不用加盖板，砌筑完成后，清理打扫干净即可；暗沟则需要在沟上方加盖石板或青砖，加盖完成后，回填泥土与地面齐平。

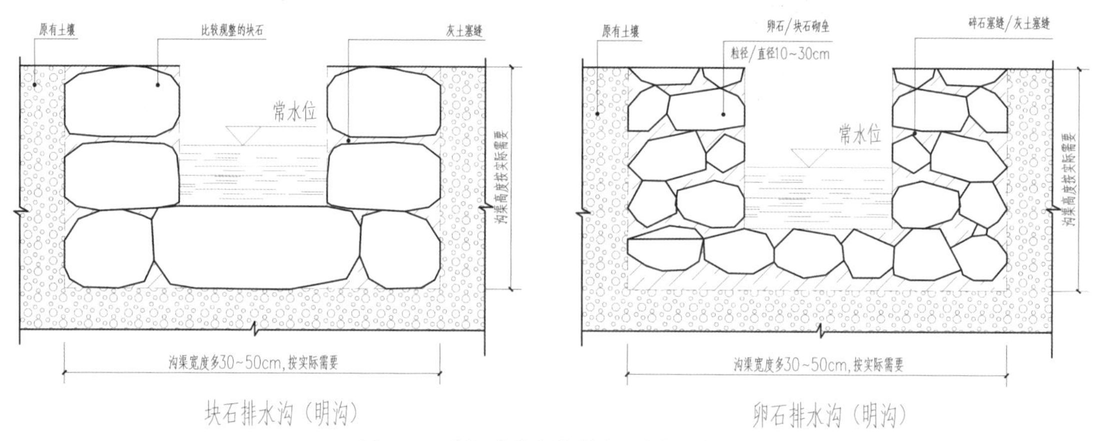

图 6-30　浙江传统村落排水明沟渠图样

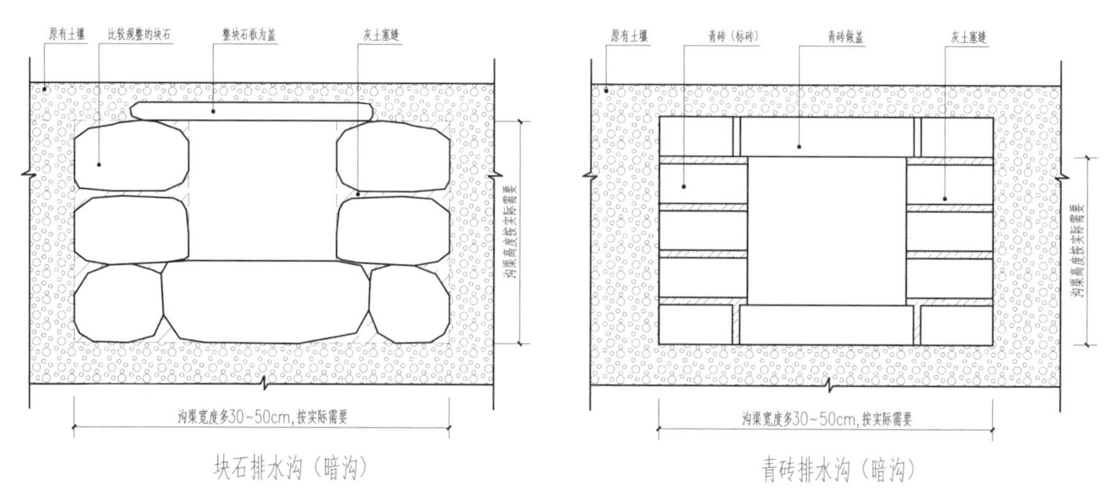

图 6-31　浙江传统村落排水暗沟渠图样

（三）水井营造生态技法

1. 水井概况

“井”并不是简单的文字符号。在过去还没有安装自来水的时候，“井”是浙江传统村落非常重要的取水方式。浙江发现最早的水井是余姚河姆渡文化遗址发掘的水井，距今有五千七百多年的历史。在中国的传统观念中，“井”被视为命根子。“背井离乡”被看成人生的一大苦事，一口井成为故乡、家园的象征。每个村的水井都有自己的个性，被打上深深的村落印记，既是清冽的饮用水源，也是精美的山石作品，长留在人们的记忆中。

浙江传统村落的水井常分布在村落中心地带或道路的交叉处，房屋围绕着水井中心，依山就势，自由布设，街巷依靠水井延伸，整个村落往外扩张，水井可以说完善了村落的水分布格局。比如，宁波市许家山村有 4 个池塘，但它的水井分布在边缘地带或者无法设计大面积池塘的地方，井水比池水卫生，常用于洗衣、洗菜、做饭或饮用。“井”对于浙江传统村落的重要性可以用宁波市柿林村为例说明。柿林村全村人都姓“沈”，村子坐落于山坡上，房屋依山就势而建，参差错落。因为地形的原因，柿林村村民取水比较困难，所以为了解决用水问题，祖先们在村里挖了个水井，井水清澈纯净，冬暖夏凉，成为全村人的饮用水源与生活用水水源，有“一村一姓一家人，一口古井饮一村”的说法。

2. 水井分类

井的形态有很多，如单眼、双眼、三眼或四眼，浙江传统村落的井以单眼井为主，但也有双眼井，井栏多用石材砌筑。井栏，别称石井圈、井沿或井栏杆，都是大石成块凿制而成，形状有圆形、方形、六边形与八边形（见图 6–32）。另外，井栏上常见建造年代、井名或简单的雕刻，有的还会注明是哪家人捐建的。

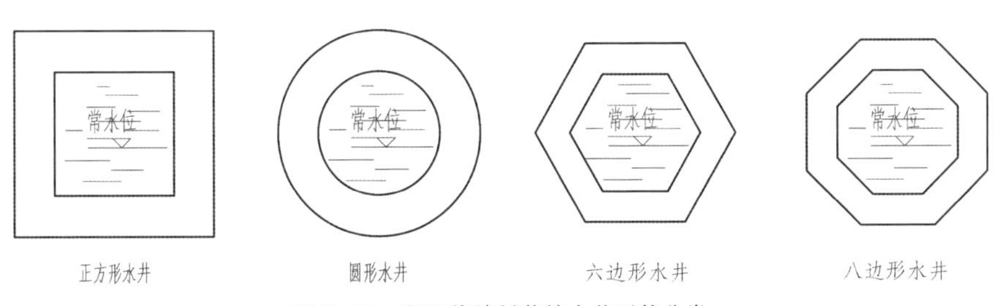

图 6–32　浙江传统村落的水井形状分类

3. 水井做法

清代李斗的《工段营造录》中有对于水井做法的详细记录，“落井桶，掌罐掏泥水，则用杉槁、丈席、扎缚绳、井绳、榆木滑车，职在井工，拉罐用壮夫”。浙江传统村落的水井做法也大多类似，据柿林村的老人说，柿林村打井，绳子一根、铁铲一把、泥桶一个就可以挖井了。因此，总结出浙江传统村落水井施工步骤（见图 6–33）。

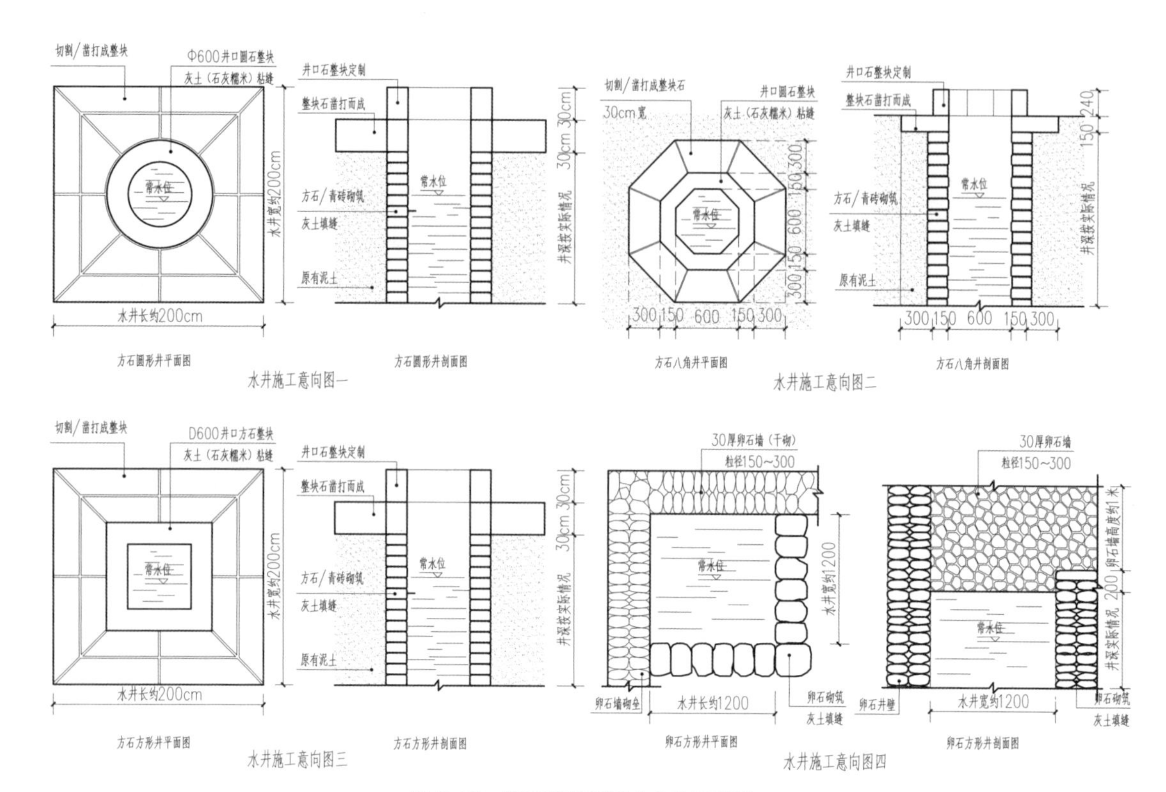

图 6-33　浙江传统村落水井施工图样

（1）找泉眼。从泉眼所在的地方挖下去，除了必须有水以外，最好能够符合“风水”要求。

（2）挖井洞与砌井壁。往下挖时，假如泥土的土质稀松，每挖 1m 左右的深度，就需要用簸箕将松泥盛出，接着用灰土把砖或石材围绕着洞壁砌好，然后继续往下挖。假如地下泥土坚硬结实，那么可以先挖井洞到底，然后再用砖或石材围绕着洞壁从井底逐圈往上砌。

（3）砖或石材每砌好一圈后，上面那圈砖石要交错压着下面那圈砖石，同圈砖石靠井洞的那侧是相连的，靠泥土的那侧是分散的，把土石镶嵌在缝隙中，挤压后使得砖石圈变得更加稳固。

三、植物类生态技法

浙江传统村落发展历史十分悠久，形成了独特的植物景观风格，是农耕文明与劳动智慧的结晶。调研中总结了浙江传统村落的植物景观特点，主要包括以下几点。

（1）村外山岭植物繁茂而苍翠欲滴，而村内植物散落点缀。比如浙江丽水的河阳村外围的山岭植物丰茂，四季色彩鲜艳分明，生态良好；村内植被较稀少，零星点缀着香樟、柳树、桂花、银杏或芭蕉，景观性较弱（见图 6-34）。

（2）植物绿化并不像城市中整齐分布，而是散点配植，自然质朴。因为浙江传统村落内部的建筑密度非常大，难以形成大片绿地，只能穿插式在有限的空地上点缀些植物。比如杭州新叶村，成块成片的绿化空间几乎没有，因此在房前屋后的有限空地散点状孤植或对植香樟、桂花、枇杷、鸡爪槭、玉兰、柚子、垂柳与无患子等乔灌植物，池塘里养荷花、睡莲与棱角等水生植物（见图 6-35）。

图 6-34　河阳村内点缀的植物

图 6-35　新叶村内散植的植物

（3）经济植物与象征植物多，观赏性植物少。因为传统村落绿化首先是满足经济或生产需求，然后才延伸到感官的享受。在与自然漫长的相处中，先人对植物的认识逐渐演化到植物的人格化，也有因物取祥的成分。比如金华市榉溪村地处山区，有万余亩山林、3500 亩竹林，此乃一宗不竭财源（见图 6-36）。

图 6-36　榉溪村的经济植物

浙江传统村落植物景观的特点是非常鲜明的，但植物景观的营造技法却难以概括。幸好我们可以从清代陈淏子《花镜》的“课花十八法”中略知几分。“课花十八法”系统地讲解了江南地区传统村落的植物景观营造技法（见表 5-3），因其大量吸收了以前农耕活动的理论知识，包括经济植物、农作物与观赏植物在配植方面的理论与方法，所以它与浙江传统村落植物景观有着非常密切的关联性。因此，在参考“课花十八法”的基础上，结合调研，将浙江传统村落植物景观营造的生态技法分为 4 类：植物选择技法、植物配植技法、植物施工技法与植物管理技法。

（一）植物选择技法

浙江的植物有成千上万种，但并不是所有植物都能应用到浙江传统村落植物景观营造中去，所以首先要选择符合要求的植物。选择的植物除了考虑其生态习性外，也要考虑当地树种与植物的多样性。因此，植物选择技法包括了生态习性法、地域特色法与种类多样法。

1. 生态习性法

“苟欲园林璀璨，万卉争荣，必分其燥、湿、高、下之性，寒、暄、肥、瘠之宜，则治圃无难矣。”辨花性情法位列课花十八法第一，说明植物的生态习性与生物学特性对植物景观营造的重要性，包括对浙江传统村落植物景观营造的重要性。选择对的植物，除了观赏性高外，也能省钱、省力、省管理。因此，为了能够选对植物，陈淏子在《花镜》中详细讲解了包括乔、灌、草、藤 4 方面总共 295 种植物的生态习性，从中可以得知以前江南或浙江地区的人们在选择植物方面有较为系统的理论研究，为当时的植物景观营造提供了切实可行的依据。浙江传统村落在植物选择上也考虑到了以上的问题，选取符合当地环境条件的植物营造优美的植物景观。比如，浙江永嘉县林坑村选择了板栗、柿树、枫香、香樟、柏树、桂花、木芙蓉、芦苇、毛竹、玉米、秋葵等数十种植物营造“村古、竹秀、树茂”的植物景观，这些植物都是能够适应林坑村乃至浙南山岭坡地环境气候的优良品种（见图 6-37）。

图 6-37　林坑村“村古、竹秀、树茂”的植物景观

2. 地域特色法

浙江每个传统村落都有属于自己独特的植物景观风貌，所以实事求是、因地制宜地配植符合或强化传统村落景观风貌的植物是地域特色法的第一层含义。比如，像郭洞村那样以古树为特色的村落应该选择与原来相同或类似的植物，让新配植的植物能够与原有或历史悠久的植物相协调；像上吴方村那样以建筑为特色的村落，植物景观应该发挥附属于村落景观的绿化功能，不能喧宾夺主；像诸葛村那样以八卦形制格局为特色的村落，最好按照原有的村落形制格局布置绿化，突出形制格局功能与特色。

地域特色法的第二层含义是，浙江传统村落植物景观营造选择的植物最好是当地的乡土树种。因为乡土树种经历过非常漫长的自然选择与物种演替，在当地有非常高的适应性与抗病虫害特性。浙江传统村落乡土树种选择最简单的方法就是到村落周围统计现存的古树名木，然后选择与古树名木同种或同属的植物去营造传统村落的植物景观。因为，调研中了解到，浙江传统村落存在着许多古树名木，它们能够存活几百年上千年，说明它们是非常适应当地环境的。比如龙泉市下樟村四周山高涧深，森茂林密，石奇瀑美，大自然的鬼斧神工表现得淋漓尽致，“满屋白云耕不尽，一潭明月钓无痕”正是下樟村的真实写照。因为村水口有棵千年香樟，村内也点缀着许多樟树，故而得名“下樟村”。樟树能活千年，说明樟树在下樟村的环境中是非常“乡土”的，那么可以引种数量适宜的樟树，既提高了绿化品质，也让“樟”的特色更加突出（见图 6–38）。

图 6–38　下樟村“千年古樟”的植物特色

3. 种类多样法

植物多样性是指植物种类、种内遗传变异与它们的生存环境多样性的总称。浙江传统村落植物景观种类多样性是指选择尽可能多的植物种类去营造植物景观。因为植物种类多样性能够增强植物群落的稳定性，也能够增加植物景观异质性，从而提高植物景观的观赏价值，形成丰富多彩的植物景观。调研得知，浙江传统村落植物多样性包含两方面的内容，一方面是植物应尽可能乔、灌、草、藤结合，形成丰富的植物层次变化；另一方面是植物应尽可能春、夏、秋、冬结合，形成“春花、夏荫、秋叶、冬果”的四季变化，让每个季节都有景可赏。另外，浙江大多数传统村落都位于比较偏僻的地方，周围都是郁郁葱葱的山岭，村民们对纯绿色植物新鲜度与感知度较低。因此，结合观花（见表 6–7）、观叶（见表 6–8）、观果（见表 6–9）的植物形成富有四季变化的植物景观对于传统村落的景观风貌建设有着非常重要的作用。

表 6-7　　浙江传统村落常用观花植物统计表

观花植物分类	植物名称
春天	樱花、白玉兰、紫玉兰、含笑、桃、李、杏、紫荆、垂丝海棠、毛鹃、月季、黄花菜、丁香、牵牛花、紫藤、映山红
夏天	合欢、木槿、石榴、金丝桃、凌霄、金银花、栀子花、月季、八仙花、荷花、紫薇、茉莉、蔷薇、米兰、芍药、美人蕉、万年青、五色椒、倒挂金钟
秋天	桂花、木芙蓉、菊花、凤尾丝兰
冬天	山茶、茶梅、蜡梅、梅花、枇杷

表 6-8　　浙江传统村落常用观叶植物统计表

观叶植物分类	植物名称
常色叶树种	雪松、柳杉、柏树、罗汉松、榕树、香樟、枇杷、石楠、桂花、杜英、海桐、红花檵木、火棘、黄杨、山茶、茶梅、杜鹃、夹竹桃、珊瑚树、含笑
秋色叶树种	榉树、黄山栾树、枫香、鸡爪槭、无患子、重阳木、乌桕、柿树、银杏、金钱松、水杉、池杉、垂柳、板栗、檫木、火棘、紫薇、南天竹、蜡梅、紫荆、石榴、络石、爬山虎、猕猴桃

表 6-9　　浙江传统村落常用观果植物统计表

观果植物分类	植物名称
红色系	蛇莓、柿树、樱桃、火棘、石楠、李、枣、杨梅、石榴、山楂、南天竹、桑葚
黄色系	银杏、枇杷、梨、杏、木瓜、梅、无患子、柚子、佛手、香圆、柑橘、猕猴桃
紫色系	香樟、桂花、女贞、常春藤、葡萄、火炭母、龙葵

（二）植物配植技法

"有名园而无佳卉，犹金屋之鲜丽人；有佳卉而无位置，犹玉堂之列牧竖。"《花镜》"课花十八法"中的"种植位置法"点出了植物在位置上的搭配对植物观赏性至关重要。从调研可知，浙江每个传统村落都有自己独特的植物景观，立地条件也有很大的差异，但是植物分布空间是类似的，主要有公共空间、院落、道路或河塘 4 方面。因此，可以从植物绿化空间的角度去研究浙江传统村落植物配植技法。

1. 公共空间配植法

公共空间是传统村落植物景观非常重要的组成部分，因为以前村民们的娱乐方式比较单调，村口的大树底下成为他们首选的娱乐场地，谈天说地、下棋或表演节目，甚是快乐。调研发现，浙江传统村落的公共空间有水口景观、埠头、村口、祠堂、庙宇、戏台等场所，但植物景观较丰富的是水口景观。水口景观是指在水口旁建设桥、亭、戏台等建筑物，并配植植物改善水口环境而形成的有特色的滨水景观。金华市郭洞村的水口景观主要包括了回龙桥、石亭、城墙、海麟院、水碓房及明朝万历年间所植的 80 多株参天古树，与周围山水巧妙地融为一体，既是优美宜人的水口景观，也是重要的防御屏障（见图 6-39）。

图 6-39　郭洞村公共空间：水口景观

虽然目前浙江传统村落的公共空间植物配植比较单调，但随着传统村落的复兴，传统村落景观建设会逐渐得到完善，公共空间的数量与功能也会逐渐增多，所以浙江传统村落公共空间的植物配植也将要根据以后公共空间的功能做出合理的调整。调研发现，浙江传统村落常住的是老人与儿童，根据他们在公共场所的活动特点，可以得知完整的公共场所包含了锻炼、娱乐与休憩的功能分区，因此可以根据公共空间的功能分区推导出浙江传统村落公共空间的植物配植方法（见表 6-10）。

表 6-10　浙江传统村落公共空间植物配植模式与方法

公共空间分类	配植方法	推荐植物
锻炼空间	锻炼场地满足人们运动的需求，便于人们交流。球场与健身场所要开敞，所以上层以高大落叶树为主，满足夏天遮阴冬天晒太阳的需求，下层空间要通透，不要大片种植低矮灌草，场外点缀观花植物或地被柔化道路边界	樟树、乌桕、重阳木、杜英、榉树、柿树、核桃树、朴树、山楂、夹竹桃、珊瑚树、朱槿、杜鹃、瓜子黄杨、络石、无花果、石楠、枇杷、银杏
娱乐空间	老人活动区植物要冠大荫浓，树底下要合理放些桌椅以供人聊天、喝茶、下棋或打牌。儿童活动区周围的植物要无毒、无臭、无刺、色彩鲜艳，也可适量放些球类植物	樟树、槐树、枫杨、法国梧桐、海棠、海桐球、红花檵木、小叶栀子、杜鹃、紫荆、葡萄
休憩空间	植物丛植或群植形成局部的围合场所，供人坐憩或思考。垂直面利用上层植物树冠形成覆盖，限制向上视线，下层植物比较紧密，封闭视线，上下层的植物要有观赏性	青冈、栎树、厚朴、含笑、红枫、石榴、红豆杉、杨梅、龟甲冬青、结香、黄杨、沿阶草

2. 院落配植法

院落是房屋主人或客人纳凉、赏景或喝茶聊天的地方，植物配植能够改善人们的生活品质。调研发现，浙江传统村落院落绿化比较讲究朝向，东南面多种植低矮的落叶乔灌木，冬不遮阳，夏可蔽荫，西南面应种植耐寒、常绿树种，夏可乘凉。前院以蔬菜或药用植物为主，比如黄花菜、葫芦、南瓜、鱼腥草、接骨木，也有部分观赏性植物，比如月季与茶梅；后院以经济树种为主，比如桃、李、枣树或柿树；围墙上会种些攀缘植物，比如金银花、薜荔、凌霄、蔷薇、葡萄或猕猴桃。浙江传统村落的院落带着浓郁的“农家野趣”，既充分展示自给自足的农耕文化，增加经济收入，也提供了村民食材，方便了生活（见表6-11）。丽水市下樟村充分利用房前屋后的空地把它们翻整成垄，然后在里面种植时令瓜果与蔬菜，绿油油的菜畦，黄澄澄的瓜果，甚是美丽，既有观赏性，也提供了食材（见图6-40）。

表6-11　浙江传统村落院落植物配植模式与方法

院落分类	配植方法	推荐植物
经济型院落	以经济性植物为院落的主要绿化树种，观赏性与经济性并重，突出双重效益	柿树、柚子树、板栗、银杏、核桃、梨、桃、李、枇杷、石榴、杨梅、葡萄、樱桃
观赏型院落	面积较大的院落，以观赏性植物为主，配植观赏性高的绿化树种，在观赏之余也可以夏天遮阴、冬季晒太阳	香椿、朴树、榉树、无患子、栾树、桂花、含笑、茶梅、蜡梅、梅花、杜鹃、月季、雀舌黄杨、南天竹、竹子、茉莉、茶梅
垂直绿化型院落	面积较小的院落，用藤蔓植物对墙壁、围墙进行垂直绿化或搭棚绿化	薜荔、常春藤、爬山虎、扶芳藤、金银花、紫藤、凌霄、蔷薇、葡萄、牵牛花
农家特色型院落	家中有留守老人或儿童的院落，为了方便他们的生活，可以以蔬菜或经济植物为主要绿化树种，观赏性与可食性并重	桃、李、黄花菜、石榴、杨梅、山楂、枇杷、葫芦、南瓜、冬瓜、黄瓜、青瓜、丝瓜、白菜、菠菜、生姜、鱼腥草、辣椒

图6-40　下樟村“农家特色”院落

3. 道路配植法

道路是传统村落的纽带，连接着每家每户，也是反映村容村貌最直接的地方。调研发现，浙江传统村落的植物配植差异比较大。平原河网类的村落，比如湖州市荻港村外巷埭濒临河流，大型植物难以生长，所以在埠头周围种植芦苇、木芙蓉、美人蕉等矮灌或水生植物；里巷埭虽然内部没有绿化空间，但在里巷埭市河对面营造了比较丰富的植物景观，如山茶、茶梅、桂花与时花地被的组合非常有层次感（见图 6-41）。

图 6-41　荻港村的道路植物

山岭坡地类的村落，比如浙江宁波市许家山村道路随地势起伏，成树枝状分布，宽度多为 1 ~ 2m，狭窄而悠长，远处不均等间距种植着香樟、枫香等乔灌木，而近处几乎没有绿化空间，路边长满青苔与低矮的夜来香、鸡冠花或杂草，也甚有生机（见图 6-42）。

图 6-42　许家山村的道路植物

山间盆地类村落比如绍兴市冢斜村，道路一般为 1 ~ 6m 宽，但位于住宅街巷中 2m 以下的道路几乎没有可以绿化的空间，功能是以通行为主，只有局部地方点缀些许蔬菜瓜藤或者杂草，为粉墙黛瓦增添了几分彩色与生机（见图 6–43）。

图 6–43　冢斜村的道路植物

因此，浙江传统村落的道路绿化要因地制宜，根据道路的功能与位置采用对应的配植模式，禁止把道路原生植物或地被拔掉重新种植新的舶来品，因为这会破坏传统村落的野趣与风韵（见表 6–12）。

表 6–12　浙江传统村落道路植物配植模式与方法

道路分类	配植方法	推荐植物
行车道路	路面宽、距离房屋较远时，选择冠大荫浓的落叶大乔为主要绿化树种，做到夏有树荫，冬天有阳光；路面窄、距离房屋较近时，选择冠小的树种为主要绿化树种，尽量不用侧石做硬性分隔，以矮灌或地被做自然边界	银杏、水杉、杨树、槐树、枫杨、榆树、香樟、广玉兰、桂花、夹竹桃、海棠、樱花、梅花、小叶栀子、瓜子黄杨、紫荆、紫薇
宅间道路	宅间道路直通房屋或院落，与宅旁绿地有关联性，以步行为主，通车为辅。通常种些比较矮的乔灌、地被或花草，转弯的地方禁止种植高大树种，以免遮挡行人或行车视线。靠近房屋的地方多种花灌木与地被，不能影响室内采光或通风	桃、李、杏、梅花、樱花、蜡梅、梅花、山茶、茶梅、火棘、木槿、木芙蓉、月季、黄杨、毛鹃、络石、麦冬、马齿苋、红花酢浆草
游憩小路	路旁如留有空地，采取自然式配植，高大树种靠后，开花的矮灌、地被、野花杂草靠前，突出自然与野趣，有宽敞的视觉空间。没有空地的，在石缝间塞泥种些多肉、苔藓或蕨类植物，软化道路的生硬感	银杏、梅花、樱花、桂花、紫荆、云南黄馨、紫薇、毛姜、佛甲草、瓦松、垂盆草、冬美人、苔藓植物、蕨类植物、多肉植物

4. **河塘配植法**

溪流、河流、池塘对于传统村落来说是非常重要的，它们解决了生产与生活用水的问题，而这里的河塘是指村内的溪流、河流或池塘。调研发现，浙江传统村落河流植物配植有三种方式，一是像杭州新叶村那样无植物的沟状河流或溪流，此种河流或溪流是用来调水的（见图6–3）；二是像宁波市岩头村那样有植物的沟状溪流或河流，溪边丛植了木芙蓉、芦苇，中间布满了大小各异的溪石，缝间长着高低错落的野草，生态自然（见图6–44）；三是像宁波市走马塘村那样有植物的人工规整的河流，空地中种植比较高大的水杉、柳树等植物（见图6–45）。现今浙江传统村落溪流或河流形态已经非常稳定，绿化可以在原基础上丰富层次与色彩，无须过多修饰，否则会失去原有质感。

图6–44　岩头村河流的植物

图6–45　走马塘村河流的植物

据调研，浙江传统村落的池塘植物配植也有两种方式，一种是像许家山村利民池那样被房屋围绕形成封闭式的池塘，以前多用于群众洗衣、淘米或浣洗，池塘边上会有桃树、睡莲等矮灌或水生植物，岸边常点缀着枇杷、石榴等较大的乔灌，有的还在岸边摆些盆花，当然有些池塘是没有任何植物的，此时就需要补植些植物（见图 6–46）。另一种是像郭洞村七星塘那样周围都是耕地、道路的开放式池塘，植物配植丰富，水中可有荷花、睡莲、梭鱼草等水生植物，岸边自然丛生着桂花、樟树、柳树等植物（见图 6–47）。虽然现在浙江传统村落的池塘是以观赏性为主，浣洗的功能淡化，但它们的植物配植也应合理。在维持原有植物景观特色的基础上，丰富植物层次，配些遮阴的植物，与坐凳或其他休憩设施配合，从而让池塘焕发新的生机与活力。

图 6–46　许家山村利民池的植物

图 6–47　郭洞村七星塘的植物

（三）植物施工技法

1. 按时移植法

浙江传统村落有句顺口溜："冬吃萝卜夏吃姜"，可以说是浙江传统村落景观的植物按时播种或移植的民间习俗。浙江传统村落的常绿植物，最好春秋移植，因为春秋湿度、气温适合而且变化幅度小，而夏天太热、冬天太冷对植物成活有害。因此，浙江传统村落的植物景观施工，首先要掌握合理时间移植植物的方法（见表 6–13）。

表 6–13　浙江传统村落植物按时移植法

方法要点	内　容
移植时期	植物种类多样，植物生长发育年周期不同，故而不同的植物有着不同的种植时期，所以要根据时间与气候来种植合适的植物种类
移植朝向	植物有阴面或者阳面，要辨别清楚阴阳两面，勿要颠倒错乱
移植修剪	树大者需截冠以及去除多余的枝梢，树小者则无须如此
移植埋土	种植坑穴深度要适当，放水和泥，摇树使根土密接，而后回土，经常浇灌
注意事项	要避免人或牲畜对植物的摇动，以免伤根

2. 移植栽种法

移植时间了解后，移植与栽种植物也讲究方法。移花转垛法既是关于古代江南地区植物移植的方法，也是浙江传统村落植物移植的方法。植物移植关系到植物的生死，假若移植时间与移植方法错误的话，植物就很难成活。据调研测量数据分析，浙江传统村落东梓关村植物种类有 134 种，而乔灌合计有 68 种，占植物总量 50% 以上。东梓关村如此多的植物，生长茂密，假如没有好的移植方法是做不到的。因此，结合调研与移花转垛法，可以得出浙江传统村落植物移植栽种方法如下（见图 6–48）。

（1）垛球制作：需以稻秸制作而成的绳索盘绕泥垛球的四周，维持垛球的稳定，制垛分为两类，一类是树小时，盘曲树根以砖瓦盆盛，以形成垛球；另一类为树大时，霜降以后春芽未萌之时，以植根为中心，以指定的半径挖掘，截去多余的根，保留半径以内的乱根，制作成垛，覆土以待移植。

（2）垛球搬运：移垛亦分两类，树小者，垛球成一年可移；树大者，需满三年方可移植，且需每年挖开一方覆垛的泥。迁移路远的植物，需剪去多余的枝梢，存放在阴凉的地方，如此可推迟三到五天种植。

（3）移植填土：埋垛时，需根据树的大小，确定植物的种植区域，挖掉泥土，而后在区域中心埋下垛球，垛球埋在泥土中的深度为垛球高度的一半，高出的部分以松土覆盖，覆土应高出地面两到三寸。

（4）植物支撑：支撑时，依树的高低，定支撑棍棒的高度与角度，以棍棒支撑缚定，可让植物免"风吹树摇"的伤害，增加成活率。

（a）垛球制作

（b）垛球搬运

（c）移植埋土

（d）植物支撑

图 6–48　浙江传统村落植物移植流程图

（四）植物管理技法

植物，无论是观赏植物、经济植物，还是食用植物，都要进行养护管理，方能生长良好。调研发现，浙江传统村落的植物管理主要包括 3 方面：一是植物的整形修剪，二是植物的浇水施肥，三是植物的病虫害防治。

1. 整形修剪法

浙江传统村落绝大多数都有历史悠久的百年或千年老树，比如浙西霞山村 600 多年的黄松、浙东柿林村 800 多年的樱花树与浙南下樟村的千年香樟。“古树欹斜临古道，枝不生花腹生草，行人不见树少时，树见行人几番老。”百年或千年老树的茂密、古朴与苍翠，全靠千百年来村民对它们的精心修剪与养护管理。植物的整形修剪可以合理分配植物内部的营养物质，令树上、树下或树冠各部位的生长状态达到均衡；可以改善植物的通风透光条件，防治或减少病虫害。传统村落的植物修剪比较简单，主要维持植物形态自然优美与生长强健，因此浙江传统村落植物整形修剪的方法可见表 6–14。

表 6-14　　浙江传统村落植物整形修剪的方法

方法要点	修剪内容
修剪要求	植物沥水条或下垂的枝条，都应当剪掉
	植物刺身条或向内裹生的枝条，应剪断
	植物骈枝条或互相交错的枝条，应剪掉一枝，留下一枝
	植物已经枯朽的枝条非常容易引发蛀虫，应当快速剪掉
	植物冗杂枝条，最能阻碍植物生长，选择性剪掉细弱枝条
注意事项	植物修剪忌用手折断枝条，因为手折枝条伤皮损干，正确做法是粗枝条用锯锯断，细枝条用剪剪断
	被修剪枝条的剪痕要向下能够阻止雨水沁浸其心，避免枝条的枯烂出现

2. 浇水施肥法

浇水与施肥能够让植物茁壮成长、维持形态美观、促使植物开花结果、增强植物抵抗力以及改良土壤。以前传统村落用的肥料是有机肥，有机肥是用麻饼、豆饼屑、蚕沙、瓜果皮屑、牛马粪、猪羊粪或鸡鸭粪混合发酵后得到的，生态性、再生性、可持续性强。传统村落让人印象深刻的是那成行成畦的菜地，菜地里纯用有机肥培育的有机蔬菜，滋味令人难忘。穿行于浙南丽水市独山村房前屋后，偶尔会发现几块菜地，白菜、萝卜、生姜与番薯，各种各样的蔬菜，琳琅满目。浙江传统村落植物除蔬菜外，还有各种观赏性植物，要使它们健康成活，合理的浇灌施肥是必不可少的。浇灌施肥对于植物，就如同人需要吃饭，肥水要合理，旱时浇水，贫时施肥，具体何时浇水、何时施肥、浇水浇多少、施肥施多少，浙江传统村落对植物浇水施肥有比较合理的方法（见表 6-15）。

表 6-15　　浙江传统村落植物灌溉施肥的方法

方法要点	内　容
植物浇灌施肥原则	春夏万卉争荣，则浇灌之力勤；秋冬草木零落，则浇灌之念驰
	孰知来年之馥郁，正在秋冬行根发芽时肥沃也。及至交春，萌蘖一生，便不宜浇肥
花草浇水施肥方法	草之行根浅，而受土薄，随时皆有凋谢，逐月皆可施肥，唯在轻重之间耳
	一年中每个月粪与水的比例各不相同
	肥需隔数日一用，然亦须分早晚。早宜肥水浇根，晚宜清水洒叶
乔灌浇水施肥方法	若果木则不然，二月至十月浇肥，各有宜忌
	二月与三月，植物发芽与长新根，浇肥会导致枯萎，反之则无碍
	四月与五月，植物开花时，浇粪易导致落花；夏至梅雨时浇粪，会导致烂根
	六月以后，树木年生长状态已定，可以轻轻用肥
	八月，白露雨至时，树木会长出嫩根，浇肥会导致树木死亡
注意事项	杜鹃、虎刺、石榴、茉莉、杜鹃、芍药、海棠、皂角、菖蒲的浇水施肥比较讲究

3. 病虫防治法

病虫害，除了是稻谷与蔬菜的天敌外，也是绿化植物的天敌，更是浙江传统村落中百年或千年老树的天敌，因为病虫害会影响植物的生长发育状况、观赏效果或经济效益。据报道，浙南天台县的霞山村有棵树龄500多年的松树，原是四季常绿，五年一落叶的松树，后来树叶泛红，成片掉落，遭受着松材线虫病害的折磨，已经“奄奄一息”，令人非常担忧。植物发生害虫，叶片有螃虫，果实有蛴虫，豆荻有蝗虫，稻谷有螟虫、蝥虫、蟹虫，是因为没有防治导致的。无论什么名花好树，只要被害虫侵扰吞食，也无生机可言，因此，为了预防病虫害对植物的伤害，浙江传统村落村民们总结了较为系统的防治方法（见表6–16）。

表6–16　　浙江传统村落植物病虫害防治方法

防治种类	防治方法	防治方法内容
物理防治	铁线钩取法	用铁线钩取“逢冬头向下”的树内蛀虫
	声波驱赶法	弹竹篾、擂鼓产生声响驱赶蠹虫与桑树上的害虫
	堵塞杀虫法	以杉木针或者硫磺末，堵塞蠹蝎蛣蝑的虫洞，让其失氧而死
	胶粘杀虫法	利用江橘制作而成的木胶粘住飞虫，飞虫因为被困而死
化学防治	烟熏杀虫法	用纸包焰硝、硫磺、雄黄，放进虫穴焚烧，利用其烟，熏赶害虫或者熏杀害虫；顺风烧油篓，可以驱除松虫
生物防治	以虫治虫法	啄木鸟吃虫，蚂蚁吃柑虫，蚕蛾驱毛虫
	鱼腥血水法	洒鱼腥血水在叶或树上，驱赶截虫与螃虫或者毛虫
	以物引虫法	以香油或羊骨引出蚂蚁

四、建筑类生态技法

浙江省于2014年开展了传统建筑调查，总共登记了传统建筑132种。浙江的传统建筑是非可持续再生的遗产资源，但随着建筑材料的更新与传统技法的失传，传统建筑的生命力逐渐变得脆弱。浙江传统村落遗留的建筑大多数是清代至民国时期的，部分遗留着宋明痕迹，但是建筑所承载的生活与文化，绝大部分已经近现代化了，在它们之间有着很大的历史错位。调研发现，浙江传统村落有以下特点：①浙江所有传统村落中绝大多数的老建筑都是单层的，既有单幢，也有三合院与四合院的组合。②浙江所有传统村落的老建筑几乎都是采用墙壁或柱梁解决承重问题。因此，研究浙江传统村落老建筑可以采用“化繁为简”逆向思考的方法，把复杂的建筑看作由多个单幢建筑通过拼接、叠加、切割组合而成的，从研究单幢建筑的角度去研究浙江传统村落的老建筑（见图6–49）。

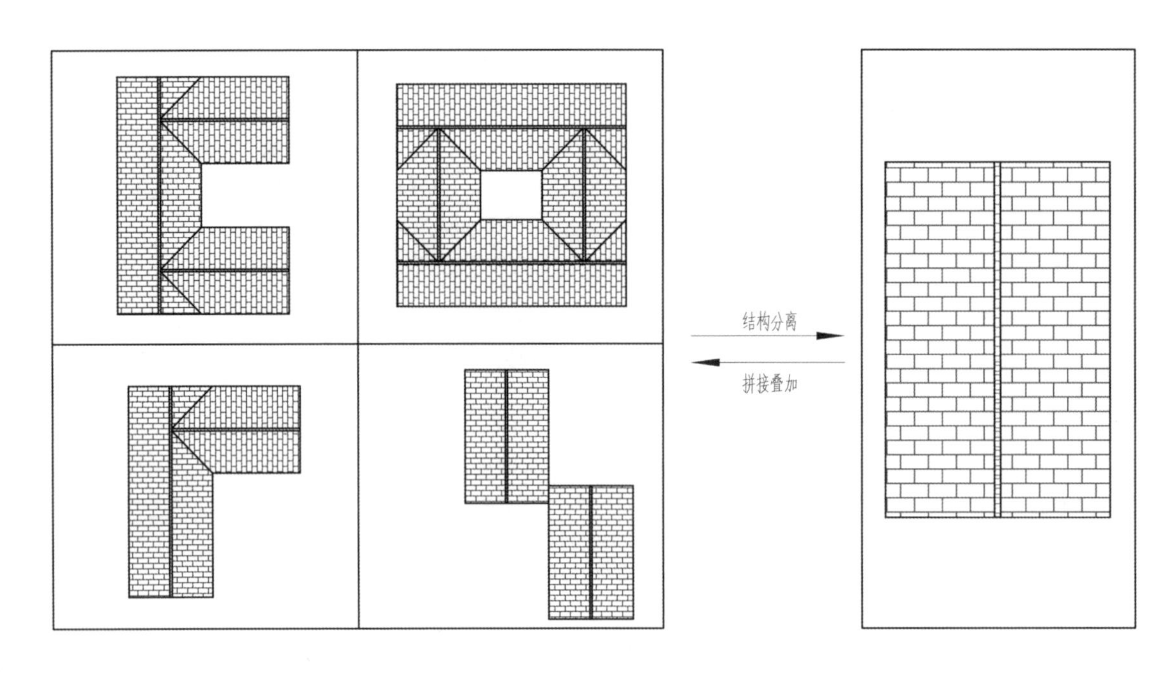

图 6-49 浙江传统村落老建筑“化繁为简”的研究思路

浙江传统村落的建筑就地取材，百姓亲手建设，讲究的是简单性、实用性与生态性，因此，可以抽象地认为是由简单的基础、墙壁与屋顶组合而成的，而墙壁既有承重作用，也有着划分空间作用，是传统村落建筑的核心要素。因此，研究传统村落建筑生态技法的最好落脚点是研究墙壁的材料与做法。根据墙壁材料与做法的不同，可以将浙江传统村落的建筑类生态技法划分为 5 类：砌砖技法、砌石技法、夯土技法、木构技法和围墙技法。

（一）建筑砌砖技法

砌砖技法是指将竖立或平卧的青砖与灰土结合，层层砌筑，砂浆饱满，上下层错缝，形成牢固、稳定、安全的墙壁，用于建设房屋的方法。调研发现，浙江传统村落中的青砖建筑根据墙壁内部是否实心可以划分为以下 3 类：一是实心墙，二是空斗墙，三是开砖墙。它们的分布规律与经济、交通条件有密切关系。实心墙多见于浙东与浙北地区，比如湖州市的荻港村、余姚市柿林村与宁波市走马塘村；空斗墙常见于浙江山岭坡地与山间盆地的传统村落，比如宁波市李家坑村、衢州市霞山村与杭州市新叶村；开砖墙多见于东阳的传统青砖建筑中，据说开砖是东阳帮泥水匠的特技，比如说东阳市卢宅村。空斗墙与开砖墙做得好的话，拥有与实心墙几乎等同的强度，但比实心墙造价低，且节约材料，所以它们是相对生态的。根据各种墙壁的砌筑方式，可以得出浙江传统村落生态砌砖技法的分类（见表 6-17）。

表 6-17　　浙江传统村落的砌砖技法分类与概念

砌砖技法分类	概　　念	生态特点
空斗砖砌法	用长、宽、厚的比例为 2 ∶ 1 ∶ 1 青砖侧砌或平侧交替砌筑成空心墙壁的方法（见图 6-50）	与同等厚度的实心墙比，可节约青砖、砂浆与劳动力，因为墙内有空气隔层，隔热保温性能好，能够与实心墙媲美
开砖斗砌法	用长、宽、厚的比例为 6 ∶ 3 ∶ 2 的超薄青砖侧砌成可填料的空心墙壁的方法（见图 6-51）	开砖比空斗砖节省一半的用砖量，性能与空斗砖类似

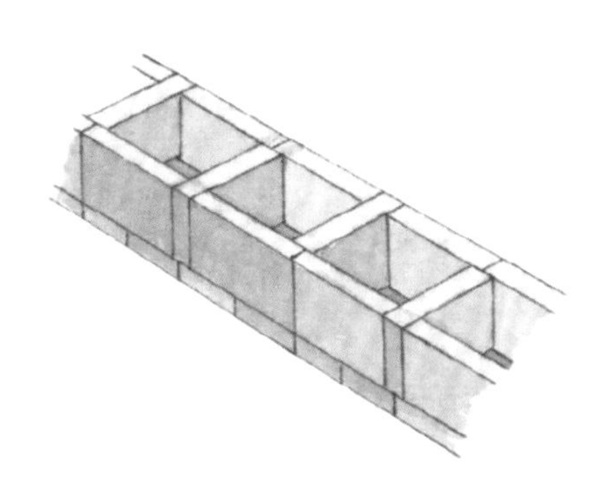

图 6–50　浙江传统村落空斗墙意向图

图 6–51　浙江东阳市卢宅村开砖斗砌墙

空斗墙是使用平砌砖与侧砌砖互相交错砌合形成的，平砌砖俗称“眠砖”，侧砌砖有两种，侧砖平行于墙的俗称“斗砖”，垂直墙面的称为“丁砖”，斗砖与丁砖组合的空洞俗称“空斗”，所以此种砌法被称为空斗墙砌法（见图 6–52）。空斗墙砌法主要有 4 类，分别是无眠空斗砌法、一眠一斗砌法、一眠两斗砌法与一眠多斗砌法，常用 24cm 标准青砖砌筑（见图 6–53）。用空斗墙砌筑成的房屋多为 1 ~ 3 层高，并不合适用于地震频发的地方，它的详细施工步骤如下。

（1）砌筑所用的青砖要完整，边角整齐，规格相同，断裂缺角的砖不用，但断砖可用于空斗墙要求实砌的部位。清水外墙为了较好的观赏性，要求选用的青砖颜色均匀一致，施工时不得弄脏墙面。砌砖前要把砖浸泡在水中，待青砖吸饱水，被浸透后方能拿起使用。

（2）砌砖所用的砂浆是性能较好的石灰砂浆或混合砂浆。灰缝要横平竖直。上下层的砖缝要错开，灰缝的厚度约 1cm，最小是 0.7cm，最大是 1.3cm，清水外墙要勾好缝，饱满。

（3）砌砖前最好试放，斗砖不足的整砖处，应该砌丁砖或者平砌砖，忌讳砍凿斗砖。

（4）空斗砖在丁字交接处，最好分层互相砌通，并在交接处砌筑成实心墙，所以有时要加半截砖填成实心。在转角的地方最好砌成实心砖墩并且互相错缝拉结，也可以互相搭砌成实心。另外，在转角的地方不要留槎或在收顶时最少要砌一层眠砖。

（5）空斗墙因为砂浆接触面比较小，所以各接触面的砂浆要确保饱满，结合面要紧密。但是在眠斗墙中，眠砖层的空悬部分注意不要填塞砂浆。

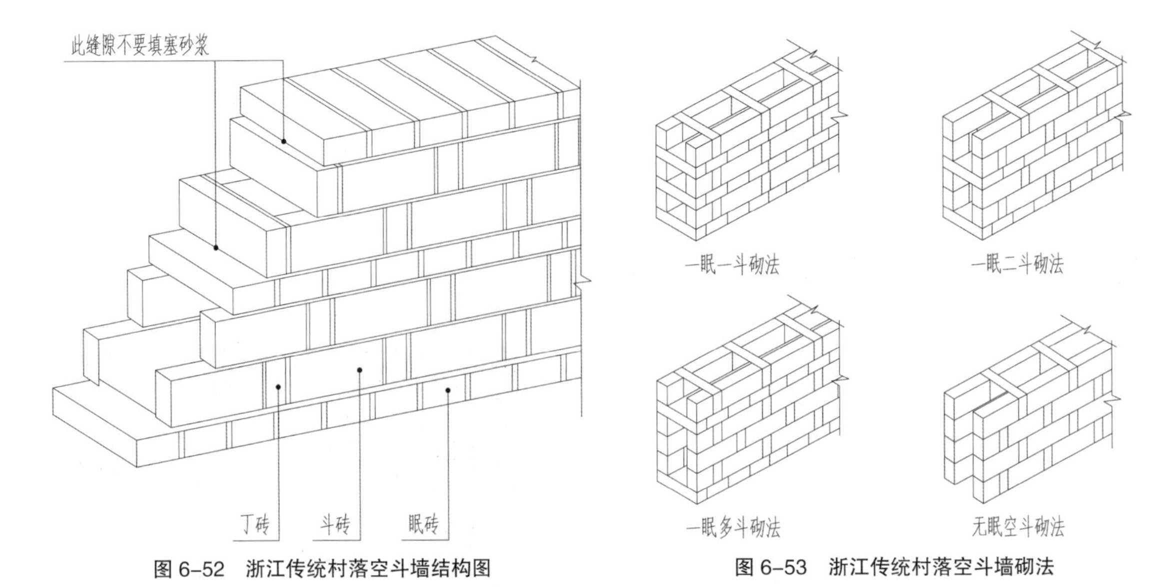

图 6-52　浙江传统村落空斗墙结构图　　**图 6-53　浙江传统村落空斗墙砌法**

（6）为了增加房屋的整体性、稳定性与强度，空斗墙的内墙与外墙应同时砌筑，从而确定接槎质量，假如无法同时开砌，那么要砌成滑梯形接槎。遇到砌墙时要预留门窗洞口，必须在砌砖过程中预留，禁止事后开凿。空斗墙出现尺寸与位置偏差过大，那么必须把有偏差的部分拆除重砌，或可以格外加固，但是禁止采用旁侧敲击的方法矫正。

（7）除了在转角或交接的地方把空斗墙砌筑成实心墙外，以下情况也要砌筑成实心墙：①基础与室内地坪以上三皮砖与其以下部分，楼板面以上三皮砖，三层楼房外面底层窗台标高以下部分要砌筑成实心墙。②楼板、梁、阁栅或檩条支撑面下二至四皮砖的通长部分，同时砂浆标高要高于 25 号。③梁与屋架支承的地方按设计要求执行，门窗洞与壁柱两侧的一砖范围内，屋檐与山墙压顶下的二皮砖部分要砌筑成实心墙。④楼梯间的墙、防火墙、挑檐、烟囱或管道较多的墙，结构拉结筋的连接地方，有预埋件的地方都要砌筑成实心墙。

（8）空斗墙除以上施工要点外，剩余的施工要求、墙壁尺寸、位置允许偏差值、检验方法都与实心墙类似。

浙江东阳的传统建筑采用了与众不同的开砖斗砌法，墙壁的所有顺砖、丁砖都是侧立砌筑，没有卧砖眠砌，犹似空斗墙，但它并不是空斗，内部空洞填满了碎瓦片与石灰膏的混合物（见图 6-54）。开砖是指在制作成标准青砖泥坯的基础上，用钢丝弓顺开砖模上的缝（缝在砖模厚度的 1/2 处，长为砖长的 11/12），把砖坯分割成两半，但其一端仍有约 1/12 相连，经烧制成砖后，仍似标准青砖。使用时，泥水匠用泥刀稍用力一砍相连的地方，砖则自裂成两块薄砖，东阳泥水匠称呼为“开砖”。开砖的砌筑步骤与空斗砖几乎完全类似，砌法仅有无眠斗砌法。另外，开砖斗砌时，也有通过“立柱灌浆”的方式加固开砖墙，详细做法是先用竹木棍从空斗内插到墙基，然后塞填碎砖瓦与灌石灰浆，逐次砌筑直到窗台或楼板高。立柱灌浆的开砖墙据东阳卢宅村的村民说能够预防贼撬砖打洞入室偷盗，增强了防卫功能。

开砖斗砌墙外观

开砖斗砌墙内部结构

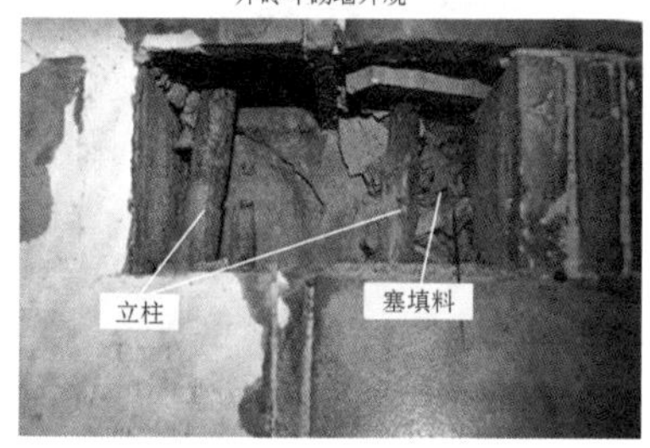

开砖斗砌墙立柱

开砖斗砌墙内部填料

开砖斗砌墙端面砌法

图 6–54　浙江东阳市卢宅村开砖斗砌墙实景图

（二）建筑砌石技法

砌石技法是指将天然卵石、块石或方石，像砌砖那样层层砌筑垒叠（干砌）成石墙，用于建设房屋的方法。拥有较大规模岩石建筑群的城市大多分布在浙西南地区或浙东北的山区，比如宁波、台州、温州与丽水的山区很多传统村落中都分布了数量较大的岩石建筑群，而最有代表性的是宁海县许家山村、磐安县管头村与缙云县岩下村。调研发现，浙江传统村落中的岩石建筑根据所用石材的形态特征可以划分为 3 类：一是用天然鹅卵石砌筑垒叠而成的；二是用天然或人工开采的无规则多边形的块石砌筑垒叠而成的；三是用人工开采的四方形或长方形的规则块石（方石）砌筑垒叠而成的。丽水市考坑村、台州市胜坑村、温州市石坦村多用卵石建设房屋，宁波市许家山村、金华市乌石村多用块石建设房屋，舟山市大树湾村、台州市黄石坦村多用方石建设房屋。因此，根据岩石建筑所用石材的形态特征，可以得出浙江传统村落砌石技法的分类（见表 6–18）。

表 6–18　浙江传统村落砌石技法的分类与概念

砌石技法分类	概　　念	生态特点
砌卵石法	天然的鹅卵石或与黄泥结合，像砌砖那样层层砌垒成墙，用于建设房屋的方法（见图 6-55）	就地取材，无须购买，既节省了购买材料费用，也省去了搬运车费。岩石房屋无梁无柱、墙厚顶宽、冬暖夏凉、隔间性强、舒适耐用
砌块石法	天然的或人工开采的无规则多边形块石或与黄泥结合，像砌砖那样层层砌垒成墙，用于建设房屋的方法（见图 6-56）	
砌方石法	把人工开采的形状方正的长方石、正方石或与黄泥结合，像砌砖那样砌垒成墙，用于建设房屋的方法（见图 6-57）	

图 6–55　衢州市霞山村卵石建筑

图 6–56　宁波市许家山村块石建筑

图 6–57　台州市黄石坦村方石建筑

砌石技法是浙江传统山地村落或滨水村落常用的建筑技法，它就地取材，挑取的石材要质地坚硬、无裂缝痕迹、经久耐用，然后把石材表面的泥沙、灰尘清理干净，最后砌垒前要用锤子敲打石材表面，判断内部是否有裂纹。调研过程中，有幸采访到台州市括苍镇张家渡村经验非常丰富的岩石屋修筑师傅——许则喜师傅，许师傅从学徒开始担任石匠修砌岩石建筑，已有 20 多年的经验。通过采访与搜阅资料相结合，得出砌石技法的详细步骤（见图 6–58、图 6–59）。

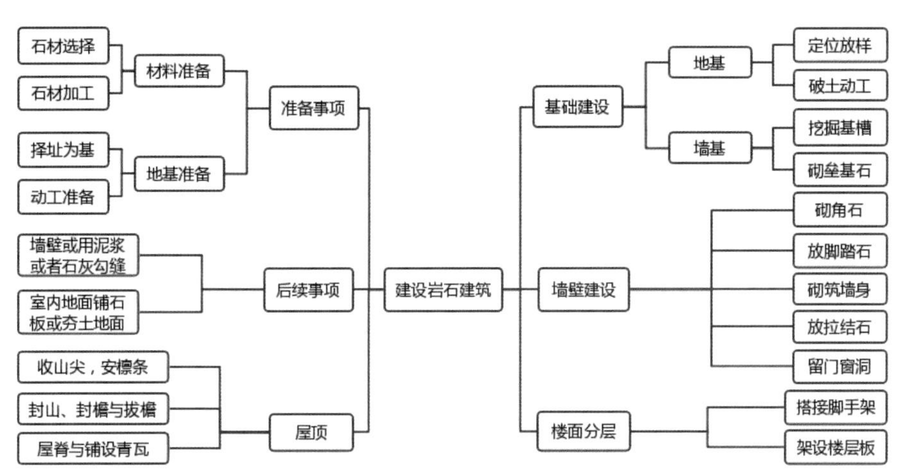

图 6–58　浙江传统村落砌石技法流程图

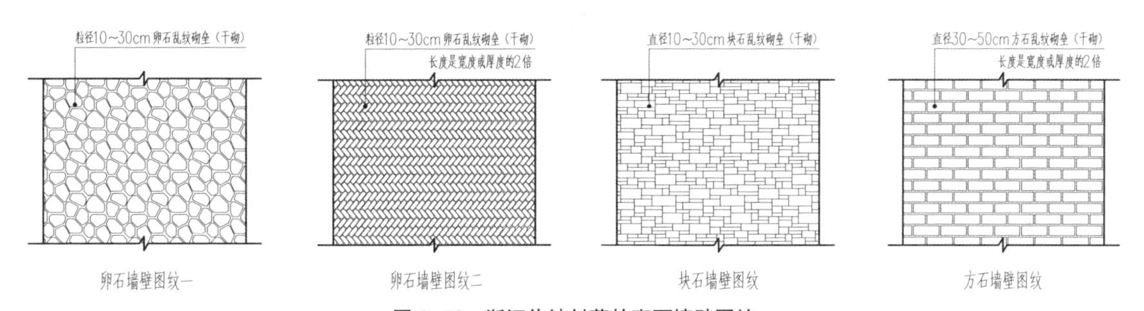

图 6–59　浙江传统村落的砌石墙壁图纹

（1）挖基础。岩石屋也要挖地基，基槽放样好后，沿着石灰线条开挖，常挖到地下 50 ~ 100cm 深，直到挖到坚硬的泥层或岩石层。然后沿着基槽砌垒基槽石，上下层错缝，直到与地面平齐。

（2）放角石。放角石是砌筑垒叠石墙的第一步，依据房屋墙基的边线，在房屋的各个阴阳角处摆放比较方整、规格较大的石块称为“放角石”。角石放好后，可以确定房屋的大致位置以及面积。

（3）砌墙身。砌垒墙身第一层时，最好选用比较规则平整的石头，摆放时，石头比较平整的大面朝下，以维持墙壁基础的稳定。砌墙身的第一层关系到墙壁的稳定性，所以说是非常重要的，要认真对待。然后把砌垒的石材试放，依据砌筑垒叠地方的尺寸大小调整石头的大小，有突出的地方可以用手锤修凿。通常，规格较大的石材尽量安放于近墙基的地方，而规格较小的石材安放于靠近屋顶的地方。石头要砌垒均匀，大小互间，均匀摆放，石墙内外两面要垂直平齐。上层砌石的缝隙要与下层砌石的缝隙错开，假如缝隙较大，可以用塞石塞紧。另外，墙身转角处、交接处、门窗洞处应该用规整而且较大的毛石或方石头砌垒。

（4）砌拉结石。为了让石墙的结构牢固、稳定与安全，需要在每层石头竖向隔 1m 左右的地方摆块规格较长的石材，称为“拉结石”，浙江温岭人也称呼拉结石为石钉或串石。拉结石长度与石墙截面宽度等同，长度欠缺的可以在内部搭接，但应注意的是，任一拉结石的长度都应该大于石墙厚度的 2/3。垂直方向上彼此相邻两层的拉结石也应该错缝砌垒，上下层错开。

（5）灰泥堵缝。岩石建筑的墙壁比较厚，厚度常在 30 ~ 50cm 范围内，风和日丽的时候，常常能够“冬暖夏凉”。但是，岩石建筑因为砌垒（干砌）的原因，会有很多缝隙存在，冬天容易漏风导致室温降低，可以把黄泥与石灰、麦糠混合搅拌均匀后，将其涂抹在石缝上，把缝隙堵住。

（三）建筑夯土技法

夯土技法是指将黄泥与稻草筋、三合土、粗沙砾、碎砖瓦砾或鹅卵石搅拌混合，层层夯打，形成泥墙，用于建设房屋的方法。现存数量最多、历史最悠久的夯土建筑大多分布在浙南的山岭地区，特别是丽水市的独山村、杨家堂村、平田村与酉田村，几乎全村的建筑都是夯土建筑。随着时代的发展与演变，夯土建筑也出现了比较多的新变化，除了单纯用黏性的黄泥加水搅拌夯打以外，常常会往黄泥中添加稻草筋或三合土（石灰、黏泥和细沙与黄泥搅拌的混合物），增加夯土的强度，做到既美观又坚固。

根据调研得知，浙江传统村落夯土建筑的做法主要有 3 类：一是单纯用黄泥掺杂稻草筋或三合土直接夯筑，可以称为黄泥夯筑做法，比如杨家堂村的夯土建筑大部分都是采用了黄泥夯筑的做法；二是先用掺杂稻草筋或三合土的黄泥夯筑成层，接着在夯土层上方用卵石砌垒（干砌）成层，然后再夯黄泥层，如此往复，分层夯筑，可以称为泥石分层夯筑做法，比如说独山村的夯土建筑大部分采用了泥石混合夯筑的做法；三是将掺杂稻草筋或三合土的黄泥与卵石、碎石或碎砖瓦搅拌混合夯筑，可以称为泥石混合夯筑做法，比如说新叶村的部分夯土建筑采用了泥石分层夯筑的做法（见表 6–19）。

表 6–19　　浙江传统村落夯土技法的分类与概念

夯土技法分类	概　　念	生态特点
黄泥夯筑法	单纯用黄泥掺杂稻草筋或三合土直接夯筑，形成结实、密度大、缝隙较少的黄泥墙，用以建设房屋的方法（见图 6-60）	夯土技法以当地随处可见的黄泥为材料，避免了开山采石、挖煤烧砖对环境的污染与伤害，也减少了购买或运输材料，做到了将建筑与自然完美结合，与自然相融，形成建筑与环境和谐的生态画面
泥石分层夯筑法	先用掺杂稻草筋或三合土的黄泥夯筑成层，接着在成夯土层上方用卵石砌垒（干砌）成层，然后再夯黄泥层，如此往复，分层夯筑，形成结实、密度大、缝隙较少的黄泥墙，用以建设房屋的方法（见图 6-61）	
泥石混合夯筑法	将掺杂稻草筋或三合土的黄泥与卵石、碎石或碎砖瓦搅拌混合夯筑，形成结实、密度大、缝隙较少的黄泥墙，用以建设房屋的方法（见图 6-62）	

图 6-60　杨家堂村黄泥夯筑法

图 6-61　新叶村泥石分层夯筑法

图 6-62　大济村泥石混合夯筑法

夯土技法，可以说是浙江传统村落中最为原始的建筑技法，它就地取材，无须大量生产加工，可循环利用，对环境几乎没有负面影响，对于当今重视能源与生态环境的浙江而言，夯土建筑材料的生态优点值得探讨研究。因为夯土技法虽然依据做法可划分为 3 类，但它们的做法大同小异，因此，现以黄泥夯筑做法讲解夯土技法的详细步骤（见图 6-63）。

（1）材料加工。筛好的黄泥加水搅拌，湿度掌握好，搅拌均匀后往搅拌好的黄泥浆中添加稻草筋或三合土，再次混合搅拌，边添加稻草筋或三合土边搅拌，搅拌好后的材料最好及时用掉，存放时间久了，材料性能会变差。

（2）砌筑模具。用廉价的几块板材做出榫卯结构，可以随意装卸或固定的，宽与高约 30cm，长约 2m 的长方形无底箱模，俞源村称为“泥墙桶”，然后用棍棒在箱模前后左右做好“V”字形的支撑，再用绳将侧模与棍模彼此捆紧。

（3）夯打压实。把搅拌好的掺杂稻草筋或三合土的黄泥往箱模里面沿水平方向倒，边倒边用锤反复加以夯打，直到模板被填满，同时顶部的黄泥混合物也被夯打结实后，把模板拆卸下来，沿泥墙的方向重新搭建，建另一层泥墙，上下层错缝。

（4）刷灰防水。往夯筑好的黄泥墙上均匀地洒水让其稍微变得湿润，然后把搅拌好的石灰浆均匀地涂在墙壁上，最后用泥刀修理光滑平整。外刷石灰的作用是为了防水，因为夯土怕水，假如夯土墙下有卵石砌垒的墙基，则可省掉刷灰。

（5）注意事项。泥墙是否夯打得结实，从泥墙的强度与是否垂直中可以看出，据杨家堂村有经验的师傅说，用力不变的情况下，泥墙可以左右有节奏地随着夯打轻微震动，说明泥墙是垂直的，否则就是歪斜的。另外，夯制夯土墙时，从地面往上夯打，分段进行，直到达到需要的高度为止，注意每段夯土墙的高度尽量别超过 2m。另外，每天只能夯筑 3 到 5 层泥墙，最好是打一天歇一天，以便晾干泥墙水分。

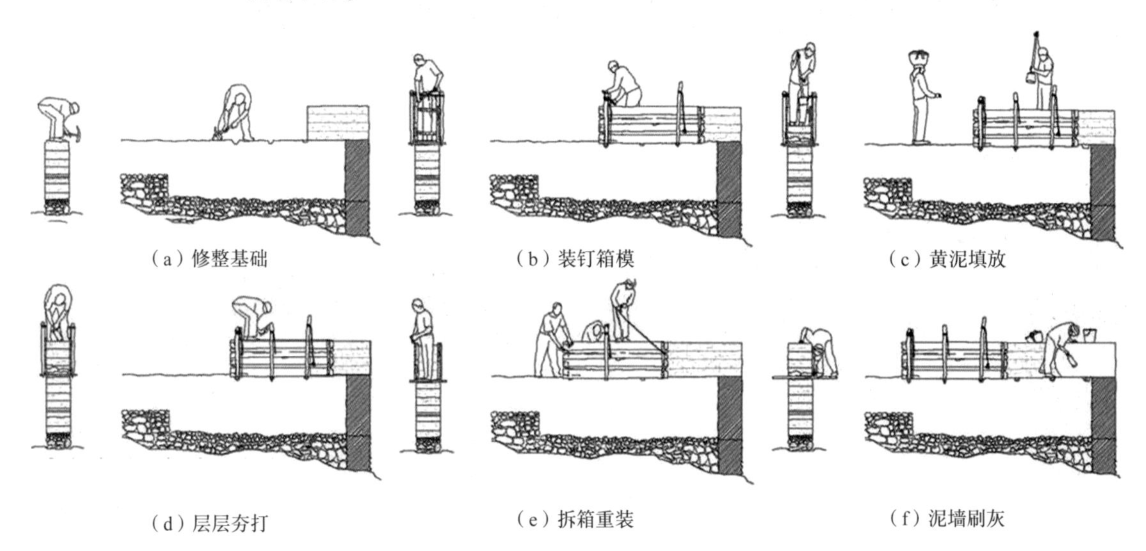

图 6–63　浙江传统村落黄泥夯筑做法流程图

（四）建筑木构技法

木构技法是指把柱、梁、板等材料制成凸出的榫件或凹进的卯件，然后通过榫卯的咬合，形成柱、梁、板的榫卯结构件，通过结构件穿插、搭接与组合形成木构建筑的方法。从新石器时期的余姚河姆渡遗址发掘出的大量建筑木构件看，很多木构件都是榫卯结构，充分说明当时的浙江先民就已经采用了木构技法去建设房屋。调研发现，浙江省内保留的纯木构建筑数量最多的传统村落是杭州市林坑村、永安县岩龙村与苍南县碗窑村。碗窑村的清式山地木构村落建筑群非常有特色。300 多间连亘的吊脚楼与八角楼层层叠叠依山而建，纯木结构的二层吊脚楼，八面八角，巧檐尖顶，第二层以悬挑的形式悬吊出前廊，整个脚柱的立体造型显得轻巧与空透。

浙江传统村落的房屋属于江南民居重要组成部分，它们的木构架有穿斗式、抬梁式与混合式3类，穿斗式结构多用于较小的房屋，穿斗抬梁混合式结构多用于规模较大的房屋，比如浙西金华市厚吴村的吴氏宗祠。另外，抬梁式结构多用在明间，而穿斗式结构多用在次间与楼上。因此，根据纯木建筑核心结构木构架的种类，可以把木构技法划分为穿斗式木构法、抬梁式木构法与混合式木构法（见表6–20）。

表6–20　浙江传统村落榫卯技法的分类与概念

木构技法分类	概　　念	生态特点
穿斗式木构法	通过榫卯结构用穿枋把柱串起，形成品字结构，檩条直接搁置在柱头，沿着檩条方向，再用斗枋把柱串联起，形成屋架，从而形成房屋的方法（见图6-64）	木材是可再生的绿色资源。木材循环再生的周期比石材短，自身拥有出色的绝热、保温、减噪与抗震性能。木构技法所用到的所有结构件与连接件都可以标准化生产，能够在建筑工地外生产加工，省时省力，施工周期短
抬梁式木构法	通过榫卯结构在立柱上架梁，梁上又抬梁形成屋架，从而形成房屋的方法（见图6-65）	
混合式木构法	同幢建筑中穿斗式与抬梁式互相结合的方法。复合式结构又分为两类，一类是建筑的几榀是抬梁式，其他几榀是穿斗式；另一类是穿斗架立于抬梁上或穿斗架中有抬梁的成分	

图6–64　温州市南阁村穿斗式木构技法

图6–65　金华市厚吴村抬梁式木构技法

榫卯结构是木构建筑最理想的搭接方式。浙江传统木构建筑中榫卯种类非常多，形态多样，丰富的种类与形态既与榫卯的功能有直接关系，也与榫卯构件所在的位置、构件间的组合角度与组合方式、榫卯构件安装顺序与安装方法有直接密切的关系。榫卯最大的功能就是将成百上千独立、松散的榫卯结构件穿插、拼接与组合，从而形成符合设计与使用的有完整结构的房屋。每种榫卯的功能与受力状况都存在较大的差异，应用时对质量与安装技法的要求也是有区别的。根据榫卯的功能，结合调研数据，大致可以把浙江传统村落的木构技法所用的榫卯木构件划分为6类（见表6–21）。

表 6–21　　浙江传统村落纯木建筑榫卯种类

榫卯木构件分类	榫卯木构件名称	榫卯木构件作用	榫卯木构件用法
箍定垂直构件的榫卯	管脚榫	箍紧柱脚，预防柱脚位移	长度为柱径 3/10，端部略小
	套顶榫	属于管脚榫，增强建筑稳定性	穿透柱定石，长度为柱高 1/3 ~ 1/5，榫径为柱径 1/2 ~ 4/5
	瓜柱柱脚半榫	稳定瓜柱	与角背结合做成双榫，长度 6 ~ 8cm
垂直构件与水平构件交接穿插的榫卯	馒头榫	梁柱垂直结合，预防结构件水平位移	大小如同管脚榫，长度为柱径 3/10，端部略小
	燕尾榫	连接柱头，预防拔榫	底部窄，端部宽，长度为柱径 1/4 ~ 3/10，按卯口实际定
	箍头榫	拉结角柱，保护柱头，装饰	枋由柱中外扩一柱径，做出榫与套碗，箍头薄后高低均为枋 8/10
	透榫	常用在需拉结但无法上起下落进行安装的地方	大进小出，穿出净长为半柱径或自身 1/2
	半榫	透水无法使用时，用半榫	常用替木或雀替增加稳定性
水平构件交接穿插的榫卯	大头榫	预防水平顺接拔榫	端头大于底部，同燕尾榫
	十字半刻榫	用于十字搭接方形结构件	各枋分别刻去上下一半，山面压檐面搭接
	十字卡腰榫	用于搭接桁檩	几乎与半刻榫类似
倾斜或水平结构件重叠稳固的榫卯	栽销	稳固上下两层结构件	两层构件对应凿眼，插入木销
	穿销	稳固两层或多层结构件	销眼穿透构件，常用于多层构件搭接
倾斜或水平结构件交叠或半交叠的榫卯	桁碗	桁檩与柁梁或金瓜柱的连接	开口为 1/2 ~ 1/3 檩径，按檩径实际直径定
	趴梁阶梯榫	趴梁、抹角梁与桁檩半叠交或趴梁间的连接	常做成 3 层，底层深入檩半径 1/4，二层尺寸相同，三层可做成燕尾榫，不超过檩中
	压掌榫	角梁与戗的连接	接触面要充分严实
板材拼接的榫卯	银锭扣	预防板缝裂开	两头大，中腰细，状似银锭，镶入两板缝间
	穿带	锁合各板	将拼接好的板反面剔出燕尾槽，将燕尾带打入槽内
	抄手带	锁合各板	木板小面居中大透眼，打入楔形硬木
	裁口	山花搭接	板小面裁去一半，两板交错搭接
	龙凤榫	咬合各板	一板做槽，一板做凸榫，互相咬合

木构技法是浙江传统村落中房屋施工周期最短、使用频率最高的技法，原因是因为材料轻便、结实、耐用。据诸葛村的木匠师傅说，抬梁式多用于正屋三间大厅的明间左右两缝上，以及五开间厅堂的明次间梁架；有楼层的住宅多用穿斗式，

既省料又加强了房屋结构的稳定性；穿斗抬梁混合式是在山墙部分用穿斗式构架，在明间用抬梁式构架。木构技法的详细施工步骤是：

（1）画样备料。纯木构建筑的搭建第一步是备料。根据建筑规模画出图样，制作丈杆，准备大料。备料过程通常由木匠与房主把关，采购柱脚、梁、檩等大木料与椽、板等小木料。有的备料时间长达数年，有利于木料的自然风干，风干后的木料加工成型后不容易走样变形，也不会因为缩水而开裂。

（2）构件制作。第一步，把木料初步加工成毛坯，毛坯木构件有方形与圆形的区分。方形构件先把底面加工至直顺平整，然后再加工侧面；圆形构件分为取直、砍圆与刨光。第二步，把毛坯木料按图样规格加工成所需的构件，包括画线与开榫卯两个步骤。榫卯制作完成后，对大木编号以便安装。编号是根据建筑中线分为东西两部分，中线东边由近及远编号为东一榀、东二榀、……、东边榀；中线以西由近及远编为西一榀、西二榀、……、西边榀。

（3）大木安装。将制作好的大木构件按照图样与编号组装起来。先把东一榀的各立柱在地上排列好，然后从下往上依次安装好各穿枋，把枋的两端与柱子连接榫敲入柱眼，凡是有榫头穿过柱眼的地方都要用楔子加固。东一榀组合好后，做简单的固定，然后用人力将东一榀竖立，抬上磉墩，并用撑杆支撑加固，再将梁、枋等横向构件在相应的柱间的地面排列好。依次立东二榀、东三榀……最后立东边榀，安装梁、枋构件，西面各榀用同样的方法操作。木构架立起来后，还要用线锤调整柱子的垂直度与水平度。对所有梁架加以微调，让它们符合要求。需要注意的是，砌筑在墙壁内的立柱要刷桐油，防止出现腐烂或者霉变。

（4）脊檩安装。构架全竖立起来后，准备安装脊檩，也叫“上梁”。脊檩除了是建筑结构的重要构件外，也有非常重要的信仰含义。浙江民间认为，上梁是否顺利，不仅关系到房屋结构是否牢固，也关系到房主今后是否能够兴旺发达。因此，诸葛村人往往会选择黄道吉日举行上梁仪式，梁上挂红彩，祭桌上摆祭品，放鞭炮，上梁师傅要唱上梁歌，唱完后将脊檩平稳地安放架上。

（5）架桁。脊檩安好后，按先下后上、先中间后两边的顺序，从明间开始依次安装檐桁、金桁与脊桁。所有大料安装完毕，再校直一遍，最后用涨眼料堵住涨眼，让榫卯固定。

（6）封板。房屋木构架全部搭接好后，在柱、梁、枋彼此间做隔断墙，包括木板墙与竹木龙骨墙，木板墙多用杉木板、松木板或杂木板，而竹木龙骨墙多用楼上的隔断墙。

（五）山石围墙技法

1. 山石围墙概况

围墙是指垂直方向的空间隔断结构，能够围合、分隔或保护划分的空间，常常围绕着建筑院落空间建设。生态山石围墙是没有使用任何胶凝材料（多指水泥与石灰），仅靠黄泥、卵石、块石或方石的夯打或砌垒（干砌）而形成位于房前或屋后的山石围墙。通过对调研数据的分析，得到浙江传统村落的生态山石围墙有以下特点。

（1）被调研的浙江传统村落中围墙材料多种多样，冢斜村、东沙村与倍磊村没有围墙，走马塘村、上吴方村、荻港村、河阳村是青砖浆砌的围墙，霞山村、榉溪村、茆坪村与南坞村是卵石砌垒的围墙，其他村落是卵石、青砖、块石、方石或夯土混合砌成的围墙。原因或者是有的传统村落建筑密度很大，没有多余的空间建设围墙；或者是村落中原有的被全部毁坏了，所以调研时没有发现；或者是卵石砌垒的围墙没有块石 / 方石砌垒的围墙或青砖浆砌的围墙牢固耐用，所以有些卵石围墙被块石 / 方石砌垒的围墙或青砖浆砌围墙替代。

（2）被调研的很多浙江传统村落可能都有夯土围墙的历史，随着经济富裕加上夯土容易受潮脱落的原因，夯土围墙逐渐被卵石 / 块石 / 方石 / 青砖围墙替代。从新叶村仅存的夯土围墙中可以推断出夯土曾经被用在了围墙上。

（3）青砖 / 块石 / 方石浆砌的围墙是相对不生态的。一是浆砌的围墙缝隙都是密封的，阻止了围墙内外的空气循环；二是围墙高度也是很高的，既影响了室内空气的流通，也让住在里面的人心情比较压抑。作者调研时走在河阳村部分房屋的高大围墙下就很有压抑感。卵石 / 块石 / 方石砌垒的围墙稳定性相对差，从安全角度考虑它们的高度会相对较低，所以避免了青砖围墙的问题。

2. 山石围墙分类

根据山石围墙所用砌垒材料的种类与形态，可以把浙江传统村落的生态山石围墙划分为以下 4 类：卵石围墙、块石围墙、方石围墙或夯土围墙（见表 6-22）。夯土围墙归纳在山石围墙大类中的原因是：夯土围墙是以石矮墙为基础的，然后才能在石矮墙上夯打土墙。假如没有石矮墙基础，那么夯土围墙的结构与稳定性会非常差，容易被雨水腐蚀掉，因此石矮墙基础对夯土围墙的建设非常重要。所以，把夯土围墙归纳为山石围墙是比较科学的，也是比较合理的。

表 6-22　　浙江传统村落生态山石围墙的分类与概念

围墙名称	技法概念	生态特点
卵石围墙	用粒径在 10 ~ 30cm 的天然卵石砌垒而成的山石围墙（见图 6-66）	就地取材，施工简便，能够大量降低材料购买、运输与建设费用。材料可循环再生，环保生态。做法简单，干砌夯打，生态无污染
块石围墙	用直径在 10 ~ 30cm 的天然或开采的块石砌垒而成的山石围墙（见图 6-67）	
方石围墙	用长宽在 15 ~ 30cm 的开采或购买的方石砌垒而成的山石围墙（见图 6-68）	
夯土围墙	卵石 / 块石 / 方石矮墙为基础，其上夯土成墙，形成位于房前或屋后的围墙（见图 6-69）	

图 6-66　杭州市茆坪村的卵石围墙

图 6-67　宁波市李家坑村的块石围墙

图 6-68　温州市碗窑村的方石围墙

图 6-69　杭州市新叶村的夯土围墙

3. 山石围墙做法

浙江传统村落的围墙大部分都是卵石、块石与方石砌垒（干砌）而成，仅靠山石间的互相镶嵌、拼接、挤压，形成了纹理变幻莫测，颜色微妙，或明或暗、或深或浅，沉稳低调，淡雅大气，大美无言的山石围墙。浙江传统村落生态山石围墙的做法与生态挡墙或驳岸有着异曲同工的妙处。浙江传统村落的生态山石围墙施工步骤如下（见图 6-70、图 6-71）。

（1）挖基础。沿着需要建围墙的场地边缘挖出宽 24 ~ 30cm，深约 30cm 的基础槽，若地质松软，则需基础挖到相对较坚硬的土层为宜。

（2）砌基础。把最大块的卵石或蛮石摆放在沟槽底部，摆完后，在上方砌垒第二层卵石或蛮石，上下层间的缝隙要错开，等基础高出地面 20 ~ 30cm，基础即砌垒完成。

（3）砌围墙。在基础层上方层层砌垒堆叠（干砌）相对较小的卵石或蛮石，上下层间的缝隙要错开，围墙内侧与外侧垂直面上的卵石或蛮石整齐、无突出，保证观赏的舒适性。

（4）卵石或蛮石倾斜 45° 角砌垒堆（干砌）时，要保证卵石或蛮石的形状与规格大小几乎一样，从而做到石墙竖向石缝的垂直整齐。

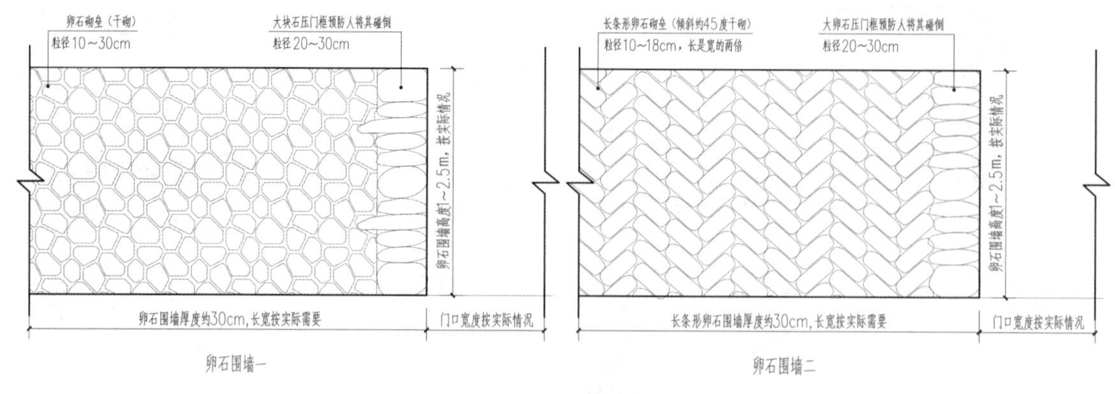

图 6-70　浙江传统村落卵石围墙图样

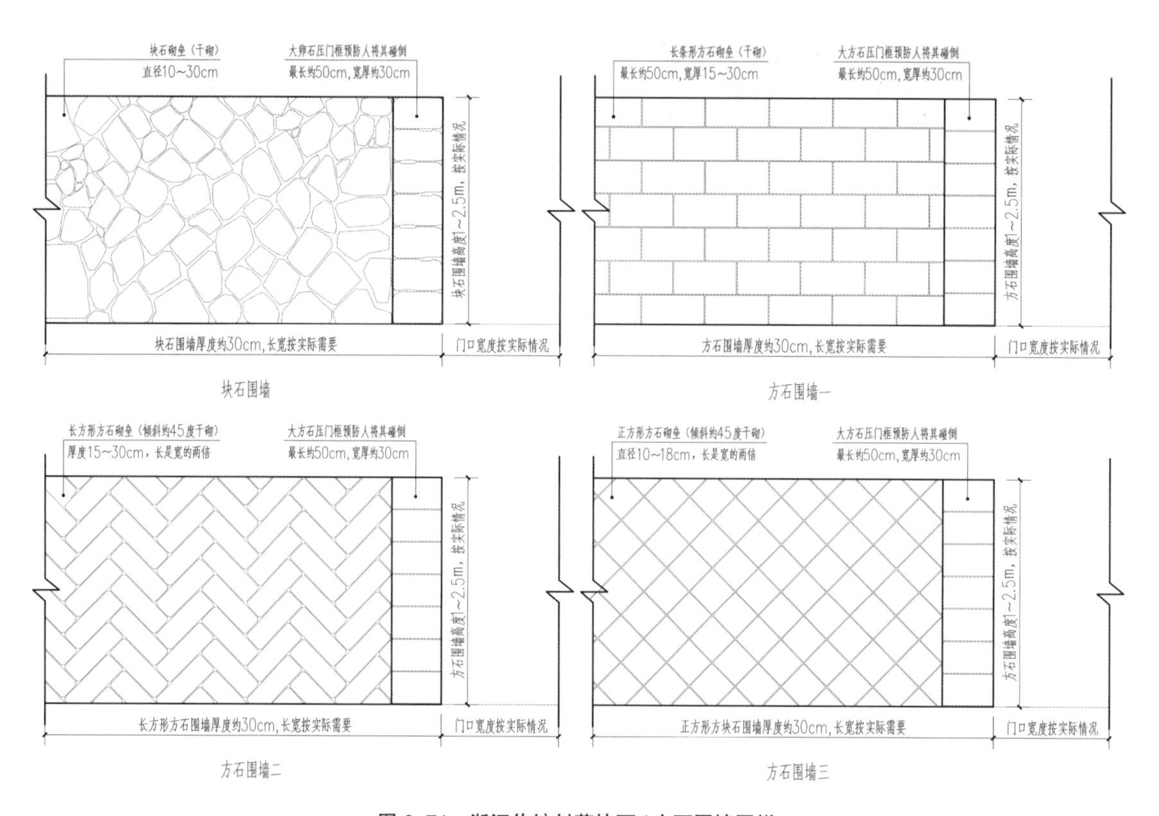

图 6-71　浙江传统村落块石 / 方石围墙图样

除了卵石 / 块石 / 方石砌垒而成的生态山石围墙外，浙江传统村落中的新叶村、杨家堂村与高迁村也存在着生态夯土围墙，夯土围墙除了用黄泥外，还有卵石 / 块石 / 方石做墙基或结构柱，所以可以把生态夯土围墙归类到生态山石围墙中。浙江山岭里的黄泥有黏性，掺杂稻草或稻秸混合搅拌，做出的黄泥墙既牢固耐用，又经济实惠，因此成为以前交通阻塞、经济落后的传统村落的最佳选择。浙江传统村落生态夯土围墙施工步骤如下（见图 6-72）。

（1）挖基础。沿着需要建围墙的场地边缘挖出宽 24 ~ 30cm、深约 30cm 的基础槽，若地质松软，则需基础挖到相对较坚硬的土层为宜。

（2）砌基础。把最大块的卵石或蛮石摆放在沟槽底部，摆完后，在上方砌垒第二层的卵石或蛮石，上下层间的缝隙要错开，等基础高出地面约 20cm，基础即砌垒完成。

（3）夯打黄泥成墙。先用板围成 30cm 厚侧模结构，然后在长方形前后左右用棍模做好“V”字形的支撑，然后用绳将侧模与棍模彼此捆紧。接着将黄泥、稻草或稻秸倒入侧模中，再加入适量水，用锤反复加以夯打，直到密实、坚硬时停止夯打。

（4）夯土墙在夯制时，从地面往上夯打，分段进行，直到达到需要的高度为止，注意每段夯土墙的高度尽量别超过 2m。

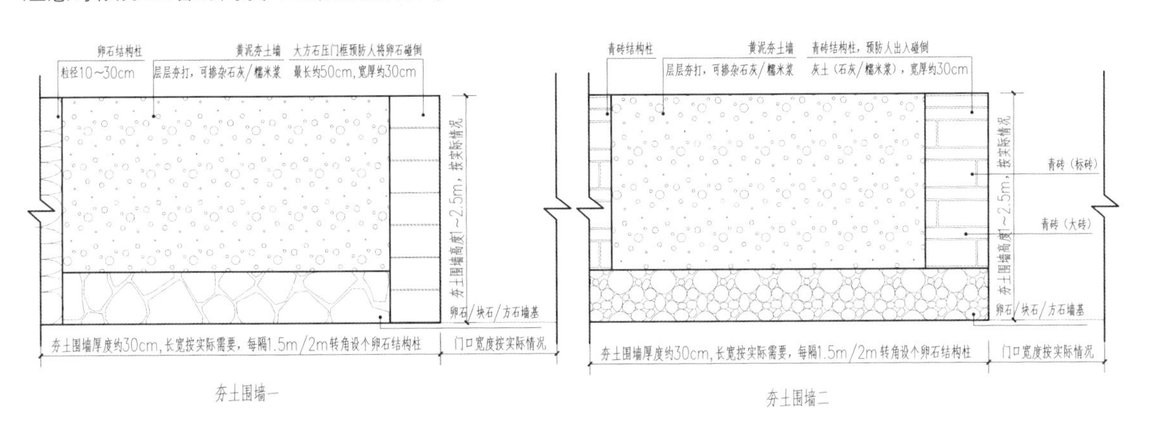

图 6–72　浙江传统村落夯土围墙图样

五、铺装类生态技法

铺装，是指在景观环境中以石板、条石、卵石、碎石、砖、瓦、泥为材料，按照优美、均衡的构图方法铺设于地面，形成图样丰富、色彩多样、质感细腻的铺地。铺装是景观的有机组成部分，极大地推动了空间感的营造，起到了排水防滑、分隔空间、引导游览、贯穿始终、美化环境的作用，极大提高了游客游览过程的舒适感。

浙江传统村落铺装的生态性在于它们的结构拥有很多缝隙，渗透性好，削减雨水径流，降低热岛效应，能够让雨水渗透回灌地下水，也促进了气、水与大地的循环，有效地缓解了“地面硬质化”导致的环境负效应。另外，浙江传统村落用材追求方便、实用与自然，青砖、卵石、石板与黄泥都能做铺装材料。例如，新叶村纵横交错通往书院、私塾、义学与官学堂的让读书人足不沾泥的石板路，许家山村鳞次栉比、蜿蜒幽雅通往每家每户的石板路，独山村沉静、素朴、温润、生态的室内夯土地面。

《园冶》铺地篇中详细地讲解了鹅卵石、瓦、石板、青石板与青砖等诸多铺地材料，是依据材料种类来分类的。因此，浙江传统村落的生态铺装根据材料种类可以分为以下几类：青砖铺装技法、卵石铺装技法、石板铺装技法与夯土铺装技法。

（一）青砖铺装技法

1. 青砖铺装概况

青砖，是比较传统的陶烧建筑材料，孔隙多，渗透性强，形状规则，颜色纯正，密度高，抗压性强，无辐射，部分可回收，可以说是绿色材料。以前，因为经济与交通的阻塞，浙江很多地方为了满足建设用砖，常常于村外就地开窑烧制青砖，现存的衢州市老砖窑、嘉善县的沈家窑与仙居县东周村的千年砖窑就是最好的证明。调研发现，浙江传统村落的青砖铺装有以下特点。

（1）浙江传统村落青砖铺装，大多数是采用了“立铺”的方式。因为青砖立铺后，埋进地里面的深度≥ 12cm，功效完全与现代铺装中的“混凝土垫层 + 铺装面层”类似，可以仅靠青砖彼此的摩擦挤压就能够维持铺装结构的稳定与牢固，后期翻修维护也简单。

（2）浙江传统村落青砖铺装，大多数分布于天井或院落，比如杭州市上吴方村；很少用于铺路，仅在浙南芙蓉村、浙北新叶村部分道路见到过。可能是因为以前青砖的产能、经济与交通条件的限制，导致青砖大多数用于房屋建设，比较少用于铺装。

2. 青砖铺装分类

因为青砖铺装大多数是采用“立铺”的方式，所以做法大多类似，但是它们的图样纹理存在着比较大的差别，有的简单，有的复杂，有的精致。因此，可以根据青砖“立铺”后呈现的图样纹理，把浙江传统村落的青砖铺装划分为以下几类：乱纹铺法、人字纹铺法、工字纹铺法与田字纹铺法（见表 6–23）。

表 6–23　浙江传统村落青砖铺装的分类与概念

技法名称	技法概念	生态特性
乱纹铺法	将破损的青砖竖立，随意垂直地面摆放，彼此挤紧，然后铺设成块状道路或场地的方法（见图 6-73）	青砖内部结构缝隙较多，渗透性强，雨水能够穿过青砖渗入地下，回灌地下水。另外，青砖具有吸排湿功能，内部无数的孔隙夜晚能够吸收湿气，白天释放湿气，有利于维持局部环境的湿度
人字纹铺法	将青砖竖立起来，按照“人字纹”垂直地面摆放，彼此挤紧，然后铺设成块状道路或场地的方法（见图 6-74）	
工字纹铺法	将青砖竖立起来，按照“工字纹”垂直地面摆放，彼此挤紧，然后铺设成块状道路或场地的方法（见图 6-75）	
田字纹铺法	将青砖竖立起来，按照“田字纹”垂直地面摆放，彼此挤紧，然后铺设成块状道路或场地的方法（见图 6-76）	

3. 青砖铺装做法

浙江传统村落的青砖铺装结构是非常实用、简单、生态的，经访谈得知，仅有一种结构：12cm 厚的青砖立铺面层 + 3cm 厚的灰土层 / 黄泥层 + 15 ~ 30cm 厚的碎石垫层或碎砖瓦垫层 + 素土夯实层；而面层的纹理则变化多样，经调研得知，有荻港村的乱纹铺法、张家渡村的人字纹浦法、上吴方村的工字纹铺法、寺平村的田字纹铺法等。因此，浙江传统村落青砖铺装施工步骤如下（见图 6–77）。

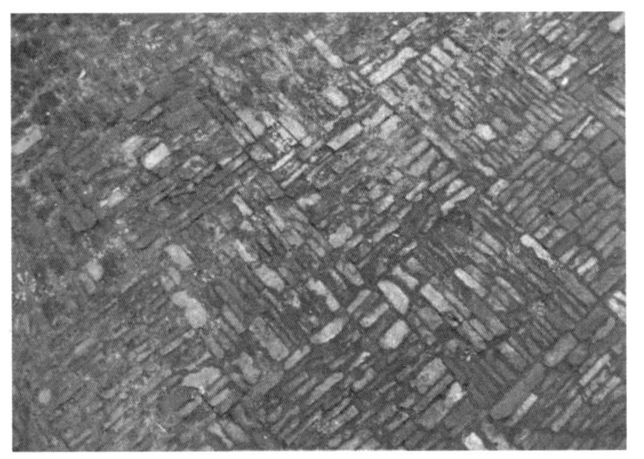

图 6–73　湖州市荻港村“乱纹”青砖铺装

图 6–74　台州市张家渡村“人字纹”青砖铺装

图 6–75　杭州市新叶村“工字纹”青砖铺装

图 6–76　金华市寺平村“田字纹”青砖铺装

（1）素土夯实（夯实度≥ 90%）。先用锄头或铲锹把需要铺设的场地整理平整，然后把平整后的场地进行夯打，让原有场地的泥变得更加结实平整。另外，假如铺设场地都是坚固的岩石 / 碎石地面的话，只需要把场地修理平整即可。

（2）碎石粗砂垫层或碎砖瓦垫层。把从当地河流里挑选出的碎石粗砂或房屋修缮拆除后留下的废弃碎砖瓦，均匀撒铺在素土夯实的场地上，分层夯打压实，直到垫层厚度达 15 ~ 30cm。

（3）铺设道路或场地侧石。垫层上方用墨斗弹出需要铺设场地的形状与界线，然后把侧石沿着界线铺设，包围场地，侧石的作用是支撑内部的青砖面层防止被踩踏后出现歪斜。

（4）田泥层 / 黄泥层 / 灰土层。沿着侧石围成的界线往碎石粗砂垫层或碎砖瓦垫层上均匀撒铺 3cm 厚的灰土、农田或山岭挖取的带有黏性的黄泥或田泥，用泥刀拨弄令各处均匀。

（5）铺设青砖面层。将青砖竖立，按照需要的面层图样与纹理逐步铺设，青砖要挤压密实。注意，砖身有裂缝、缺边、掉角或规格尺寸有大偏差的青砖要挑出，禁止铺在场地中。

（6）细泥 / 灰土扫缝。为加强青砖面层的坚固度与稳定性，避免缝隙面层被踩踏凹陷情况，所以需用筛后田泥或黄泥 / 灰土填充塞实青砖间的缝隙，扫缝最好铺一段扫一段，扫缝要充实饱满，避免出现忘扫、漏扫与少扫的情况。

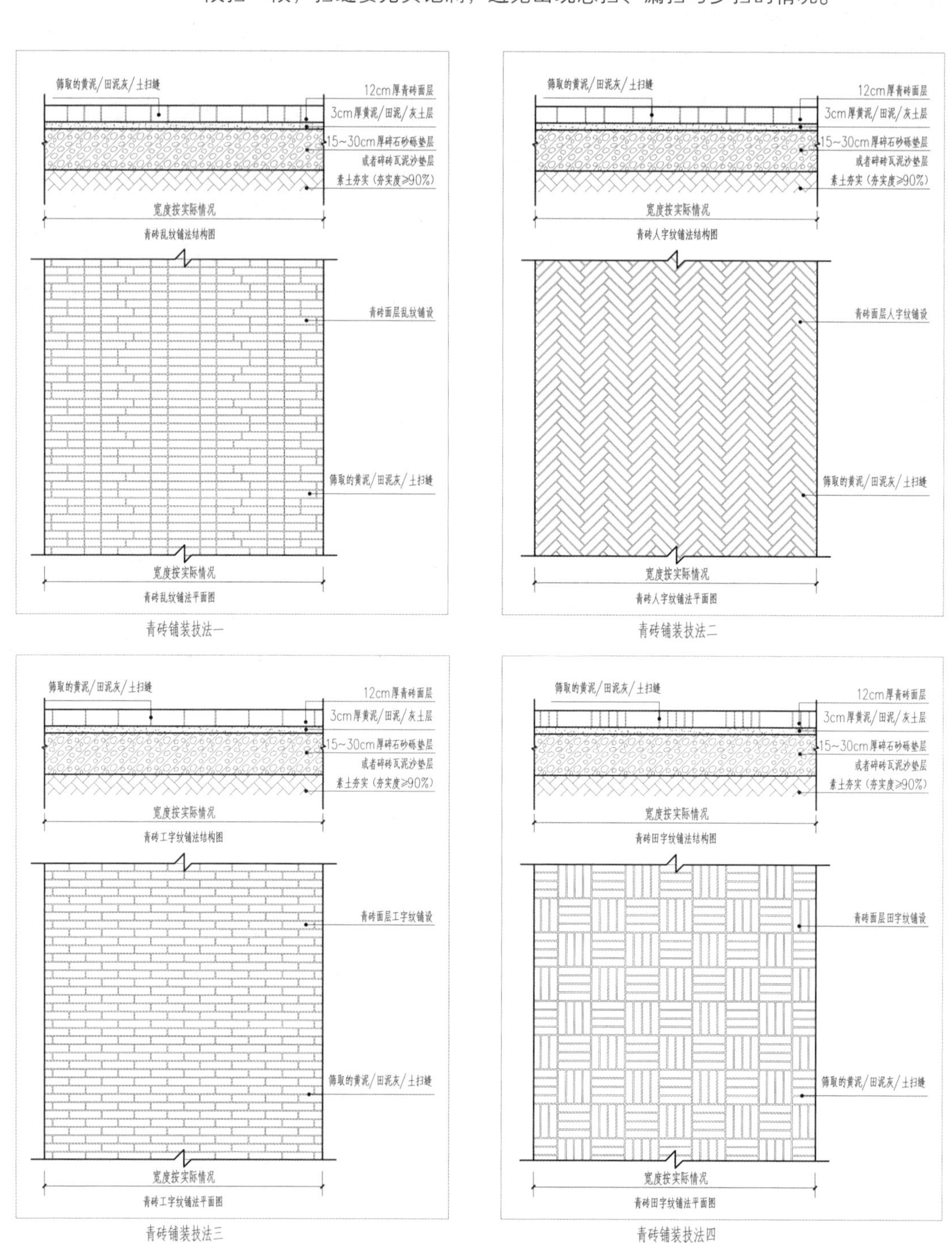

青砖铺装技法一　青砖铺装技法二

青砖铺装技法三　青砖铺装技法四

图 6-77　浙江传统村落青砖铺装图样

（二）卵石铺装技法

1. 卵石铺装概况

卵石产于多山石环境的河流，毫无疑问地成为滨水传统村落的重要建设材料，若论品位独特、铺设考究、种类多样、分布密聚、富有传统性的乱石铺装技法非浙江、江苏与福建三省莫属。调研发现，几乎所有浙江传统村落都用卵石做铺装材料，仅有荻港村、走马塘村与东门渔村没有卵石铺装，但从它们建筑卵石墙基与卵石挡墙依稀可见曾经使用卵石的印记。卵石铺装材料仅有卵石、黄泥、黑泥（田泥）或灰土，依靠卵石间的摩擦、挤压与镶嵌形成牢固的结构。据说有的传统村落卵石铺装使用了上百年，比如浙东宁波市的许家山村、浙南温州的碗窑村或浙西衢州市霞山村。

2. 卵石铺装分类

调研发现，浙江传统村落中使用的卵石粒径范围是 5 ~ 25cm，根据卵石粒径的大小，浙江传统村落的卵石铺装可划分为两类，一类是粗卵石生态铺装，卵石粒径 10 ~ 25cm；另一类是细卵石生态铺装，卵石粒径 5 ~ 10cm，两者选用卵石的方法各有特点（见表 6-24）。

表 6-24　浙江传统村落卵石铺装技法的分类与概念

技法名称	技法概念	生态特性
细卵石铺装技法	粒径 5 ~ 10cm，扁圆系数 4 ~ 8 的卵石立铺嵌埋在地面，通过卵石彼此间的挤压摩擦形成稳定性较好的铺装的方法（见图 6-78）。扁圆系数：即最大粒径与最大厚度之比，代表粒径与厚度的比例关系，扁圆系数越大，代表着卵石越扁	生态卵石铺装拥有优良的雨水渗透性能与孔隙率占比，能够减低路面噪声、降低地面径流、缓解城市排洪压力、回灌地下水、改善微环境与提高人居环境质量，明显地提高了居住与生活的舒适性，是一种生态效果突出的可持续性铺装技法
粗卵石铺装技法	粒径 12 ~ 25cm，厚度 12 ~ 15cm 的卵石平铺嵌埋在地面，通过卵石彼此间的挤压形成稳定性较好的铺装的方法（见图 6-79）。粗卵石的选用要求是：①最大粒径所在的粗卵石面是扁平的，没有缺口。②粗卵石厚度要达到 12 ~ 15cm，此厚度的粗卵石即使是将其独自嵌埋在土壤中，它的稳定性也是比较好的	

3. 卵石铺装做法

细卵石铺装大多分布在浙江传统村落较隐私的天井或院落，比如说张家渡村白象书院的天井、前路村石板明堂的天井与南阁村的章纶故居院落；粗卵石铺装大多分布在浙江传统村落较公共的街巷或道路，比如说上吴方村房屋间的窄巷、华堂村 1km 长的卵石路与鹿亭中村的仙圣庙戏台地面；但也有例外，像乌石村、许家山村与东皋村粗卵石较多，无论是天井与院落，抑或是街巷与道路，都是用粗卵石做铺装。对部分铺装挖掘取样，发现粗卵石铺装与细卵石铺装的结构类似，它们的结构是：素土夯实层 + 15 ~ 30cm 厚碎石粗砂垫层 / 碎砖瓦垫层 + 10 ~ 12cm 田泥夯实层 / 灰土层 + 细 / 粗卵石面层（见图 6-80）。

图 6–78　丽水市河阳村的细卵石铺装

图 6–79　绍兴市冢斜村的粗卵石铺装

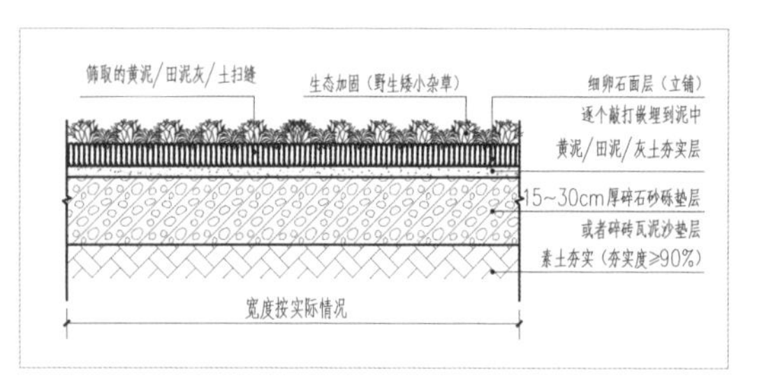

细卵石铺装结构图

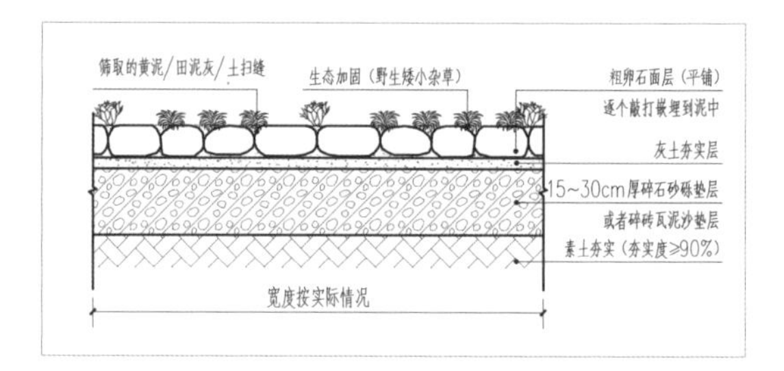

粗卵石铺装结构图

图 6–80　浙江传统村落卵石铺装结构图

细卵石与粗卵石的图样纹理差异性非常大，细卵石铺装的图样是先用扁卵石嵌拼出许多瑞兽形、植物形、法器形或几何形的图样单元，然后通过图样单元大小变化或彼此间的排列、重叠、组合形成繁复、精致、朴素的铺地图样（见图 6–81）。而粗卵石的铺地图样比较简单，大部分都是通过卵石镶嵌角度或排列方式的改变形成的，粗犷而淡雅；但也有例外，苍坡村用粗卵石与石条结合铺设出复杂的八卦形图样。因此，研究浙江传统村落的生态卵石铺装应该将细卵石铺装与粗卵石铺装分开，对细卵石铺装研究它们的图样构图单元（见图 6–82），而对粗卵石则需要研究它们的图样纹理（见图 6–83）。浙江传统村落粗、细卵石铺装施工步骤是类似的，包括以下几点。

（1）素土夯实。先用锄头或铲锹把需要铺设的场地整理平整，然后夯打平整后的场地，让原有场地的泥变得更加结实平整（夯实度≥ 90%）。另外，假如铺设场地都是坚固的岩石 / 碎石地面的话，只需要把场地修理平整即可。

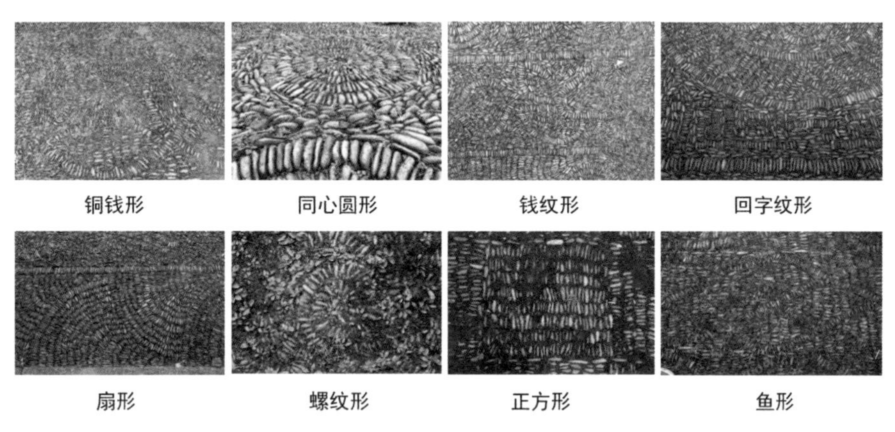

图 6–81　浙江传统村落卵石铺装的图样单元

（2）碎石粗砂垫层或碎砖瓦垫层。把从当地河流里挑选出的碎石粗砂或房屋修缮拆除后留下的废弃碎砖瓦，均匀撒铺在素土夯实的场地上，分层夯打压实，直到垫层厚度达 15 ~ 30cm。

（3）铺设道路或场地侧石。垫层上方用墨斗弹出需要铺设场地的形状与界线，然后把侧石沿着界线铺设，包围场地，侧石的作用是支撑内部的卵石面层防止被踩踏后出现歪斜。

（4）田泥层 / 黄泥层 / 灰土层。沿着侧石围城的界线往碎石粗砂垫层或碎砖瓦垫层上均匀撒铺 10cm 厚的灰土或农田山岭挖取的带有黏性的黄泥或黑泥（田泥），层层夯打结实。

（5）场地构图放样。在夯实的灰土层 / 田泥层 / 黄泥层上画出构思好的图样，然后用竹木曲尺或曲板框出需要铺设的图样，最后把分拣好的卵石根据形状、棱角、大小的不同有规律有方向地按照图样放线竖立摆放，让其稍微嵌进泥中。

（6）敲打嵌埋卵石。在放好样的场地内，利用木槌把竖立半埋的卵石敲打夯实直到卵石横竖紧密水平排列。敲打嵌埋时应注意卵石间要互相挤压，凹凸要咬合到位，从而能够依靠卵石彼此的咬合、摩擦与挤压做到稳定而不出现上下凹陷。

（7）细泥 / 灰土扫缝。往铺设好的卵石层表面倾撒经过筛选的、有较强黏性的、粒径在 0.25cm 以内的灰黑色田泥填塞卵石间的缝隙，然后利用扫把或铲子将其推平。注意扫缝时，缝隙里填塞的泥壤要饱满，避免出现忘扫、漏扫与少扫的情况。

（8）自然生态加固。刚完成的生态卵石铺装因为鹅卵石表面比较光滑，所以在风吹雨打时，疏松的田泥 / 细泥会在缝隙中沉降，加上人们长久在其上行走，卵石在雨水与踩踏双重作用下，受到挤压，会变得紧实而牢固。另外，随着时间的推移，地表会长出许多低矮的杂草，杂草的根部会把缝隙甚至垫层的黑泥箍紧，从而提升卵石铺装的稳定性与牢固度。河阳村一位 85 岁的老工匠在接受作者采访时自豪地说："卵石地面的施工工艺非常简单，没有使用一点儿水泥，也没用过石灰，但是时间久了，地面常会长出许多矮小的杂草，这些矮小的杂草会让地面变得更加牢固。"

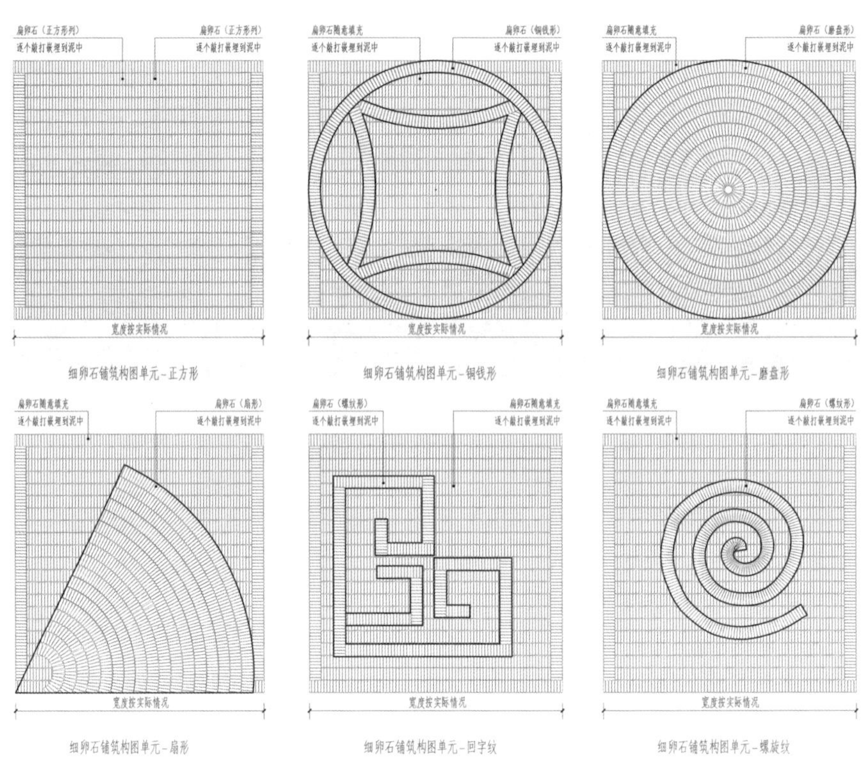

图 6-82 浙江传统村落细卵石铺装构图单元图样

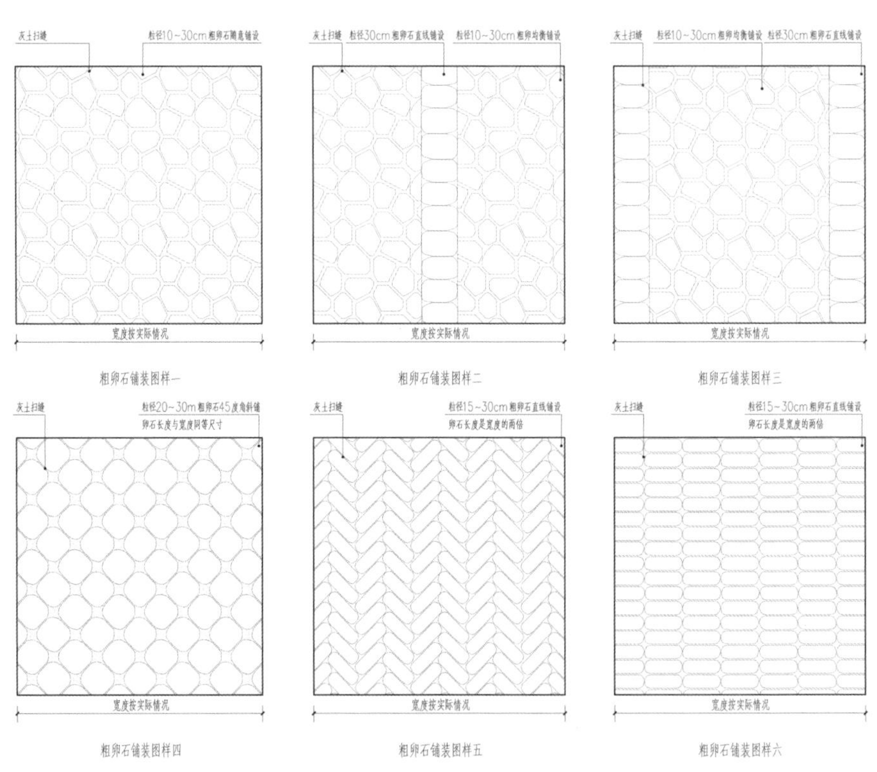

图 6-83 浙江传统村落粗卵石铺装面层图样

（三）石板铺装技法

1. 石板铺装概况

石板是微晶变质岩，它们的重量轻、石质坚硬、耐酸碱、耐腐蚀、耐风化，所以经久耐用、物美价廉、自然美观。我国从 20 世纪 80 年代开始大规模开发并使用石材，浙江省的萧山就是靠开采黑色与绿色的石板而闻名全国的，可惜产量较少。以前，浙江传统村落美化地面所用的铺装石板大多数都是靠人力开采的，所以每块石板的大小、色彩与厚度都存在着比较大的差异，大的有 2m 长，厚 20cm，小的仅 0.3m 长，厚 5cm。传统石板的范畴是非常广泛的，它包括了厚度在 5 ~ 20cm 范围内的石条、条石、长方形石板、正方形石板或碎石板。以前浙江传统村落所用的石板长度常在 1m 以上，厚度多在 10 ~ 20cm，所以将它们简单地铺在地上，底部垫实，石板彼此挤压紧密，结构就会非常稳定、牢固与安全。调研发现，浙江传统村落的石板铺装有以下特点。

（1）浙江平原河网类与山间盆地类传统村落使用石板做铺装的频率最高，几乎所有的传统村落都存在石板铺装，比如说浦江县新光村、诸暨市斯宅村与磐安县梓誉村。因为石板铺装平整度高，所以比较受村民喜欢。

（2）浙江传统村落石板铺装的分布多样，室内地面可用石板，比如荻港村；天井地面可用石板，比如新叶村；街巷地面可用石板，比如河阳村；公共场地也可以用石板，比如走马塘村。但石板多分布在公共区域，比如道路、祠堂前方广场、街巷。

（3）浙江传统村落原有的石板铺装表面比较粗糙，大多是自然面，坑坑洼洼比较多，与现代石板光滑面、荔枝面或火烧面有很大的区别。因为以前石材开采技法比较落后，所以导致石板表面比较粗糙。另外，自然面的石板与传统村落原始、自然、质朴的景观风貌更为协调。

2. 石板铺装分类

根据石板铺设后所呈现的图样与纹理，浙江传统村落的石板铺装可以划分为 5 类，分别是冰裂纹铺法、一字纹铺法、工字纹铺法、十字纹铺法与嵌草汀步法（见表 6-25）。

表 6-25　浙江传统村落石板铺装的分类与概念

技法名称	技法概念	生态特性
冰裂纹铺法	用破碎的石板或把成块的石板敲碎成各种碎片，然后用碎片拼接，铺设成“冰裂纹”图样的方法（见图 6-84）	板石是致密的材料，但石板铺装的缝隙与垫层没有使用密封性材料（特指水泥），所以透水性与透气性很强，雨水能够回灌地下水。良好的气水循环能够维持场地湿度，改善铺装场地的微环境
一字纹铺法	用长度大于 1m，宽度 20 ~ 60cm 的板石（条石），按照一字形直线排列铺设的方法（见图 6-85）	
工字纹铺法	用长是宽两倍（例如：80cm × 40cm）的石板，按照工字形排列铺设的方法（见图 6-86）	
十字纹铺法	用同种规格的长方形或正方形石板缝对缝，按照十字形排列铺设的方法（见图 6-87）	

技法名称	技法概念	生态特性
嵌草汀步法	按照规定的间距（中心距离60cm）填埋踏步石，使其微露出地面，并在踏步石周围种草，使人能够跨步而过的方法。汀步原是古老的渡水设施，质朴自然，别有情趣，如果将汀步石美化成荷叶形，雅称为“莲步”	在踏步石的周围植草，利用草根固泥的特性，可以把踏步石周围的土壤牢固度提高

图6-84　宁波市许家山村石板冰裂纹铺法

图6-85　杭州市荻港村石板一字纹铺法

图6-86　宁波市走马塘村石板工字纹铺法

图6-87　金华市榉溪村石板十字纹铺法

3. 石板铺装做法

荻港村的老工匠曾说："老石板是以前铺于大门口的石头，沧朴庄重而不失灵动，石板大多长约 1m，宽约 50cm，厚约 15cm，经年累月而不坏。因为老石板没有详细的规格，实地铺设，所以老街看着舒服，很有农村的特色。"浙江传统村落中的石板铺装虽然铺法很多，但彼此都是大同小异，仅是石板面层的图样纹理稍有差别而已，因此，将浙江传统村落石板铺装施工步骤总结如下（见图 6-88）。

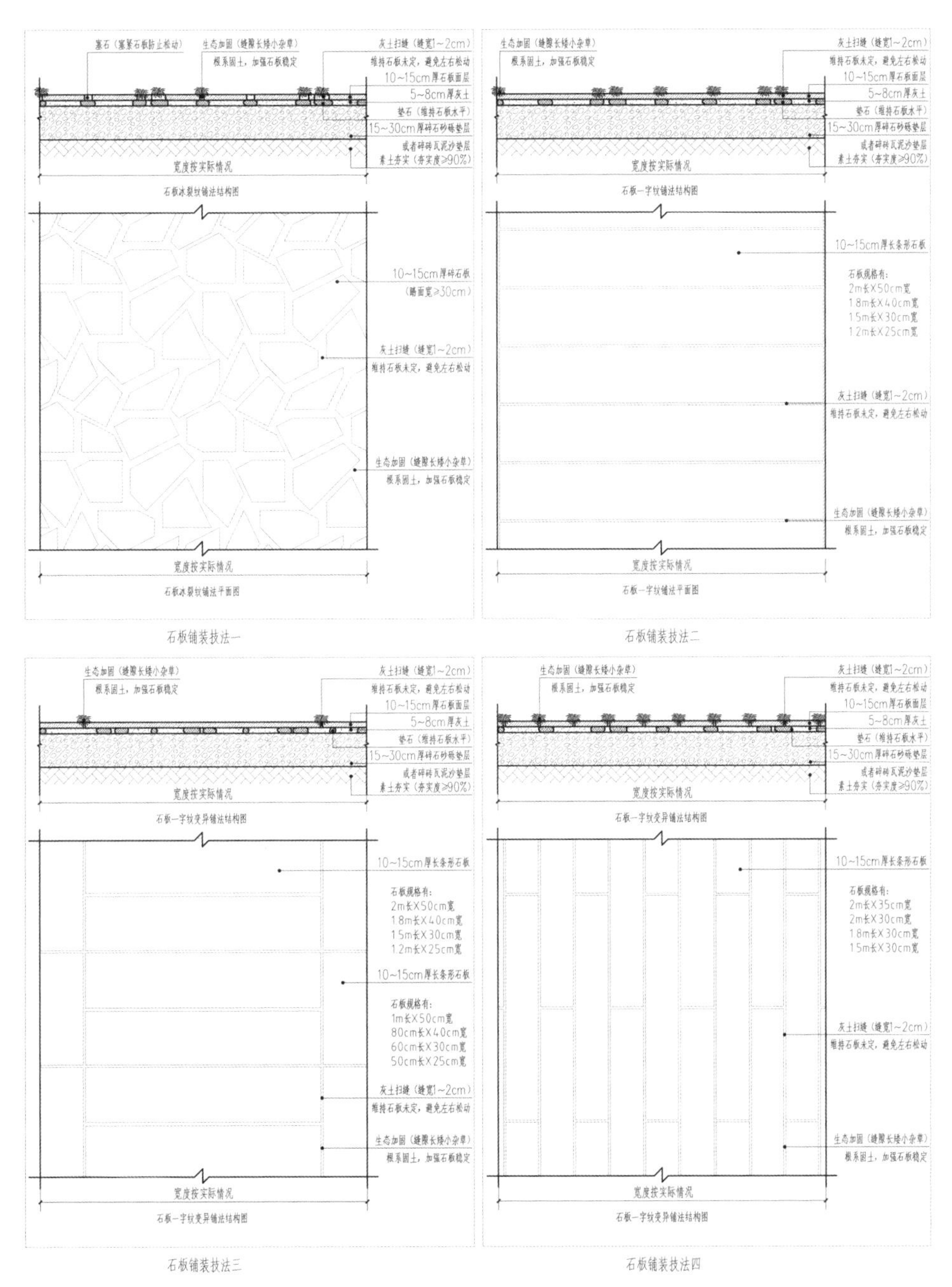

图 6-88　浙江传统村落石板铺装图样

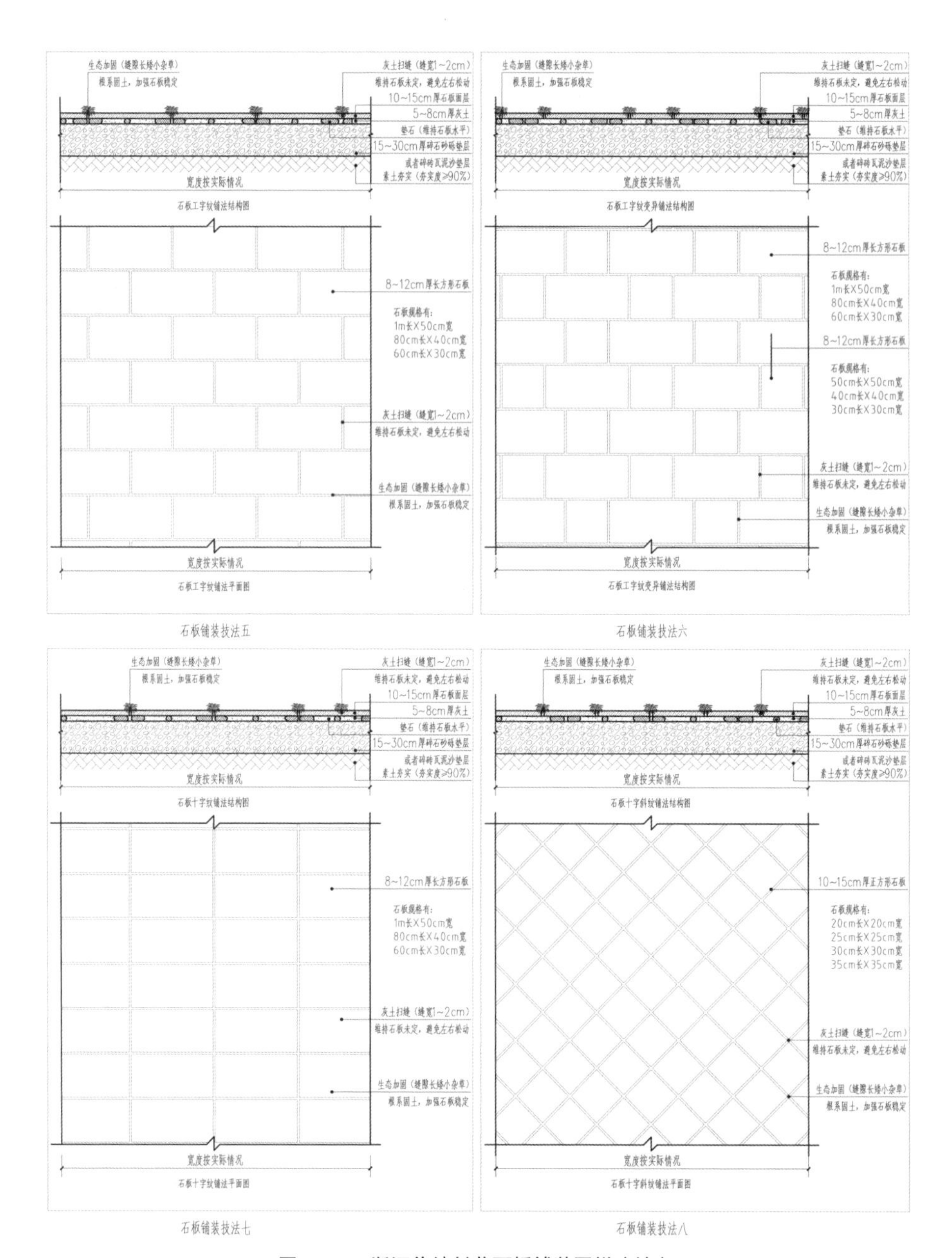

图 6–88　浙江传统村落石板铺装图样（续）

（1）素土夯实。先利用锄头或铲锹把需要铺设的场地整理平整，然后夯打平整后的场地，让原有场地的泥变得更加结实平整（夯实度≥ 90%）。另外，假如铺设场地都是坚固的岩石 / 碎石地面的话，只需要把场地修理平整即可。

（2）碎石粗砂垫层或碎砖瓦垫层。把从当地河流里挑选出的碎石粗砂或房屋修缮拆除后留下的废弃碎砖瓦，均匀撒铺在素土夯实的场地上，分层夯打压实，直到垫层厚度达 15 ～ 30cm。

（3）田泥层 / 黄泥层 / 灰土层。沿着侧石围成的界线往碎石粗砂垫层或碎砖瓦垫层上均匀撒铺 5 ~ 8cm 厚的灰土（多指石灰、黄泥、糯米浆级配混合物），用泥刀拨弄，令撒铺均匀。

（4）试放与铺石板。铺设前把石板试放，假如石板有突兀，用锤修凿敲打突兀的地方或在石板底部放垫石，从石板底部把垫石敲进石板底下缝隙中从而把石板抬高。石板间缝隙较大时，也可从石板缝隙中把塞石敲进去，让石板间彼此挤紧，避免缝隙导致松动。

（5）细泥 / 灰土扫缝。为加强石板面层的坚固度与稳定性，避免缝隙面层被踩踏凹陷情况，所以需用筛后田泥或黄泥 / 灰土填充塞实青砖间的缝隙，扫缝最好铺一段扫一段，扫缝要充实饱满，避免出现忘扫、漏扫与少扫的情况。

（四）夯土铺装技法

1. 夯土铺装概况

夯土，就地取材，能够减少开采与运输的费用；无须再加工直接使用，降低加工或生产能耗；可循环再用或回归自然，对生态环境影响很低。夯土铺装，别称夯土地面，是指把石灰、糯米浆、黄泥或黑泥加水搅拌混合，层层夯打结实形成的光滑平整地面。以前，浙江传统村落里面并不是所有群众都有条件做精美耐用的青砖、卵石或石板地面，那些贫苦村民唯有退而求其次，采用夯土的方法对自己房屋地面进行美化。调研发现，浙江传统村落现存的夯土铺装多分布于室内地面或檐廊底下的地面，比如浙北杭州市上吴方村部分房屋地面，浙南丽水市独山村部分房屋檐廊的地面。另外，台州市张家渡村新修缮的白象书院中添加现代改良剂的夯土地面也只是铺设在室内或檐廊底下的地面。原因是夯土怕水，遇水经踩踏就会变泥泞或破碎。虽然目前浙江传统村落因为经济发达的原因几乎不用夯土地面了，但有必要把它的做法传承好，希望可以被现代技术改良，从而焕发出新的生机与活力。

2. 夯土铺装分类

根据夯打所用的材料，可以把浙江传统村落的夯土铺装分为两类，一类是像张家渡村白象书院的黄泥夯土铺装，另一类是像上吴方村室内地面的黑泥夯土铺装（见表 6–26）。

表 6–26　　浙江传统村落夯土铺装分类与概念

技法名称	技法概念	生态特性
黄泥夯土铺装	把石灰、糯米浆、黄泥加水搅拌混合，层层夯打结实形成的光滑平整地面（见图 6-89）	就地取材，降低开采、购买与运输费用；改善房屋内环境，冬暖夏凉；维持“气–水–大地”的循环，生态性强
黑泥夯土铺装	把石灰、糯米浆、黑泥加水搅拌混合，层层夯打结实形成的光滑平整地面（见图 6-90）	

图 6-89　台州市张家渡村黄泥夯土地面

图 6-90　杭州市上吴方村房屋黑泥夯土地面

3. 夯土铺装做法

浙江传统村落的夯土铺装做法与青砖、卵石与石板铺装的做法有比较多类似的地方，最大的差异是夯土铺装结构最上层没有硬质性的石材或烧结陶材，而是从山岭或田里挖取的黄泥或黑泥。因此，将浙江传统村落夯土铺装技法总结如下（见图 6-91）。

（1）素土夯实。先利用锄头或铲锹把需要铺设的场地整理平整，然后夯打平整后的场地，让原有场地的泥变得更加结实平整（夯实度≥ 90%）。另外，假如铺设场地都是坚固的岩石 / 碎石地面的话，只需要把场地修理平整即可。

（2）碎石粗砂垫层或碎砖瓦垫层。把从当地河流里挑选出的碎石粗砂或房屋修缮拆除后留下的废弃碎砖瓦与石灰、糯米浆、黄泥或黑泥加水搅拌均匀，然后均匀撒铺在素土夯实的场地上，分层夯打结实，垫层的厚度可达 15 ~ 30cm。

（3）分层夯土。筛好的黄泥或黑泥加水搅拌，湿度掌握好，搅拌均匀后往里面添加石灰、糯米浆或桐油，边加石灰浆或骨料边搅拌。搅拌均匀后把掺料的黄泥或黑泥均匀撒铺到碎石或碎砖瓦垫层上，每到虚高 5cm 时就夯打，夯打结实平整后，再次撒铺掺料黄泥或黑泥，再次夯打，分层夯实，直到密实、坚硬、平整时的厚度达到标准后停止夯打。另外，搅拌好后的材料最好及时用掉，避免久放性能变差。

（4）刮修表面。夯土层全部完成后，用湿度合适的掺料细黄泥或细黑泥刮修表面，直到表面平整光滑，然后洒水养护合适时间投入使用。

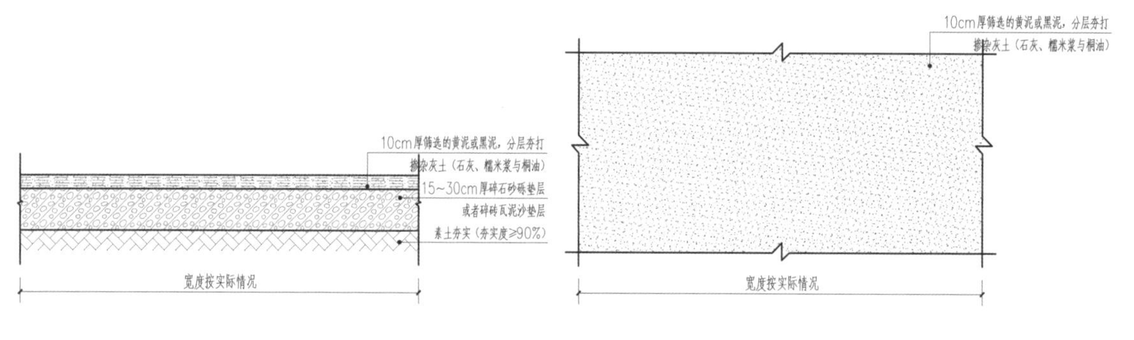

图 6-91　浙江传统村落夯土铺装图样

第三篇

传承创新、独领风骚：浙派园林经典案例

第七章

浙派园林传统名园案例

第一节　西湖古典园林之冠——郭庄

郭庄坐落在西湖西岸，原为绸商宋端甫于清光绪三十三年（1907 年）所建，是宋氏祠堂的所在地，原名宋庄。明清时期的宋庄，除家族祠堂之用外，住宅和园林供园主人休养，平时还对外开放，举行一些“壶觞雅集”的活动。民国期间宋家败落，将宋庄卖给汾阳郭氏，改称汾阳别墅，俗称郭庄。郭庄被誉为“西湖古典园林之冠”，与刘庄、汪庄和蒋庄并称为西湖四大名园，素有“不到郭庄，难识西湖园林”之说。《江南园林志》一书称其为：“雅洁有致似吴门之网师，为武林池馆中最富古趣者。”陈从周先生本着修旧如旧的理念，在 1989 年主持重修了郭庄（见图 7-1）。

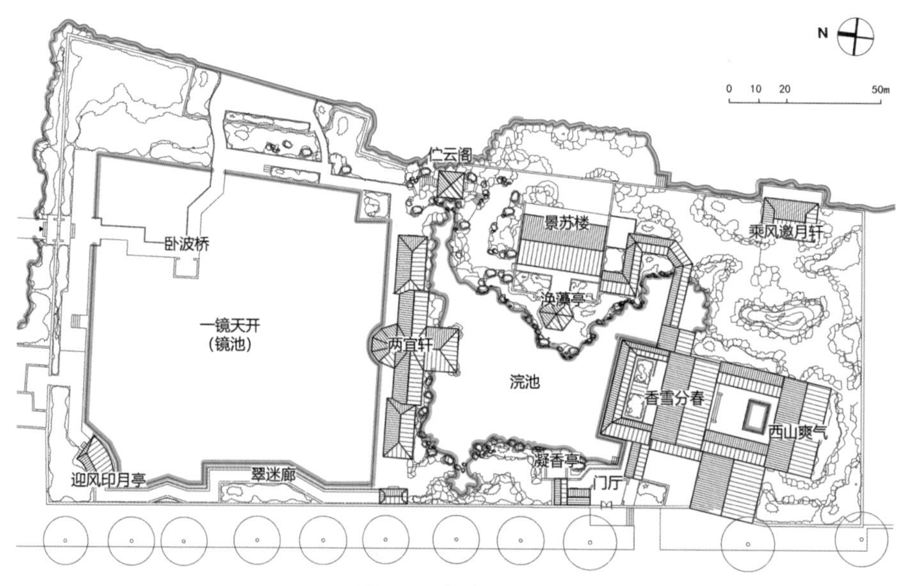

图 7-1　郭庄平面图

一、选址江湖，自得清净

俞樾在《宋氏祠堂联》中写道："祠在西湖卧龙桥畔，乃里六桥之一也。……曲港金沙、长桥玉带，葱茏佳气到云礽。"可见，明清时期的郭庄东临西里湖，南濒卧龙桥，西靠杨公堤，北接曲院风荷，其选址是极为讨巧的江湖地，不仅地理位置优越，四周景色宜人，能将西湖美景纳入园中，而且能够因地制宜地将西湖之水引入园内加以利用。陈从周先生在其《重修汾阳别墅记》中写道："园外有湖，湖外有堤，堤外有山，山上有塔，西湖之胜汾阳别墅得之矣。"园主人尤为懂得利用其地理位置的优越性，不同于苏州沧浪亭虽临小河却依旧高筑园墙，自成天地。对于郭庄而言，单纯将西湖全景作为全园主景有些过于单一，缺乏层次感。故郭庄在造园手法上，用围墙"屏蔽"了部分西湖，只选取几个点观赏西湖，分别是：乘风邀月轩、景苏阁外观景平台、赏心悦目亭和北面"园"区的观景平台（见图 7–2）。所选四个点观景形式高低俯仰各不相同，如此处理，既发扬了相地之所长：在山水间求得私家园林的安静氛围；又克服了用地之短：完全以东面西湖为借景过于单调无聊。园小乾坤大，其选址可谓是功不可没。

图 7–2　从郭庄四个观景点看西湖

二、布局大气，宅园分离

郭庄整体布局随宜，建筑密度适中，以两宜轩为分隔，是典型的前宅后园的形式，南面为“宅”，北面为“园”。宅区作为整个园林的入口，其南面建筑密集，是主人居家、会客之场所，其中“浣池”模仿自然形态而建，池岸曲折蜿蜒，池边太湖石堆砌，与苏州私家园林十分相似（见图 7–3）。苏南园林造园都以建筑为主，留园、拙政园、网师园等名园的入口皆为主体建筑的入口，经过曲折迂回于建筑之间的廊才能一窥其中的园林，属园宅一体。然而较为与众不同的是，郭庄以两宜轩为界，南面似传统苏州园林布局，北面却浑然不同。

图 7–3　以浣池为中心的郭庄“宅”区

北面“园”区意图营造一种天然大气的感觉（见图 7–4）。首先，其中建筑围绕境池展开，建筑布局较“宅”区更为疏朗。在平面形式上，不如苏南园林一般追求平面的迂回曲折。但为追求空间层次的多变，郭庄布局注重高低错落的变化，两宜轩、如沐春风亭、翠迷廊、迎风映月亭以及最南面的赏心悦目阁，组成了郭庄丰富的布局层次。其次，镜池为“园”的中心，镜池形状较为规整，陈从周指出：“苏南之园，其池多曲，其境柔和。宁绍之园，其池多方，其景平直。”方池是为明初江南园林审美中较为独特的一点，到了明末时期，苏南地区受造园名家“以小见大”的审美思想影响较深，逐渐地转方为曲。然而在浙北地区，仍然保留了对方池的审美，如郭庄中的方池和曲池兼具，疏密得当，就是最好的例证。郭庄镜池边上的景物，有层次地倒映在水面，水天一色，扩大了空间视觉效果，更显北面“园”区布局之大气。可见郭庄在造园之初就不刻求曲折，而是更加带有南宋朱熹诗中“半亩方塘一鉴开，天光云影共徘徊”的上升至“理”学的思想。

图 7–4　以镜池为中心的郭庄“园”区

三、模山范水，宛自天开

《杭州通》对郭庄是这么描述的：“园濒湖构台榭，有船坞，以水池为中心，曲水与西湖相通，旁垒湖石假山，玲珑剔透。”中国传统园林可粗略分为山园和水园，而郭庄是水园的代表之一。水园中的山石这一造园要素是从属于水的，因此郭庄的筑山数量不多，但其筑山也有自己的特色，可以概括为“秀”“崎”“疏”三方面。“秀”的手法是将山矮化、小化，使山既有高耸的景致和神韵，又具有可攀性。如赏心悦目亭所在的假山石，它既模仿自然山体，并有小路可供游人攀登至山石的最高处，并在最高处设亭，供人休憩、赏景。“崎”的手法是在山上有目的地布置各类怪石，这是造园者对自然山体的模仿，如沿小路登上赏心悦目亭，路旁怪石林立、高低不齐，既是模仿自然，又点缀了路边的风景。“疏”的手法是疏密有致的山体格局，镜池区域为疏，浣池区域为密，而密中又产生高低错落的差别，使郭庄筑山富有变化。这三个特点虽然并不能够概括整个中国传统园林的叠山艺术，但在郭庄中得到了较好的表达。郭庄之水为西湖之水，赏心悦目亭下的假山隐藏了园林的入水口，并在园内以两宜轩为界，将水贯穿于“静必居”和“一镜天开”两大区域，给人以深邃藏幽、不可穷尽之感。但郭庄的水景并不止于园内，更是借助漏窗、观水平台等，虚借西湖水以拓展外围环境，并利用西湖已形成的自然景观和人文景观升华郭庄自身的格调和氛围，有了西湖大水面的衬托，郭庄也愈加显得雅洁而又富有古趣，似乎彰显了园主人“江海寄余生”“相忘于江湖”的人生境界。

郭庄的植物配置手法多样，有丛植、点植等，但其中以片植最为出彩。片植是利用同种植物仿造自然式进行成片种植，植物本身具有的自然美和人文美能够通过片植的处理手法而被放大、被凸显。如郭庄东南隅小庭院内片植梅树，取喻于宋代林逋喜爱梅花而又品行高洁的历史典故，林逋有《山园小梅》云：“众芳摇落独暄妍，占尽风情向小园。疏影横斜水清浅，暗香浮动月黄昏。”以诗的意境来提升园林本身的格调。同时，得益于西湖的大环境，片植的植物景观不仅仅局限于郭庄园内，更将郭庄周边的植物景观纳入园中，如园外北面片植的大片水杉林，既可作为“一镜天开”的背景，又为郭庄营造出密林深处有人家的意境。

第二节　清代杭州二十四景之一——留余山居

留余山居原址坐落于南高峰北麓，文献记载“……由六通寺循仄径而上，灌木丛薄中，奇石林立，不可名状。山阴陶骥，疏石得泉，飞珠喷玉，作琴筑声，逐于泉址结庐，辅以亭榭”。经查询文献，六通寺建于后汉隐帝乾祐二年（949 年）废于明嘉靖年间，由此推测大约在明中期，当时六通寺为入园必经之路，会稽山阴人陶骥在此建亭造榭，结庐而居。乾隆二十二年（1757 年），天子南巡，游玩于此，被园内茂盛的草木、林立的奇石、飞流而下的瀑布、水石相击发出的美妙声音所吸引，赐题“留余山居”四字为额。五年之后，乾隆二十七年（1762 年），乾隆再游此地，并为其中一景御书“听泉”二字。

据考，现杭州六通宾馆为原六通寺所在地，庭院后有棵距今 1050 多年的唐樟，根据张岱《西湖梦寻》中的描述，此为原法相寺的遗物，且周围还有“镜花阁”和“空山听雨”等，几处园林之间都仅咫尺之遥，可见南高峰的这一处颖秀坞在当时是一隅不可多得的园林胜地。“……泉从石壁下注，高数丈许，飞珠喷玉，滴崖石作琴筑声……”，可知园中有泉有瀑，集水成泉，由高至低跌落成瀑，且能汇聚成池，应在山谷地区。且在山居内，可以眺西湖望钱塘，其西南为南高峰，西北有北高峰，均对其远眺视线有所遮挡，故其坡向应为东北朝向，由此能大概确定留余山居在南高峰颖秀坞的位置。根据《南巡盛典名胜图录》界画中各种园林要素的布局形式（见图 7–5），作者复原了留余山居的平面图（见图 7–6）。

图 7–5　《南巡盛典名胜图录》中留余山居界画

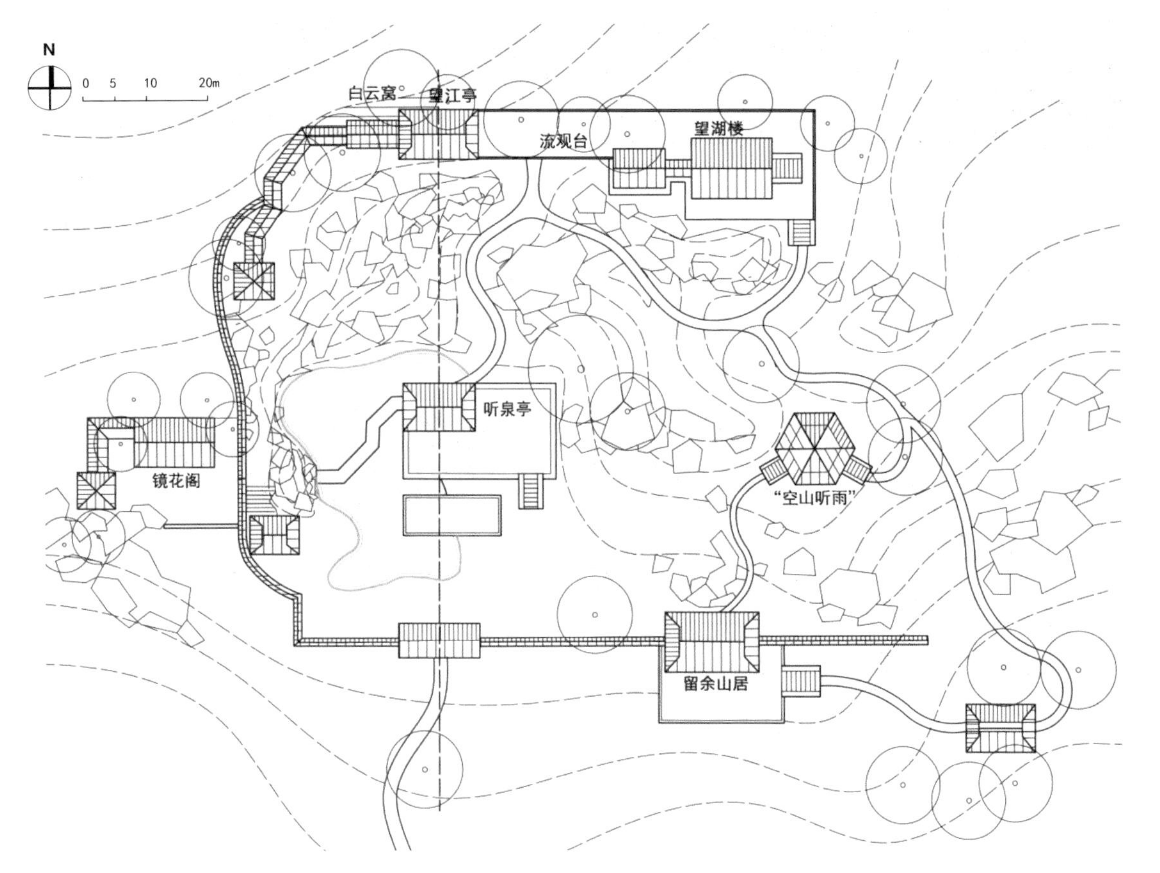

图 7–6 留余山居平面复原图

一、选址山林，真石为界

留余山居东瞰西湖，西望钱江，南眺雷峰，北倚南高峰，地势起伏，洞穴奥旷，曲径通幽，其选址环境已是得天独厚（见图 7–7）。加之留余山居位于颖秀坞中，从风水角度来说，可谓是“藏风、聚气、得水”。更为难得的是，“灌木”“奇石”“山泉”皆收入园中，这正是《园冶》相地篇中最佳的“山林地”。这样的选址能够“自成天然之趣，不烦人事之工”，并且浙派传统园林的灵魂就在于真山真水，对于追求天然之趣的园林审美而言，山林地提供了最原始的天然条件。留余山居古朴质拙，绿荫掩映，整个园林若隐若现，没有围墙等限定空间，真山真水构成了留园山居的边界，既可借景园外山水之景，又可营造出“湖山秀不尽，此处独留余”的画面感。这也正应了留余山居内对联所描述的：“凿开石径通云径，搜出真山作假山。”对于这样一处深藏山麓中的私家园林，少做点缀，仅仅是“凿”和“搜”，仿佛是顺其自然而不用刻意雕琢，就能让人心旷神怡，游目骋怀。

图 7–7　留余山居复原实景图

二、因地制宜，坐拥江湖

留余山居整体布局与地形巧妙结合，高低错落，山水构成全园的主要骨架，分隔全园空间，建筑点缀在游线上，作为点景或观景的对象，使得全园自然地在远近俯仰空间上也有了一种起承转合的园林空间关系。根据古籍描述，结合自绘的留余山居平面图，山居可分两大游线脉络，西线为爬山廊：山门—亭—听泉亭—白云窝—望江亭；东线为登山小径：山门—廊—留余山居—亭—流观台—望湖楼。进入山门后的西线，沿路有泉从石壁上流下，飞珠喷玉，声若琴音。在山岩中开凿洞穴，架以曲桥通向听泉亭所在的高台，此处山谷环绕，听泉赏瀑两不误。再顺着泉声向上攀爬，至流观台，上有望江亭，可远眺钱塘浩浩荡荡之景。东线过留余山居循仄径而上，一路修林茂竹，松声、鸟声，参错并奏，可见一处不知名的六角重檐攒尖顶亭子，再沿山路行至白云窝，上筑望湖楼，在此可见西湖烟波迷离的浩淼水景。无论近处的园景，远处的湖光、苏堤，以及更远的雷峰塔和南屏山，尽收眼底。这条路线营造出山路的清幽意境，与西线相比给人以不同的空间感受。

三、巧于因借，融园入景

留余山居的主人对于山居环境没有过多的修饰，总体还是保持了较为疏朗山野的园林特色。然而正是这么一处看似不费匠心雕琢的园林却名声在外，这离不开其中借景的匠心独运。全园最高处“流观台”，台与山地融为一体，台上筑有“望江楼”和“望湖亭”，为远眺钱塘江和俯瞰西湖之景视野最佳的观景点。而其中借园外之景也不仅仅是停留在目之所及的景观，还有一些“声”景、“香”景。留余山居园内有一处山泉，造园之前就存在，《南巡盛典》中描述：“步步踏奇石，声声听冷泉。”造园不但因山就势，且西线顺泉成景，在游览路线上做到了不见其泉，但闻其声。泉在园中经过一段山崖跌落又成瀑布，在造园之初就凿池以观瀑听泉，在泉东侧筑“听泉亭”。留余山居内，还曾有一处“空山听雨”景观，但现已不存，不由让人想起明代陈继儒《小窗幽记》：“空山听雨，是人生如意事。听雨必于空山破寺中。寒雨围炉，可以烧败叶，烹鲜竹。”留余山居东线幽静深邃，且游线途中筑有一无名亭正与诗中描绘的自然氛围相符。

通过望江、望湖、听泉、听雨等建筑的命名不难看出，留余山居的主人在造园之初就有了主动开拓园外之景，融园入景的思考。不论是借其色，借其声，借其香还是借其活，其所借对象多为江、湖、泉、山、林等自然环境，其中也不乏季相、时相、天相等的自然轮回与之相组合所形成的意境。

第三节　清代江南四大名园之一——安澜园

据考，安澜园园址在今浙江海宁盐官镇西北隅，本为南宋安化郡王王亢的故园。明万历二十四年（1596 年），海宁的陈氏兄弟相继考取功名，成为海宁首屈一指的官宦豪门。他们在王氏园的基础上重整园林，取名“隅园”，后人记述其“小大涧蛩鸣，百道源相通。潭鱼跃新水，园竹抽春丛”，“名园复昭旷，百顷涵清池。珍木晚逾翠，凉吹夕骤枝”，不乏溢美之词，可见隅园在当时经修葺后焕发新机，富有野趣的景象。清康熙二十四年（1685 年）后，陈氏的孙辈陈元龙借以编撰史书将隅园收为别业，在其耄耋之年终得告老还乡，告别官场，心愿初遂，便将隅园更名为“遂初园”。《海昌胜迹志》中记载：“……遂初园，……计地广六十余亩，池半之。泉石深邃，卉木古茂，为浙西园林之冠。”陈元龙殁后，该园为其子翰林院编修陈邦直所得。其间扩建园林广至百亩，“制崇简古”，园内有 30 余景。因其为陈氏别墅，当地俗称为陈园。乾隆二十七年（1762 年），乾隆南巡第一次到海宁，阅海塘后驻跸遂初园，取“顺其澜之安”之意，御书“安澜园”三字榜于门楣，遂初园自此更名为“安澜园”，之后乾隆连续三次南巡均到海宁驻安澜园。《南巡盛典》记载：“迨愚亭老人扩而益之，渐至百亩，楼观台树，供憩息、可眺游者三十余所，制崇简古，不事刻楼。”总的形容可以用二十四个字来概括：“镜水涟漪，楼台掩映，奇峰怪石，秀峭玲珑，古木修篁，苍翠蓊郁。”安澜园在乾隆时期乃江南四大名园之一，与南京瞻园、苏州狮子林、杭州小有天园并称。当时的苏州文学家沈复认为狮子林没有“山林之气”，游安澜园后认为，“余生平所历平地之园林，以此园为第一”，对安澜园来说，可以称得上是极高的评价了。

安澜园现已不存，但许多学者对其复原做出了一些尝试。贾珺在其论文《圆明园之安澜园与海宁陈氏园》中就曾以《南巡盛典》所附《安澜园图》和陈元龙的诗文为依据，同时参考其他园图和文献记载，对明清时期海宁安澜园的平面进行了复原。本节以该复原图为主要参考，结合历代文献、界画记载（见图 7–8），对安澜园的造园特点进行分析（见图 7–9）。

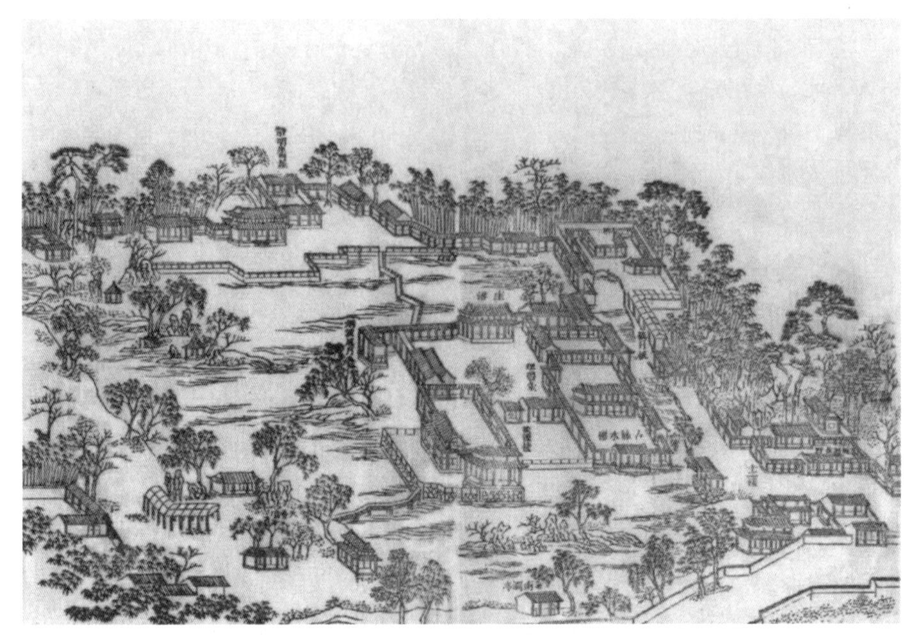

图 7–8 《南巡盛典名胜图录》中安澜园界画

图 7–9 安澜园复原平面图

一、城市山林，疏密有序

安澜园选址优越，园址虽在城市坊巷之内，但由于位于城西北一隅，在护城河边，闹中取幽，是十分典型的城市地。园的南面，是千年古刹唐代安国寺，殿宇宏伟，古树环绕。西南侧是延恩寺，俗称西寺，寺靠城墙，内有诸多景点。在安澜园的西侧和北侧，是建于唐代的盐官城墙，为安澜园山外的屏障。园东有元代奉真道院，安澜园东北角略显空旷，奉真道院正好被借入园中，填补空白。全园布局疏朗，大致可分为宅区和园区，宅区打造宅园景观；园区又可细分为山水景观、山林景观和田园景观。又充分发挥当地湖荡多的优势，全园打造“南池”“东池”“大池”“西池”四处水池，其中“大池”区域最为开阔，另外三处水池池岸曲折逶迤，且面积较小，四池之间以涧、溪、沟等带状水系沟通，形成奥幽的氛围。

二、农耕之趣，皇家风采

安澜园全园显现出较为特别的农耕气息，其在整体布局上较为疏朗，且较多种植经济作物，如菊圃、梅坡、梅岭、紫竹林、荷塘，甚至园内靠近城墙的西侧专门开辟了一大块菜地，有诗云：“瓜畴蔬圃堪供老。”《晚眺隅园》中写道：“于焉坐垂钓，自拟沧浪翁”，可见园中水池养鱼，并且用于垂钓；《又隅园七绝二首》：“便同洛涘思招隐，蟹舍鱼庄也是宫”，让人不由想起“鱼庄蟹舍一丛丛，湖上成村似画中”的农家景象（见图 7–10）。

图 7–10　安澜园遗迹金波桥现状照片

安澜园除了保留农耕气息的特点外，还展现了皇家风采，这在同时期的浙北私家园林中是极其少见的。与其他浙北私家园林相比，安澜园的园林面积较大。

其中建筑数量多，从入口的大门、御碑亭、仪门、安澜园门、二门再到乾隆南巡时太子住过的太子宫，进进深入。此外，太子宫作为园主人陈邦直曾经的住处，三进五楼五底，其规格之高让人感叹。在太子宫可望见一涧之隔的逍遥楼，曾是南巡时乾隆的办公之地，与环碧堂构成一组前厅后楼的建筑，五楼五底，重檐歇山顶。享受如此之高的礼制，可以说在同时期的私家园林中难寻第二处。尽管安澜园中建筑的类型多样，但园的面积要远远大于宅。在古代，园林的使用率其实并不高，主人大多还是生活在住宅。所以如此之大的园林面积需要的养护管理成本实在不容小觑。从安澜园的巨大体量就可见古人建园不仅仅是归隐的需求，同时彰显了在鼎盛时期陈家几代人的身份和地位。除整体布局外，其构思之巧在于细节。入口处显示了这曾是一处受到皇帝亲临并欣赏的园林，园中还广植榆树，掉落的榆钱寓意富贵，全园的住宅区彰显着一种非凡的气度和摄人心魄的艺术魅力，起到以势夺人、以景制人的目的。随后深入园区，越来越显得休闲，可分为庭院景观、山水景观、山林景观、田园景观四大部分，各种园林要素不一而足，高潮迭起，令人神往。

三、园以文存，诗情画意

安澜园在太平天国时期尽毁，现只剩下东池和西池的遗址。清著名园林鉴赏家沈复也在其《浮生六记》中记载，游览陈氏安澜园，占地数百亩，重重叠叠楼阁之间用逼仄的道路和回廊连接，安澜园中的水池开阔，六曲形的桥架在其上。石头上爬满了青苔藤蔓，掩盖了雕琢的痕迹，并且其中古树参天，鸟鸣花落，就像进入了深山一样，这是人工与自然最完美的结合。

园主人陈元龙在《遂初园诗序》中写道："园无雕绘，无粉饰，无名花奇石，而池水竹木，幽雅古朴，悠然尘外"，以"幽雅古朴"见称，可见全园保存了明代园林的特色。诗中还为安澜园十八处景点赋诗，今人还可从诗中一窥当年安澜园中各处景点的诗情画意。如山林景观区的翠微亭、山楼，可从"石径滑苍苔，危栏四面开""山头亭子白云间，修竹卷松列翠鬟"中看出叠山之高、古韵之深；田园景观区的筠香馆"绿玉非无香，要在静时领"，提出静观的游赏方式，竹深荷净"云深竹趣生，雨歇荷香定"，可见此区域多栽香味植物；山水景观区的倚石矶、环桥、金波桥等不同形式桥的出现也承载了点景、观景、障景的不同功能，漾月轩有文写道："明镜未曾天上挂，冰轮先向水中涵"，提出借月景的借景手法；庭院景观区的静明书屋、曲水流觞，又可见充满豪气的私宅中也有园主人对于文人生活的向往之心。

第四节　浙中此园数第一——绮园

绮园位于嘉兴市海盐县，为清末海盐商人冯缵斋所建造，其历史可追溯到明代中叶。明嘉靖三十七年（1558 年），文人彭绍贤在城南建造彭氏园"水同居"，这是海盐县城武原镇历史上最早的一座园林，园内茂林修竹，文人群集。清初毁于兵燹，朱彝尊的学生杨中纳在故址重修，命名为拙宜园，此时园内多兴修亭台楼阁等建筑。乾隆年间，黄燮清购得此园加以修葺，几年后又购入相邻的砚园废址。修缮后，两园极富山林野趣，古拙质朴，黄燮清也自号“两园主人”。后在太平天国运动中，两园皆毁于战乱。清同治十年（1871 年），冯缵斋在“灌木园”的旧址上，自得古木参天，又移用废园拙宜园、砚园的精华山石，并添置些太湖石，修建了冯家花园。后又取“妆奁绮丽”之意，将其命名为“绮园”（见图 7–11）。建园之初，仅四进大宅三乐堂一处建筑。后又另辟地修建园林，此时基本的山水格局已经形成。民国时期又添建亭轩，增其趣味。陈从周先生曾评价绮园：“能颉颃苏扬两地园林，山水兼两者之长，故变化多而气魄大。但又无苏州之纤巧，扬州之生硬，此亦浙中气候物质之天赋，文化艺术之能兼所致。”

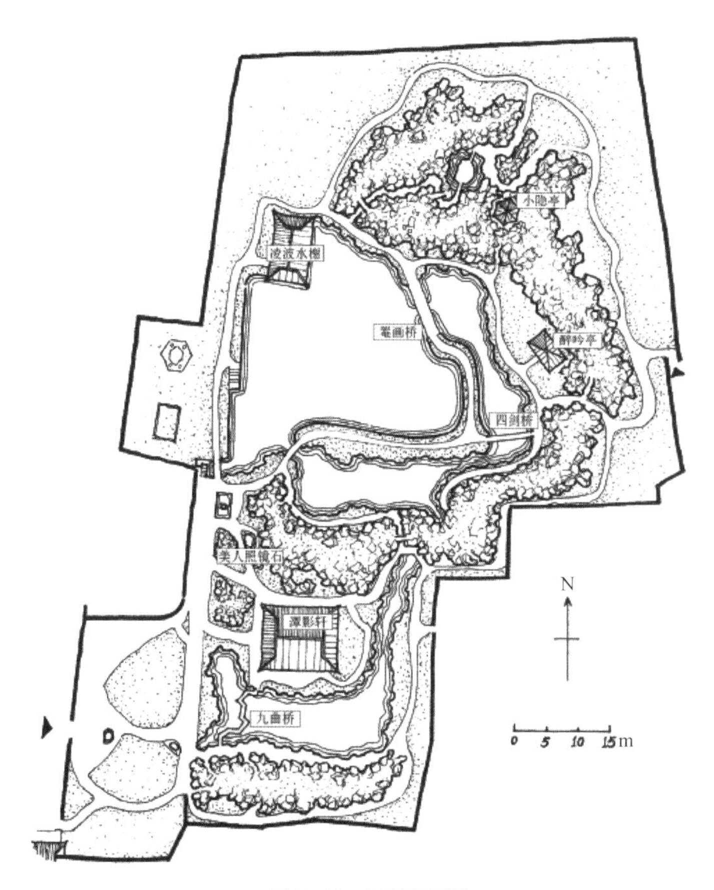

图 7–11　绮园平面图

一、布局疏朗，古意盎然

绮园虽是城市地，但周边河道纵横，海盐也不比杭州的闹市氛围，还是相对显得清幽。绮园在建造之初就园宅分离，其本身就是一个“园”。在布局上，以山水景色为主。从绮园现存的园林格局来看，基本以假山作为空间的分割，分为北区、中区、南区三个部分。其中南北两区较为奥幽，中区较为开阔。同时，全园可分为东山线、西水线两条游线，其中以堤作为连接水线和山线的过渡。绮园的天然野趣主要体现在山水结合之美，水体蜿蜒曲折，从南到北呈现池、溪、湖、潭不同的形态，贯穿全园，充满了自然的韵律之美。全园假山层峦叠嶂，洞壑幽深，特别是全园北部的假山气势磅礴，一直延续到园的中部。两条游线凭借各自不同的空间，使人在高低俯仰之间获得“山重水复”的游观感受，在有限的空间里最大程度地营造山林野趣。这也难怪陈从周先生说此园“水随山转，山因水活”，并称之为“浙中此园数第一”。

山水结合繁茂的植物配置，一眼望去仿佛身处自然之中。绮园在造园之初就重视植物，现存不到 15 亩的绮园，植物覆盖面积将近 4/5，几乎全被树木覆盖，有紫藤、朴树、榆树、榉树、黄杨、皂荚、雀梅、香樟、梧桐、银杏等千余株，150 余树种。其中，有一株四百多年树龄的皂荚、一株三百多年历史的银杏，可见这两株古树在造园之时就存在园中，并且其所在位置分别是绮园中山北面和北山中部，可见园主人在造园之初就考虑了古树与假山叠石相互成景可达到的古木交柯的效果。

二、山水相依，园桥增色

绮园中山水相依的格局使得全园充满自然生趣。但将绮园中的山、水细部营造单独拿出来看，其中也是意匠无穷。绮园在叠石上土石结合，既有明早中期的石峰叠石，这些峰石多是园主人从明代故园拙宜园、砚园中移来的旧物，又兼具晚明以张南垣平冈小坂为代表的叠石。南部假山峰峦叠嶂，形成高崖与深潭夹道的自然效果。中部假山洞道结合，空间交错丰富，布置立体的游览路径，趣味无穷。北部假山别具匠心地开挖出深谷，四周悬崖绝壁，极大地丰富了假山的空间层次（见图 7–12）。

除此之外，绮园在理水上匠心独运。其中，以堤、桥分割水面的做法在浙北明清私家园林中可以说是首创。园主人汲取了杭州西湖的理水经验，将其格局仿在园中。湖中造了三桥二堤，使得水面有了空间对比，使之不但不显狭小，反而层次丰富。三座桥形式各不相同（见图 7–13），其中罨画桥为圆拱桥（见图 7–14），像是浙北东部水网交织地区用于航船的高拱桥，同时其体量看似较大，在其功能上起到与月洞门相似的作用，既是障景分隔空间，使东侧单独成为一处狭长的水池，又通过圆拱框景，同时倒影借水中之景，其体量与位置之合宜，使得罨画桥成为全园的神来之笔。四剑桥跨过东边狭长的水池，与东面的假山步道相接。在设计上用扁状的菱形石做桥墩，桥面凌驾于水面很高，整体上让人感觉空灵轻巧，像是四把剑入水。如此奇特的外形，在全国园林中也称得上是孤本，成为全园一处很好的点景。全园还有一处方池结合置石的景观，在浙北园林中也实属少见（见图 7–15）。

图 7-12　绮园中的假山

图 7-13　绮园中的桥（左：四剑桥，右：九曲桥）

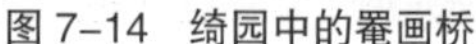
图 7–14　绮园中的罨画桥

图 7–15　绮园中的方池

三、景题点睛，山水意境

明清时期由于园主的失意，暂停了园林建设，所以绮园在当时并无建筑。到民国时期，绮园修筑潭影轩、凌波水榭、滴翠亭、依云亭四处风景建筑，无住宅建筑。绮园在民国时期得名十景：别有洞天、潭影九曲、美人照镜、四剑探水、晨曦罨画、蝶来滴翠、海月小隐、古藤盘云、幽谷听琴、风荷揽榭。在其命名上可以看出潭影九曲、美人照镜、风荷揽榭是为水景，海月小隐、幽谷听琴是为山景，古藤盘云、风荷揽榭是为植物景观，多数景点皆以山水植物等自然要素命名，更显古韵。可见，浙北以西湖十景为核心的景题文化已渗透到私家园林的造园之中，从民国时期造园者对于文学的追求，也可以看出景题文化已经成为时人审美的一部分。

第五节　南浔首富的私家园林——小莲庄

小莲庄坐落于湖州市南浔镇的鹧鸪湖畔万古桥西。南浔水网纵横交错，使其在清代便成为浙北通往上海的交通要道，同时由于南浔丝业的发展，涌现出了一批因丝致富的商人。这些富商经济富足，有着非文人可比的造园实力，而且普遍有着向文人学习的思想追求。小莲庄就是原南浔“四象”之首刘镛的私园和家庙，俗称“刘庄”，因元代赵孟頫曾在湖州修建“莲花庄”，刘氏仰慕其才名，故改名“小莲庄”（见图 7–16）。小莲庄始建于清光绪十一年（1885 年），历时近四十年，凝结了刘镛及其子孙三代人的造园追求。小莲庄主要分为家庙、义庄以及园林三个部分。园林部分又以围墙、假山相隔，分为了内园和外园。

一、水乡韵味，空间有序

《小莲庄记略》中说道：“庄址向属长生寺，寺创于宋建炎中。隔河有精舍曰‘挂瓢居’。前临荷池，俗名‘鱼池泾’。盛夏多做茶寮。”可见小莲庄选址村庄地，在造园之初园内有一处水洼，古名“鱼池泾”。园主人因地制宜，将小莲庄的“宅”规划在东边；“园”以改造后的荷池为园林中心，点缀一些风景建筑，位于西面。

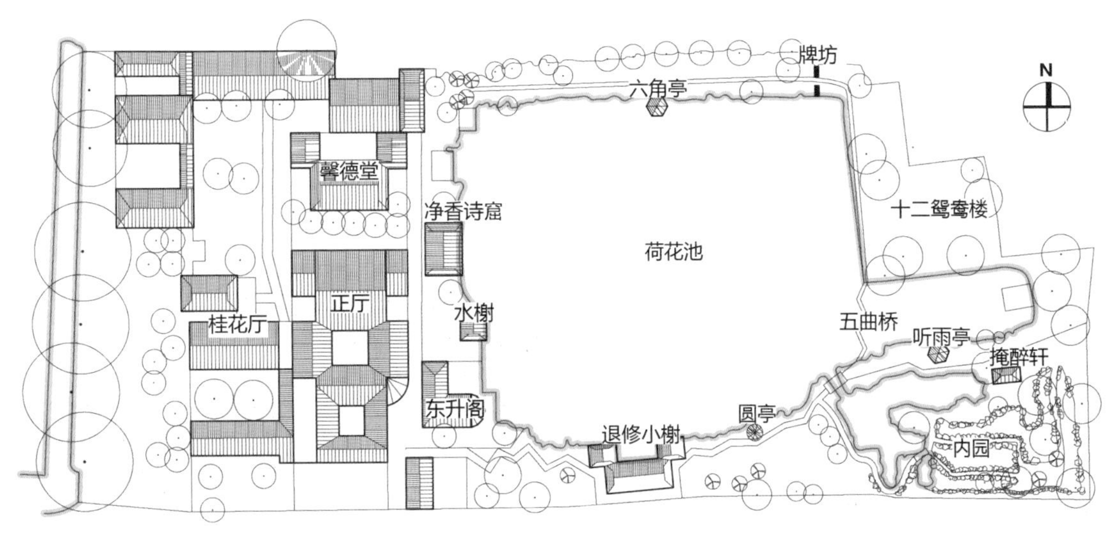

图 7-16　小莲庄平面图

明清南浔水网纵横，当时富商的园林营造在南浔蔚然成风。“小镇千家抱水园，南浔贾客舟中市”，可见，在南浔形成了以舟代步的游赏形式，这种形式在浙北的湖州、嘉兴较多，其他地方很难见到。小莲庄北面濒临鹧鸪溪，进入步行入口向东前行，是一条开敞的游廊，走到底可以看见现存砖牌坊就是明清时期的码头所在，也是小莲庄的正门，访客一般从这里入园。如此入口形式，既有陆路之藏，又得水路之显，充满了浙北的水乡气息（见图 7-17）。

图 7-17　小莲庄入口实景图

廊的尽头有一面墙，向南走可见一座以太湖石堆叠而成的假山，假山空透可隐隐望见背后的莲池，经过逼仄的碑刻长廊，就步入了全园园林部分。这部分围绕荷花池展开，空间时收时放，在净香诗窟变得开敞一些，可透过西式的窗花望见荷池；再往前步行到一水榭，四面透风，仅有简单的挂落，视野越发广阔，可赏近处的荷花，远眺正对的五曲桥。从东升阁后绕行，顺着碑刻长廊进入一个有半亭的院落，空间再一次被收束。之后由曲廊连接，这种“抑”的感觉被推到顶峰后，荷池的景象慢慢重现在眼前，直至退修小榭，可望见对岸正对的六角亭，让人顿觉豁然开朗，水面则开阔好似村景。继续前行，站在五曲桥上，可望见西岸的建筑鳞次栉比，各样式的屋顶构成了层次丰富的天际线。之后的游线较前半段简单明快，不再有曲折的廊轩组合，仅仅是一处牌坊和一处六角亭的点景，虚实对比，也别有一番韵味（见图 7-18）。

图 7-18　小莲庄中从不同角度看荷花池

二、园中有园，景中寓理

在靠近听雨亭时，南侧通透的廊变成了开花窗的围墙。五曲桥将水尾与大水面分割，与听雨亭、钓鱼台以及背靠东面的湖石假山，形成了一个较小的开放空间——内园。内园的门开在南侧，让人顿悟原先透过花窗所见到的景致果然是另一番天地，这种园中有园的做法多见于同时期的皇家园林，在私家园林中是极少见的（见图 7–19）。

图 7–19　小莲庄内园入口空间实景图

内园的风格与外园所展现的荷池乡野之风不同，更多的是传统的山水审美。园内有一处掩醉轩，不妨猜想这是园主人在造园之初就希望拥有的一处与外园隔绝的小园，或许是其追求与世同醉或是醉里求醒独特生活的一隅清净之地。在精心打造这样一个主题的时候，造园者又别出心裁。外园的景观几乎都是在平面展开，追求游赏过程中的步移景异，而内园则更注重登临假山时曲折蜿蜒纵向上的不同体验。内外水系相连，内园以湖石堆砌的土石假山为中心，湖石瘦皱透漏的特点本身就像自然山体中的峰峦洞壑，又架以飞桥、蹬道，令人仿佛真的行走在自然山体之间一般，园主在山上遍植五角枫，取杜牧《山行》的意境。崎岖向上，至山顶有一座放鹤亭，可以俯瞰全园，又能眺望园外桑陌；自西线下山，临水又设有轿亭，周围古木交柯，流水潺潺，又可透过花窗看见外园满池荷叶。山水俯仰之间，是园主人如同文人一般渴望闲恬生活的情节（见图 7–20）。

图 7–20　小莲庄内园实景图

三、园商结合，中西合璧

小莲庄只是南浔众多私家园林中的一个代表。商人园林与文人园林相比更为华丽阔绰，在园林中有着他们对于精神世界的追求。在小莲庄中，外园充满着乡村田园之气，内园风格迥然于外园，更显山林隐居氛围；并且在功能上，有着对外开放，供全村人游览、饮茶、祭祀的功能，更具有贴近公共园林的开放性。在小莲庄中更多地显现出富商作为全村人中较为富庶阶层对财富的彰显和炫耀。丝绢业繁荣的经济发展以及由于经商与沪地的来往密切，促进了与西方文化的交流，越来越多的西洋元素被当作时髦的元素运用到园林中。东升阁背湖一面为传统的灰瓦白墙江南建筑风格；而临湖的一面则是红砖结合了落地门窗的欧式风格；园东北角的牌坊出现了罗马的柱式风格；同时，出现了铁艺栏杆、彩色玻璃、红砖、白铁皮等西式建筑要素及建筑材料。在小莲庄内，这些中西合璧的建筑风格、要素与材料，在造园者的巧思之下与全园古朴雅致的景观相得益彰。除此之外，园中的大型假山，以及几处造型精美的湖石、石笋，极有可能是园主人极为得意的私藏品。

第八章

浙派园林永恒典范——杭州西湖

“杭州西湖文化景观”（以下简称“西湖景观”）位于浙江省杭州市的城市中心区以西地带，分布范围3323hm^2。北宋柳永在《望海潮》一词中写道：“东南形胜，三吴都会，钱塘自古繁华。烟柳画桥，风帘翠幕，参差十万人家。云树绕堤沙，怒涛卷霜雪，天堑无涯。市列珠玑，户盈罗绮，竞豪奢。重湖叠巘清嘉，有三秋桂子，十里荷花。羌管弄晴，菱歌泛夜，嬉嬉钓叟莲娃。千骑拥高牙，乘醉听萧鼓，吟赏烟霞。异日图将好景，归去凤池夸。”这首词写出了西湖美丽的极致，它以秀丽的湖光山色、悠久的发展历史、深厚的文化内涵，以及丰富的文化史迹闻名世界，是中国历史上最具有杰出精神栖居功能的“文化名湖”，也是享誉中外的“人间天堂”（见图8-1、图8-2）。

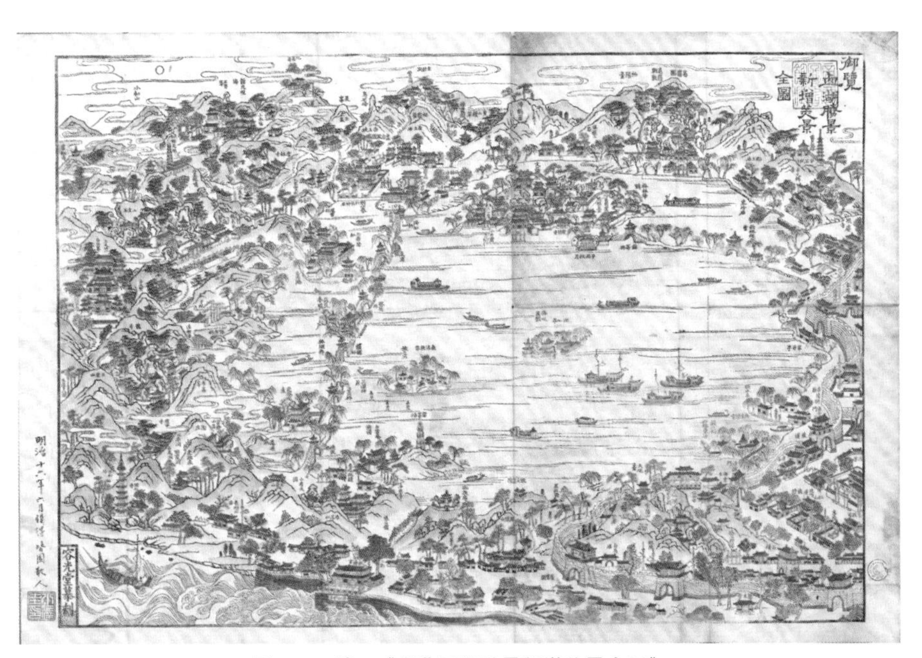

图8-1　清·《御览西湖胜景新增美景全图》

图 8-2　民国时期杭州西湖全图

西湖景观肇始于唐宋时期、成形于南宋、兴盛于清代，并传承发展至今。2011 年 6 月，在法国巴黎召开的第 35 届世界遗产大会上，充满“诗情画意”的西湖文化景观作为中国唯一的提名项目获得大会全票通过，成功入选《世界遗产名录》，成为中国第 41 处世界遗产。

西湖的美不仅在湖，而且在于山，西湖山水呈现出中国山水画的典型审美特性——朦胧、含蓄与诗意，产生了东方生态美学的最经典审美理念“诗情画意”。“西湖景观”承载了历朝历代各阶层人士的各种审美需求；并在中国“天人合一”“寄情山水”的山水美学文化传统背景下，拥有了突出的“精神栖居”功能。

第一节　西湖文化景观的组成要素

作为价值独特的文化景观，西湖景观具有文化景观的三类特征——“设计的景观”“有机演进的景观”“关联性景观”。它的价值载体主要体现在 6 个不同的方面：秀美的西湖自然山水，独特的“两堤三岛”及其构成的景观整体格局，历史悠久的“三面云山一面城”的城湖空间特征，最具创造性和典范性的系列题名景观——“西湖十景”，承载了中国儒释道主流文化的各类文化史迹，以及具备历史与文化双重价值的西湖特色植物——“四季花卉”“桃柳相间”和“龙井茶园”。

这些不同的承载方面共同支撑了“西湖景观”的整体价值，同时也呈现出类型与属性的差异，成为“西湖景观”的6类基本组成要素（见图8-3）。

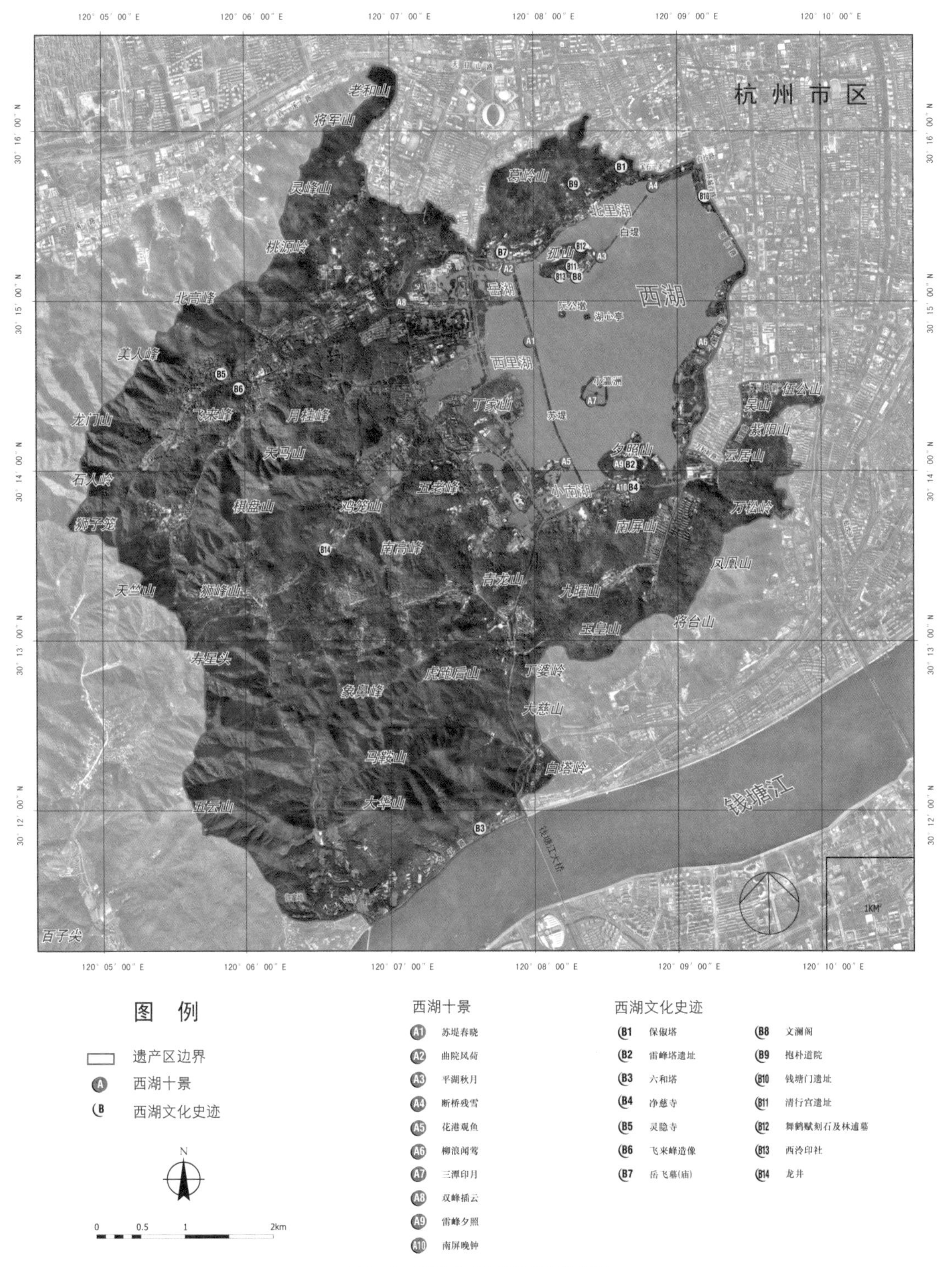

图8-3 西湖文化景观遗产分布图

一、西湖自然山水

西湖自然山水由西湖的外湖、小南湖、西里湖、岳湖、北里湖五片水域与环抱于湖的北、西、南三面丘陵峰峦组成，既是整个“西湖景观”基本的自然载体，也是景观的组成要素。

西湖的自然山水以“秀美”而著称，湖水与群山紧密相依。旖旎的湖光山色激发了中国古代文人无限的创作灵感，成为中国山水画的重要题材，也是历代诗词文学的描写对象。在近千年的文明与文化发展影响下，西湖山水与堤岛、桥涵、亭台、楼阁等多种人工作品交融渗透，共同构成了西湖景观山水优美、人文荟萃、内涵丰富的显著价值。

（一）西湖水域

西湖水域原为与钱塘江相通的浅海湾，后在长江和钱塘江挟带的大量泥沙冲淤下，逐渐变为泻湖。大约在 2600 年前，由于泥沙的不断淤积，堵塞了湖与海的通道，又使其演变成淡水湖泊。经历代人工疏浚治理，演变至今。

西湖湖体轮廓近似椭圆形，南北长 3.3km，东西宽 2.8km，湖岸周长 15km，水面面积 6.5km^2。湖底较平坦，水深平均 2.5m 左右，最深处 2.8m 左右。

全湖被孤山以及人工建造的白堤、苏堤划分成外湖、北里湖、西里湖、岳湖、小南湖五个水面，各湖水体通过桥洞相互沟通，形成“湖中有湖”的格局，增强了水体景观的层次感和含蓄性。

西湖水域位于杭州城西，在城市水源补给、生态调节方面一直发挥着巨大作用，是人们历代在此栖息生活的保障。

（二）西湖群山

西湖群山由西向东逶迤蜿蜒，呈马蹄形环布在西湖的南、西、北三面，层峦叠嶂，海拔高度从 50m 至 400m 逐渐增高，构成“山外有山”的优美轮廓线。整体山景舒展而蜿蜒，连绵而起伏，层次分明，与水面交相辉映，犹如一幅展开的美丽长卷（见表 8-1）。

表 8-1　　西湖群山概况

类别	要素成分	起始年代		要素分布地点
		公元纪年	地质年代	
南山峰峦系列	吴山、紫阳山、凤凰山、将台山、玉皇山、九曜山、南屏山、夕照山、青龙山、大慈山、大华山、五云山、狮峰山、天竺山、棋盘山、南高峰、丁家山等	约 2.3 亿年前	中生代三叠纪末	西湖之南、西南群峰
北山峰峦系列	孤山、葛岭山、将军山、灵峰山、北高峰、美人峰、龙门山、飞来峰、月桂峰、天马山等			西湖之西、西北群峰

西湖周围群山自湖岸由近到远逐渐升高，可分为三个层次。西湖的山体呈现出小体量、多层次、低视角，天际线柔和委婉的特点，从而形成典雅、秀丽、舒展、清丽的空间格调。在湖中看山景，视觉观看仰角在 10° 以内，比例尺度恰到好处，使人很容易融入山水之中。

（三）西湖自然生态

西湖地处中国东南丘陵边缘和亚热带北缘，属于北亚热带季风性温润气候，年均太阳总辐射量在 100 ~ 110kcal/cm^2 之间，日照时数 1700 ~ 1800 小时，光照充足，年均气温 16.5℃，年均无霜期 245 天。常年四季分明，冬、夏季风交替显著，雨量充沛，年降水量约 1450mm。

西湖的气候条件增添了西湖山水的动态美，渲染了清秀、柔美、和谐的气氛，并使西湖生态景观呈现出丰富多样的特点。西湖周边古树名木众多，且多与宗教寺院密切相关，主要分布在灵隐、天竺、吴山以及孤山一带。共有 300 年以上古树名木 126 株，其中包括香樟 87 株、枫香 27 株、苦槠 21 株、银杏 14 株，其他还有如楸、珊瑚朴、龙柏、槐、沙朴、蜡梅、花楸、黄连木等 20 个树种。其中，树龄最长的银杏达 1400 多年。这些古树名木共同见证了西湖周边在各个历史时期植被茂盛、物种丰富的良好自然生态。

二、城湖空间特征

西湖具有三面环山、一面临城的景观空间特征（见图 8–4）。

图 8–4　西湖全景图

群山以湖面为中心，层叠连绵地在北、西、南三面环绕着西湖，状如马蹄；湖东则为平坦的土地，坐落着具有千余年历史的杭州城，呈现出湖裹山中、山屏湖外、城湖相依的特征，且历经千余年而不变。

西湖山与水的空间尺度给人以舒适、亲切的感受，既宜于游览，又便于观赏，具有天生自然的精致和细腻；同时，依傍于湖山之侧的城市，与湖山形成了唇齿相依的亲密关系。西湖的湖、山、城整体的景观空间特征，呈现出人与自然独特的整体感和亲和感。西湖的山水空间所表现出的人与自然的和谐特征，高度契合中国文人士大夫的理想山水模式，而被历代推崇为反映中国山水美学思想的典型景观和山水人居的典范。

三、西湖景观格局

西湖景观格局，又称“两堤三岛景观格局”。它由5个文物古迹“白堤”“苏堤”和“小瀛洲”“湖心亭”“阮公墩”及它们所构成的西湖水域的观赏和交通格局共同组成（见表8-2）。其中，“两堤三岛”是历史上多次西湖疏浚工程不断增添营造而成的人工产物。

湖中苏、白两条纵横长堤与天然岛屿孤山将湖面分隔成大小不等的多个区域，三岛点缀其中，宛若瑶池仙境，象征了中国秦汉以降的“一池三山”神话仙境形象。这种以堤岛分隔组织空间的方式，融合了中国江南特有的湖堤景观风貌，是人类利用古泻湖创造优雅环境的杰出范例。它也是中国自然山水式景观设计的重要手法，既具有大尺度的审美观赏功能，又丰富了景观层次，突出体现了东方生态文化追求人与自然和谐求同的理念。堤、岛格局成为西湖景观在中国和东亚影响和流传最为广泛的造园要素。

表8-2　　西湖景观格局概况

类别	要素成分	起始年代		要素分布地点
		公元纪年	历史年号	
两堤	白堤	822—824	唐长庆二至四年白居易居官杭州期间	西湖北部水域
	苏堤	1090	北宋元祐五年苏轼居官杭州期间	西湖西部水域
三岛	小瀛洲	936—944	五代后晋天福年间	西湖外湖西南部
	湖心亭	1090	北宋元祐五年	西湖外湖中心
	阮公墩	1809	清嘉庆十四年	西湖外湖中心

四、“西湖十景”

“西湖十景”是创始于南宋，并持续演变至今的10个以诗意命名的系列景观单元：苏堤春晓、曲院风荷、平湖秋月、断桥残雪、花港观鱼、柳浪闻莺、三潭印月、双峰插云、雷峰夕照、南屏晚钟。它们以世代传衍的特定观赏场所和视域范围，或依托于文物古迹、或借助于自然风光，呈现出系列型的观赏主题和情感关联，分布于西湖水域及其周边地带，属于中国原创的山水美学景观设计手法——“题名景观”，是留存至今时代最早、数量最多、内容最丰富、文化意境最深厚、保存最集中、最完整，影响也十分广泛的杰出代表作，构成了西湖文化景观重要的景观审美要素和文化内涵（见表8-3）。

“西湖十景”系列题名景观涉及了春夏秋冬、晨晌昏夜、晴雾风雪、花鸟虫鱼等关于季节、时段、气象、动植物的景观特色，以及堤、岛、桥、园林、宅院、佛寺、水上园林、佛塔、亭、台、楼、阁等极为丰富的景观元素，并各有侧重地表现出生动、静谧、隐逸、闲在、冷寂、禅境或仙境等审美主题。它不仅是东方景观设计审美特征“诗情画意”的代表性作品，还伴随着文化交流广泛传播到东亚各国，成为具有世界影响力的东方景观设计经典作品。

表 8–3 西湖十景概况

名称	景点地址	审美主题	景点要素	视域景观
苏堤春晓	湖西外湖与西里湖等水域之间	春季清晨的长堤和植被景观	长堤、六桥、桃红柳绿	堤东的外湖水域及三岛，堤西的西里湖水域和湖西群山峰峦，堤北段西侧的玉带桥、曲院风荷，堤北段东侧的白堤与西泠桥、孤山
曲院风荷	湖北苏堤北段西侧、岳湖滨湖地带	夏日的荷花和畔水的园林院落	堤畔半亩地院落、夏荷	景点南面的岳湖水域及其西侧群山峰峦，景点东面的苏堤，景点南面的“玉带晴虹”景点
平湖秋月	湖北孤山南麓东端滨湖地带	秋季的湖面与月色	御书楼、平台	月色，外湖水域及三岛，西湖西、南、东环湖群山和景观，景点西侧的孤山
断桥残雪	湖北白堤东端	冬季西湖的雪景	断桥、白堤	西湖雪景，桥北的北里湖和葛岭景观，桥西的孤山，桥南的外湖水域及其东、南沿湖景观
花港观鱼	湖西小南湖与西里湖之间	私家宅园中的动植物生机	鱼池、院落、桃花、垂柳	景点北侧的西里湖水域及西侧群山峰峦，景点东侧的苏堤
柳浪闻莺	湖东钱王祠北滨湖地带	清晨微风中的柳林	湖滨柳树（林）、莺声	景点西侧的外湖水域及其北、西、南环湖群山
三潭印月	湖中小瀛洲岛及岛南水域	月、塔、湖的相互辉映	小瀛洲岛、三石塔、岛上园林建筑	景点四面的外湖湖面，月影、外湖东、南、西群山景观，景点西侧的苏堤
双峰插云	湖西南高峰、北高峰两山峰峦	云雾缭绕的山峰	南高峰、北高峰、洪春桥一带	南高峰、北高峰、西湖西部群山和云气
雷峰夕照	湖南净慈寺北、夕照山上	黄昏的光线和山上古塔的剪影	夕照山、雷峰塔、长桥一带	夕阳、黄昏的光线，景点北侧的西湖水域、两堤三岛，西湖西、北、东环湖群山景观
南屏晚钟	湖南南屏山麓	夜晚寺庙的钟声在山谷的回音	净慈寺、南屏山	景点南侧的南屏山，景点南面的夕照山、雷峰塔

五、西湖文化史迹

在千余年自然与人文交融的演变过程中，西湖景观积淀了丰富的历史文化内涵，留下了与中国传统的佛教文化、儒家文化、道教文化直接相关，或见证了重要历史事件的一系列文物古迹。西湖由此成为一个湖山胜景与丰富文化遗迹交相辉映的文化景观，为世界风景湖泊所罕见。这些类型多样的文化古迹是西湖悠久历史文化的实物例证，反映了不同文化元素对西湖文化景观形成和发展所起到的重要作用，不仅有力地证明了西湖文化景观文化价值的真实性、完整性和延续性，还充分展示了西湖文化景观内涵的多样性与丰富性。

在现存上百处文化史迹中，最具代表性的有 14 处：保俶塔、雷峰塔遗址、六和塔、净慈寺、灵隐寺、飞来峰造像、岳飞墓（庙）、文澜阁、抱朴道院、钱塘门遗址、清行宫遗址、舞鹤赋刻石及林逋墓、西泠印社、龙井。它们分布于湖畔与群山中，承载了特别深厚和丰富多样的文化与传统，成为西湖景观作为“文化名湖”的重要支撑（见表 8–4）。

表 8–4　西湖文化史迹概况

类别	要素名称	起始年代		要素分布地点
		公元纪年	历史年号	
佛教文化代表性史迹	保俶塔	976	北宋太平兴国元年	西湖北岸宝石山
	雷峰塔遗址	977	北宋太平兴国二年	西湖南岸夕照山
	六和塔	970	北宋开宝三年	钱塘江北月轮山
	净慈寺	954	后周显德元年	西湖南岸
	飞来峰造像	951	五代后周广顺元年	西湖以西北高峰南麓
	灵隐寺	326	东晋咸和元年	西湖以西北高峰南侧
儒教文化代表性史迹	岳飞墓（庙）	1221	南宋嘉定十四年	西湖北岸栖霞岭南麓
	文澜阁	1782	清乾隆四十六年	孤山南麓
道教文化代表性史迹	抱朴道院	317—420	东晋年间	西湖北岸葛岭
重大历史事件代表性史迹	钱塘门遗址	1148	南宋绍兴十八年	西湖东岸北部
	清行宫遗址	1705	清康熙四十四年	西湖北部孤山南麓
文化名人代表性史迹	舞鹤赋刻石 林逋墓	1696 1028	清康熙三十五年 北宋天圣六年林逋卒年	西湖北部孤山南麓
近代代表性史迹	西泠印社	1904	清光绪三十年	西湖北部孤山西南角
茶文化代表性史迹	龙井	220—265	三国时期	西湖西南风篁岭

六、西湖特色植物

西湖周边温润的气候为植物提供了优越的生存条件，在千余年持续不断的西湖景观设计营造过程中，设计者们针对景观的审美特色、文化寓意和精神追求而在各景点特别配置了独特的植物品种，这些特色植物与自然山水、人工景物一起，构成了西湖景观的代表性特征。

西湖周边的特色植物景观，包括宋代以降并传衍至今的春桃、夏荷、秋桂、冬梅“四季花卉”观赏主题，沿西湖堤、岸桃柳相间的特色景观，以及分布于湖西群山中的传统龙井茶园景观（见表 8–5）。

表 8-5 西湖特色植物概况

类别	要素成分	起始年代		要素分布地点
		公元纪年	历史年号	
四季花卉	春桃、夏荷、秋桂、冬梅	13 世纪	至迟始于南宋	西湖周边及湖上
桃柳相间	苏堤、白堤以及滨湖岸线	11 世纪	北宋苏轼居官杭州期间	西湖沿岸及湖堤
龙井茶园	龙井、满觉陇、翁家山、杨梅岭、双峰、灵隐、茅家埠、九溪	317—420	东晋	西湖西南灵隐至风篁岭一带

第二节　西湖文化景观的造景特色

一、城湖相依、和谐隽永

杭州西湖自唐、宋时形成风景区以来，就有“东方明珠”之称。群山以湖面为中心，层叠连绵地在北、西、南三面环绕着西湖，状如马蹄；湖东则为平坦的土地，坐落着具有千余年历史的杭州城。西湖有着典型、独特、完美的中国文化品质。西湖园林的每一处都有其深邃的文化内涵，凝聚着东方自然山水式生态美学思想的精华，使园林获得了灵气，具有了永恒的生命力。

历代先贤与劳动人民结合其山水特性逐渐加工创造出西湖这一中国山水文化的经典。将山水与文化紧密融合，浑然一体，是千百年来西湖建设的成功之处、经典之处。无数文人亦为其所倾慕，例如，苏轼在杭州做官时就浚湖筑堤，亲自打造出名列西湖十景之首的“苏堤春晓”（见图 8-5）。西湖经苏轼一番整治，便呈现出《饮湖上初晴后雨》中的美景：“水光潋滟晴方好，山色空蒙雨亦奇。欲把西湖比西子，淡妆浓抹总相宜。”苏堤的建成不仅大大改变了西湖的景观格局，同时成为后世效仿的对象，对西湖“两堤三岛”的景观格局产生了深远的影响。

图 8-5　苏堤春晓

西湖具有“三面云山一面城”的空间特征，湖、山、城形成了唇齿相依的亲密关系，这一方面改善了城市的生态环境，另一方面又丰富了城市的文化内涵，提高了城市的文化品位。西湖的这种湖、山、城和谐交融的景观空间关系，既呈现出人与自然独特的整体感和亲和感，也为整个风景区内的建筑物或构筑物的营造提供了良好的空间环境。自唐宋以来，由于园林的兴盛和佛寺的兴起，人们即便是到佛寺上香，也可以顺便饱览西湖胜景。西湖周边园林的兴盛让人们可以随心所欲地游览。这就是西湖经久不衰的魅力所在，也是西湖不可取代的价值所在。

二、师法自然、因物构景

西湖犹如一件巨大的艺术品，虽经人类加工，但仍不失自然。艺术贵真，真即自然。人们对西湖的加工，不显雕凿，不露斧痕，点缀、构筑之物，与环境协调，融于自然，故人们赞美西湖是“天然画图”。人们对西湖的艺术加工，崇尚自然，这是道家“道法自然”“无为而治”理念的体现。特别是近代以前的西湖虽紧临城市，与城市仅一步之隔，但湖城关系融洽，房屋不过树顶，城与湖之间以碧树相隔，使人们在西湖之中或环湖林木中不见城市，但见青山绿水、飞鸟游鱼、碧树红花，因此极易忘却尘虑，放松身心，挥发天性，融入自然之中，获得回归自然、天人合一的愉悦与灵悟，实现身心的真正修复与精神升华。

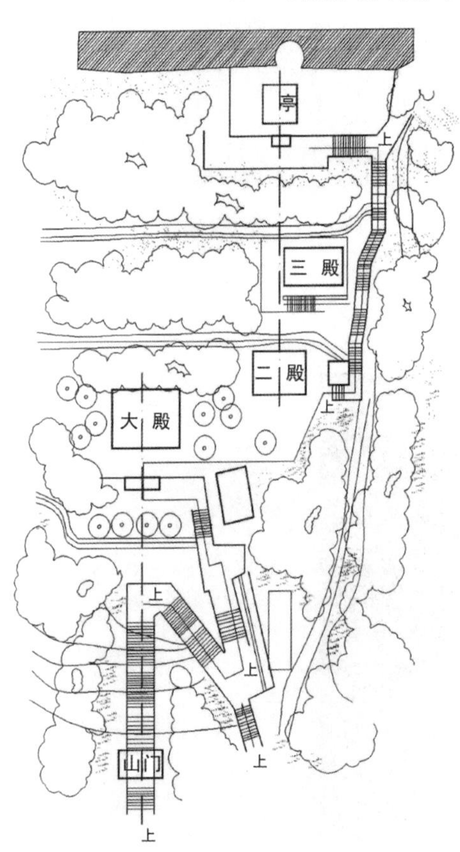

图 8-6　杭州韬光寺建筑布局

西湖山水俱佳，拥有丰富多样的自然环境，在园林营造时，因地制宜地进行创作是非常重要的。例如，灵隐景区的韬光寺因“址”构景，由于受地形局限，寺院建筑空间不能维持一条平直的中轴线，因而采用随地形转折的轴线来保持宗教建筑的基本序列，其建筑空间呈曲尺式展开，在转折点以新异的景观吸引和诱导，层层递进，引向群体空间的高潮，使其在曲折幽深中，产生空间的节奏感（见图 8-6）。也有因“水”构景的，如郭庄的“两宜轩”，位于两块水面中间，既是视觉焦点，也是观景的最佳位置，不仅巧妙地分隔了郭庄的南北两块区域，还划分了两处区域的风格（见图 8-7）。还有因“山”构景的，如依孤山而建的西泠印社，充分尊重自然地势的起伏陡缓，因地制宜，或在峭壁之侧做半亭之景（见图 8-8），或在悬崖之畔做吊脚之楼（见图 8-9）。还有因“土”构景的，如太子湾公园就是在西湖疏浚淤泥的堆积场上建造而成的，模仿自然山水意境，就土造势，巧妙地利用场地内堆积的淤泥，开挖溪、池，堆筑坡、丘，营造出高低起伏、错落有致的地形，达到“天人合一”的景观效果（见图 8-10）。

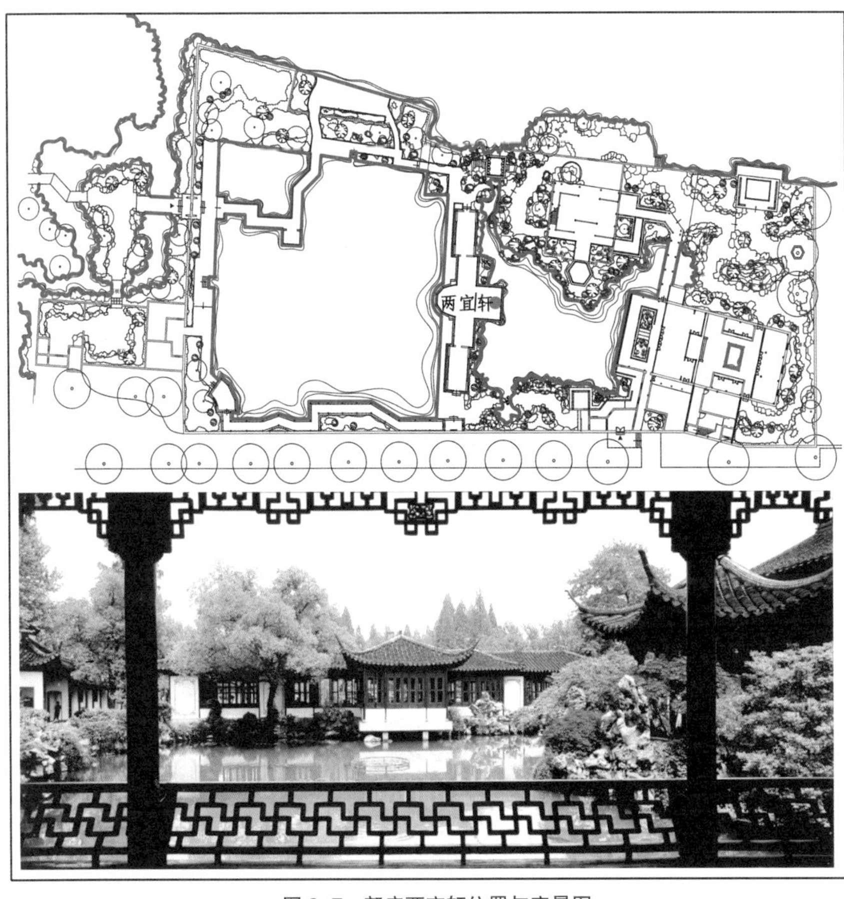

图 8–7　郭庄两宜轩位置与实景图

图 8–8　孤山六一泉

图 8-9　西泠印社四照阁

图 8-10　太子湾公园

三、题名成景、意境融彻

杭州西湖不仅是一个自然湖泊，更是一个人文湖泊，它是人类与自然和谐相处的产物，这种基因是无法复制的。春来“花满苏堤柳满烟”，夏有“红衣绿扇映清波”，秋是“一色湖光万顷秋”，冬则“白堤一痕青花墨”。名自景始，景以名传，无数的诗人画家不惜笔墨用诗画来描绘西湖，从而使西湖山水与文人诗画相映成趣。现代著名作家郁达夫曾于 1935 年 7 月作诗《乙亥夏日楼外楼坐雨》：“楼外楼头雨似酥，淡妆西子比西湖。江山也要文人捧，堤柳而今尚姓苏。”这首诗从苏堤得名的典故说明了文人与山水园林的关系。诗画的流传也使得杭州西湖为更多的人所知晓。例如，南宋“西湖十景”得名于皇家画院山水画的题名就是一个明显的例子（见图 8-11）。故有“苏堤春晓”“曲院风荷”“平湖秋月”“断桥残雪”等景名流传于世。名中有诗，名中有画，以命名艺术之美点化自然山水。

图 8-11　清・画家黄鼎《西湖十景册》

在南宋之后，杭州西湖又分别评出了元朝“钱塘十景”、明朝“雪湖八咏”、清朝“西湖十八景”、1985 年“新西湖十景”、2007 年“三评西湖十景”等题名景观（见表 8–6）。

表 8–6　南宋之后的西湖园林题名景观一览表

时间	题名景观	景点名称
元朝	钱塘十景	六桥烟柳、九里云松、灵石樵歌、冷泉猿啸、葛岭朝暾、孤山霁雪、北关夜市、浙江秋涛、两峰白云、西湖夜月
明朝	雪湖八咏	灵鹫雪峰、冷泉雪涧、巢居雪阁、南屏雪钟、西泠雪樵、断桥雪棹、苏堤雪柳、孤山雪梅
清朝	西湖十八景	湖山春社、功德崇坊、玉带晴虹、海霞西爽、梅林归鹤、鱼沼秋蓉、莲池松舍、宝石凤亭、亭湾骑射、蕉石鸣琴、玉泉鱼跃、凤岭松涛、湖心平眺、吴山大观、天竺香市、云栖梵径、韬光观海、西溪探梅
1985 年	新西湖十景	阮墩环碧、宝石流霞、黄龙吐翠、玉皇飞云、满陇桂雨、虎跑梦泉、九溪烟树、龙井问茶、云栖竹径、吴山天风
2007 年	三评西湖十景	六和听涛、岳墓栖霞、湖滨晴雨、钱祠表忠、万松书缘、杨堤景行、三台云水、梅坞春早、北街寻梦、灵隐禅踪

西湖景观通过题名将山光水色、风物人情、生活哲理等传达给人们。园林题咏或言志、或抒情、或纪事、或写景，使观者感到寓意无穷，精神境界得到升华。如“三评西湖十景”中的“岳墓栖霞”，岳庙是一座陵墓园林，现存建筑为 1923 年重建。坟前有一对联：“青山有幸埋忠骨，白铁无辜铸佞臣”，表达了历史公正的声音，令人读后激发起无限的爱国热情。

西湖题名景观以其丰富的美学和哲学内涵，再加上各种宗教文化和山水文化的积淀，向世人呈现了一个举世无双的人间天堂。

四、时空借景、四时变幻

古人造园向来讲究借景手法的运用，计成在《园冶》中对此有精辟的总结：“巧于因借，精在体宜。”西湖以山水取胜，群山层峦叠嶂，湖水平远幽静，其园林营造巧借山水成景。环西湖所有景点均以湖为中心，三面群山环抱，群山与湖面常为借景的对象，其中，以西湖北面宝石山山巅的保俶塔与西湖南边夕照山之上的雷峰塔最为典型。保俶塔、雷峰塔一北一南成为西湖的地标和制高点，也让西湖风景从二维平面变成三维立体。特别是在夜色中，任何人从任何地方进入西湖，都会一眼看到亮丽的保俶塔或雷峰塔。人说西湖两塔中保俶塔像美女，雷峰塔像老衲，这个形容非常贴切。整个西湖也因此具有两种气质：美女的俏丽多姿、老衲的厚重深沉（见图 8–12）。

西湖常借自然地形与生态环境来造景，以求达到“虽由人作，宛自天开”的效果，其所强调的是“时空借景，四时变幻”。在空间上，借西湖的青山绿水及因旨而建的亭塔楼阁；在时间上，则是“因时而借”，“晴湖不如雨湖，雨湖不如月湖，月湖不如雪湖”即是如此，春借桃、柳，夏借荷，秋借桂、月，冬借雪，可见西湖四时皆景，又各具意境。

图 8-12　保俶塔与雷峰塔

借“花木”为景在西湖景观中有相当重要的地位，西湖因景种植花木历史悠久。例如，始于宋代并传衍至今的苏堤“桃柳相间”景观，形成了“西湖十景”之首的“苏堤春晓”。又如，夏日游赏西湖最先映入眼帘的是“接天莲叶无穷碧，映日荷花别样红”景象，里西湖、西里湖、小南湖等地都集中成片种植了荷花，其中尤以“曲院风荷”的荷景为盛，早在南宋，湖面四周就遍植荷花。再如，明代高濂《四时幽赏录》中曰：“桂花最盛处，惟南山龙井为多。而地名满家弄者，其林若墉若栉，一村以市花为业，各省取给于此。秋时策蹇入山看花，从数里外便触清馥。入径，珠英琼树，香满空山，快赏幽深，恍入灵鹫金粟世界。”所述的就是满觉陇的桂景，自明代起这里就成为赏桂的胜地，故有“满陇桂雨”一景。

第三节　西湖文化景观的造园经典

西湖园林是以自然山水环境取胜，这是它得天独厚的条件，西湖的公园、景点，把园内园外环境融于一体，善于借景，形成一个相对开敞疏朗、清新雅致的园林空间，这是西湖园林有别于江南私家园林的一个特点。纵观新中国成立以来六十余年西湖园林的发展，可以说，它基本上是沿着继承传统、保持特色、博采众长、开拓创新的建设思路，取得了举世瞩目的成绩。这归功于中共杭州市委、杭州市人民政府、杭州西湖风景名胜区管委会、杭州市园林文物局的正确领导，以及余森文、孙筱祥、孟兆祯、施奠东、胡理琛、张延惠、刘茂春、陈樟德、卜朝晖、林福昌、顾文琪、王振俊、冯祥珍、王爱民、刘延捷等诸多老领导、老专家的智慧和汗水，他们为西湖园林乃至浙派园林的蓬勃发展做出了不可磨灭的贡献。本节从西湖园林经典范例——花港观鱼公园、杭州花圃和太子湾公园的造园艺术来分析西湖园林是如何传承并发扬浙派园林特色的。

一、花港观鱼公园

（一）公园历史演变

花港观鱼地处西湖西南，三面临水，一面倚山。南宋时有一条小溪从花家山经此流入西湖，这条小溪就叫花溪，南宋内侍官卢允升在花溪侧畔建了一座山野茅舍，称为“卢园”。园内架梁为舍，叠石为山，凿地为池，立埠为港，畜养异色鱼类，广植花木。因游人萃集，雅士题咏，被称为“花港观鱼”。期间，宫廷画师创作西湖十景组画时将它列入其中，由此而名声远扬。康熙三十八年，皇帝玄烨驾临西湖，题书花港观鱼景点，刻石建碑于鱼池畔。后来乾隆下江南游西湖时，又有诗作题刻于碑阴：“花家山下流花港，花著鱼身鱼嘬花”。石碑阳阴两面，康熙和乾隆祖孙两个皇帝分别题字，这在我国碑林史中仅此一块。

清末以后，花港观鱼衰败，到新中国成立前夕，由于年久失修，仅剩下一池、一碑、约三亩荒芜的园地。1952 年，由孙筱祥先生（1950 年代初，孙先生担任杭州市西湖风景建设小组组长，之后又兼任杭州市都市计划委员会委员，后调任北京林学院园林系，现北京林业大学园林学院）主持花港观鱼公园规划设计（见图 8–13），在原来“花港观鱼”的基础上向西发展，利用该处优越的环境条件和高低起伏的地形，以及原有的几座私人庄园，疏通港道，开辟了金鱼池、牡丹园、大草坪，并整修蒋庄、藏山阁，新建茶室、休息亭廊，至 1955 年，初步建成了以“花”“港”“鱼”为特色的著名景点。1964 年二期扩建工程告竣后，公园占地面积达 20hm^2。2003 年西湖综合保护工程沿杨公堤开挖水系，使花港内部水体与西湖西进水体沟通，公园格局进一步完善，面积达到 32.8hm^2（见图 8–14、图 8–15）。

图 8–13　本书第一作者陈波与孙筱祥先生合影（2007 年 5 月 21 日摄于孙先生家中）

图 8-14　花港观鱼公园平面图

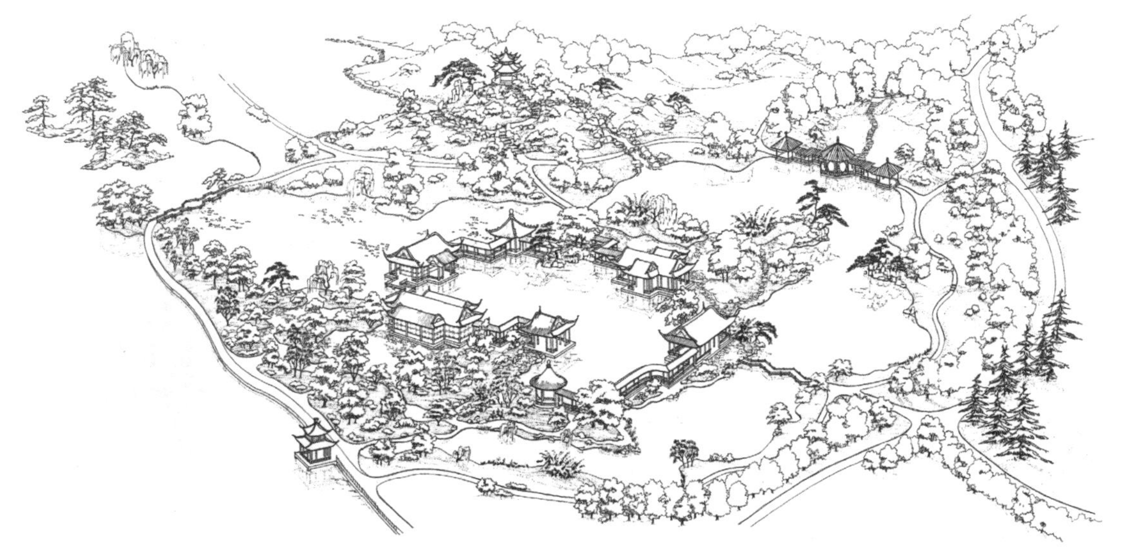

图 8-15　花港观鱼公园手绘效果图

（二）空间布局和景观特色

花港观鱼公园的空间布局充分利用了原有的自然地形条件，以中国传统名花牡丹和世界最早养殖的金鱼——红锦鲤为特色景观要素，景区划分明确，各具鲜明的主题和特点。全园分为红鱼池（见图 8–16）、牡丹园（见图 8–17）、花港、雪松大草坪（见图 8–18）、密林等 5 个景区。在空间构图上层次丰富，景观节奏清晰，跌宕有致，既曲折变化，又整体连贯，一气呵成。它的最大特色还在于将开敞的大草坪与自然种植的密林配合在一起，把中国园林艺术空间布局和欧洲自然风景园造园艺术手法巧妙统一，中西合璧而又不露斧凿痕迹，使景观清雅幽深、开朗旷达、和谐一致。花港观鱼公园的艺术布局，对于发展具有民族特色而又有新时代特点的中国园林具有开拓意义和引领价值。

图 8–16　花港观鱼红鱼池景区

图 8–17　花港观鱼牡丹园景区

图 8–18　花港观鱼雪松大草坪景区

花港观鱼公园的另一特色，就是充分体现了现代园林植物造景的艺术，对园林植物的体量、层次、色彩、明暗、质感、季相的对比、组合、搭配都作了仔细的推敲。全园在统一基调树种的前提下，又形成了各景区不同的植物主题。同时，还着意植物与建筑、山石之间的曲线、体量的调和，对花木的大小、高低、俯仰、盘曲等都作了严格的选择。在体形的组合、层次的搭配、轮廓的勾勒上都尽显山水画论的精髓。同时，由于公园内水体面积较大，通过滨水植物的种植搭配，丰富了水景的层次和季相变化（见图 8–19）。

图 8–19　花港观鱼滨水植物配置

花港观鱼的核心景点——牡丹园，颇具造园匠心。全园面积约 1 万 m^2，纵横交错的鹅卵石小路把全园分割成 18 个小区。丘阜隆起，最高处建重檐八角攒尖顶的牡丹亭，形成全园焦点。东南侧坡有一平台，平台上有用黑白卵石仿梅树姿态铺砌而成的图案，平台旁植古梅一株，取宋代诗人林和靖《山园小梅》诗中“疏影横斜水清浅，暗香浮动月黄昏”的意境，现代大儒马一浮题笔称之为“梅影坡”。绕亭植有各种名贵牡丹、芍药品种数百本，按不同品种分为 10 多个花境小区块。此外，还配置有山石和黑松、白皮松、赤松、日本五针松、罗汉松、龙柏、匍地柏、梅、芍药、红枫、鸡爪槭、羽毛枫、紫薇、垂丝海棠、杜鹃等花木，高低错落，疏密得体（见图 8–20）。

图 8-20　花港观鱼牡丹园植物配置

孙先生注重用多样化的园林植物来营造风景园林空间和植物景观的四季变化，优秀的植物景观设计和营造是花港观鱼公园的突出优点，通过植物景观规划设计营造大自然的生趣是孙先生非常擅长的。在老一辈规划设计师中，孙先生无疑具有非常综合和全面的风景园林修养，对园林植物材料的运用非常高超。

花港观鱼公园，是新中国成立后杭州西湖风景名胜区规划设计和兴建的第一座大型现代公园，也是整理和改建历史遗留风景名胜的试点工程，对西湖风景名胜区的发展具有特殊的历史意义。花港观鱼公园规划设计、建设和管理立足人的需求，在继承中国优秀园林艺术传统的基础上，吸收了西方特别是英国自然式园林的优点，具有重大的创新和突破，对西湖风景名胜区公园建设乃至中国风景园林建设产生了重大影响，是新中国浙派园林规划设计和建设的优秀典范，成为新中国园林建设史上的里程碑。

二、杭州花圃

（一）花圃历史演变

杭州花圃位于西湖西侧，东临杨公堤，西接龙井路，与曲院风荷、郭庄相毗邻。其西借西湖群山南北两峰，北以栖霞山为屏，地理位置优越，是杭州著名的游览胜地。

杭州花圃始建于 1956 年，是当时全国最早的专业性花圃之一，也是浙派盆景和传统春兰等花卉的主要集萃地。建圃初始，遵循“科研、生产、观赏”三结合的方针，建成具有“科研内容、生产基地、公园外貌”的花卉圃地，在当时曾作为全国各地花圃建设的样板。

鉴于杭州花圃在西湖风景名胜区中的独特区位，为适应风景区的建设、发展需求，促进旅游发展，早在 20 世纪 90 年代，杭州市园林文物局就将杭州花圃的改造纳入议事日程，先后编制了多轮改造方案，并于 1999 年完成了对东部区块（莳花广场部分）的改造。莳花广场以“花”和“水”为特色，飞泉流水，繁花似锦，十二花神雕像栩栩如生。

2002 ~ 2003 年，西湖风景名胜区开展了全面的西湖湖西综合保护工程。杭州花圃作为综合保护工程的一部分，由北京林业大学孟兆祯院士团队提供改造方案，开始花圃的综合改造工程。杭州花圃新建了天泽孚应、小隐园、菰蒲水香、翠谷听香、水芳岩秀、汇芳漪等景点，进一步从自然式园林布局的角度改善了生产圃地道路横直相贯、过于僵直规整的状态，充分运用地形、山石、建筑、植物、水体、构筑物等元素构造出一个“虽由人作，宛自天开”的生态公园（见图 8–21）。

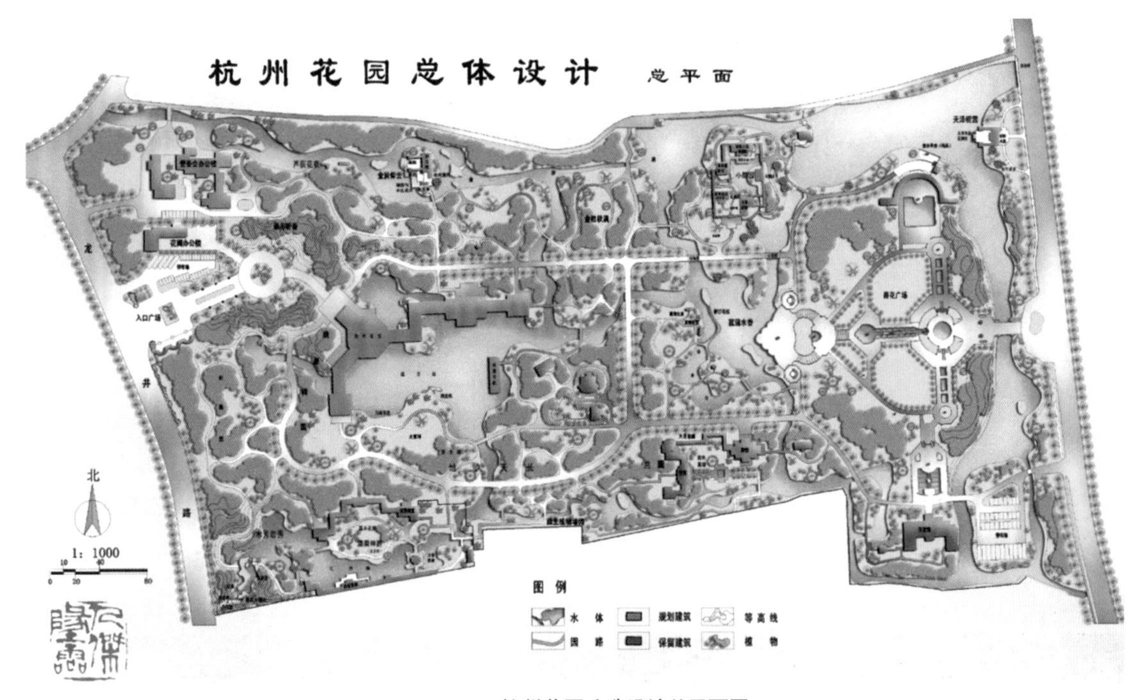

图 8–21　杭州花圃改造设计总平面图

（二）空间布局和景观特色

杭州花圃占地约 26.97hm^2，地块呈长方形，东西长约 700m，南北平均宽为 300m（最宽处达 428m）。全圃地势平坦、略有起伏，基本自西向东倾斜。园路结合生产需要，呈网状布局、平直相交，基本把全圃分割为北、中、南三大区块。园中水生花卉区、兰花室、盆景园（见图 8–22）外围乔灌木高低错落、疏密有序，有良好的景观效果。

图 8-22　杭州花圃盆景园

在杭州花圃改造工程中，园林景观创作方面主要体现了以下特色。

1. 设计构想

在总体关系上，外连内合，强调整体。花圃改造不是孤立的造园，而是整个西湖湖西综合保护工程的有机组成部分。其山水骨架、脉络的形成无不顺应、强调与外界的视线呼应、功能串联，使花圃环境真正融入西湖湖西的总体框架之中。散花台、金涧仰云、天泽孚应等景点均考虑了“看与被看”的关系。此外，花圃的边界处理颇具特色，强调了障与透的关系，化不利为有利，化随机为必然，拓展了视域，丰富了景观层次。

2. 布局结构

布局结构上，采取了一主多辅的集锦式布局，形散神聚。场地周边的多个组团式花园为各类花卉的展示提供了尺度精巧宜人的小空间，各个小节点分别有不同的花卉或人文主题。而位于场地东西向的中央轴线方向布置了莳花广场与四时花馆，其空间尺度较大，利于塑造壮观的花卉展示场景，同时它又作为花圃的“心”，将周边地带集锦式花园串联起来，增强了花园的秩序性、方向感，增强了花园的整体性（见图 8-23）。

图 8-23　杭州花圃莳花广场

3. 景脉传承

作为改造类项目，杭州花圃的改造充分利用了原有的植物条件、水系条件，新建园林与原有有利条件完美衔接，浑然一体。比较有代表性的是菰蒲水香与天泽孚应，保留了原有树木、水体，新建设施、建筑完全融入环境之中，使得新建项目建成后即取得历史感（见图 8-24）。

图 8-24 杭州花圃水体景观

4. 汲古赋今

现代园林不是单纯的观赏性园林，应在突出主题表达的同时，满足游人的参与、休闲需求。花圃改造汲取了中国传统园林“巧于因借、精在体宜”的造园思想，在塑造各类不同主题花卉展示空间的同时，充分考虑了游人的休闲、参与需求，使得改造方案结构丰满，可游、可憩，其中包括茶座、婚庆场地、插花培训、莳花广场表演空间的预留等。

（三）“水芳岩秀”假山

杭州花圃改造工程中最值得一提的是由孟兆祯先生主持设计的“水芳岩秀”假山。

假山位于花圃西南隅，是西湖引水工程的进水口之一，地势由外部急剧上升 9m，并且场地南部毗邻一栋高楼，给内部景观造成不良影响。《园冶》中说：“俗则屏之，嘉则收之。”“水芳岩秀”假山的设计意图即是结合地形和引水工程设置山水瀑布景观，与此同时，借假山的高度遮挡外部高楼、排除景观不利因素。

“水芳岩秀”假山使用的主要石材是黄石，为土山带石结构。假山整体风格雄浑有力，高低错落、层层叠叠，有峰、有峦、有坡、有壁、有山谷。主峰称之为“众香岩”，位于西南墙隅。主要的山脊向北延伸，另一条山脊线向东蜿蜒呈环抱之势。水流从主峰岩隙间涌出、落下形成“花信瀑”，层层跌落流入“花盟潭”中，潭水沿蜿蜒的“山花溪”而下，最终汇入大水面“汇芳漪”（见图 8-25 ~ 图 8-27）。

图 8-25　杭州花圃水芳岩秀假山效果图

图 8-26　杭州花圃水芳岩秀假山

图 8-27 杭州花圃汇芳漪效果图

“水芳岩秀”假山采用传统理法掇山叠石的同时，吸取了西方岩石园的设计形式，并根据杭州的自然气候及水土条件作了调整，创造性地设计了岩生花卉园。结合黄石层叠错落的形式筑成花台种植杜鹃和常春藤，山脚使用鸢尾铺设景观面，构成杜鹃和鸢尾的上下组合，同时点植鸡爪槭、日本五针松等小乔木，完善立面的色彩和构图。可见，“水芳岩秀”是一处以传统理法为精髓，结合现代功能需求并且具有突破和创新的佳作。

三、太子湾公园

（一）公园历史演变

太子湾公园位于杭州西湖西南角，东邻张苍水祠，南倚九曜山、南屏山，西接赤山埠，北临花港观鱼公园。此处原是西湖西南隅的一片浅水湾，有近 180 亩低平的空地，据《宋史》记载，宋时曾被择为庄文、景献两太子埋骨之所，湖湾因此而得名。

古时的太子湾为西湖一角，由于山峦泥沙世代流泄冲刷，逐渐淤塞为沼泽洼地。新中国成立后，曾是两次疏浚西湖的淤泥堆积处，西湖泥覆盖层达 2 ~ 3m，表面经阳光曝晒，满是龟纹和洞坑，踏之如履软絮。土壤色黑、黏性重、物理性质差。山麓山坳岩隙为黄壤，属砂质黏土。

1985 年，西湖引水工程开挖的引水明渠穿过太子湾中部，钱塘江水自南而北泻入小南湖，明渠两旁堆积着开山挖渠清出的泥土和道渣，形成一块台地、两列低丘，其余皆为平地，地面长满藤蔓，间或有几丛大叶柳，冬季叶落枝垂，平地及堆泥区一片枯败景象。太子湾紧接九曜山北坡，夏季无风，冬季风厉，立地气候条件不佳。

1988 年，随着钱塘江西湖引水工程的竣工，这里被辟为太子湾公园，总面积 76.3hm^2。公园的主持建设者和主设计师兼造园师是原杭州市园林文物局局长施奠东和他的夫人刘延捷。建园时，因山就势，巧妙地挖池筑坡，形成高低起伏，错落有致的地形。园中以西湖引水工程的一条明渠作为主线，积水成潭，截流成瀑，环水成洲，跨水筑桥，形成了诸如琵琶洲、翡翠园、逍遥坡、玉鹭池、颐乐苑、太极坪等空间开合收放相宜、清新可人的景点（见图 8-28）。

图 8-28　太子湾公园平面图

（二）空间布局和景观特色

1. 总体布局

在总体构思中，将太子之意延伸为龙种，故在整体布局中，突出龙脉，以水为“白龙”，以地形植被为“青龙”，两条龙相互渗透，形成动与静、内与外、上与下等不同关联，共同构建全园的山水骨架。

太子湾公园以园路、水道为间隔，全园分为六个区域，即入口区、琵琶洲景区、逍遥坡景区、望山坪景区、凝碧庄景区及公园管理区。琵琶洲是全园最大的环水绿洲。

2. 地形塑造

在地形塑造中，利用丰富的竖向设计手段，组织和创造出池、湾、溪、坡、坪、洲、台等园林空间，同时还根据功能与建设管理的需要，严格控制排水坡度，将所有园路均低于绿地，对园区排水及植物生长更为有利。全园地势南高北低，顺应引水需要，利用地形形成高差，促使水流顺畅地泻入西湖。

3. 水系处理

在水体处理方面，首先是从功能出发，在保证满足钱塘江引水工程需要的同时，从景观和谐出发，以自然野趣为原则，在水系走向、驳岸处理、水位控制、水景营建、植物护岸等方面，进行了相应调整与建设，使引水工程与景观创造达到了完美的结合。水系由引水河道接出，以瀑布、溪流、跌水、潭池等多种形式组成，最终分流三处，在全园迂回流淌后泻入西湖（见图 8-29）。

图 8-29　太子湾公园水体景观

4. 种植设计

植物配置中充分考虑植物的生长特性及生长态势等多种因素，利用植物特有的色彩、体量、外形、质感等表征，创造出层次丰富的植物空间。植物配置分高、中、低、地被及草坪等五个层次，高层主要有乐昌含笑、四川含笑等木兰科植物；中层按照季相划分，春季以樱花和玉兰为主，秋季突出丹枫和银芦；低层大量使用火棘和三颗针等植物；地被突出宿根花卉和水生植物；草坪以剪股颖和瓦巴斯为主。种植形式以片植与孤植、密植与疏林相结合，以体现全园自然、单纯、明快的氛围。

特别值得一提的是一年一度的太子湾公园郁金香花展，从1992年开始一直举办至今，从三月中旬到四月中旬，为期一个月的时间，不仅全国闻名，在全世界都有着一定的影响力。花展期间，公园内樱花、桃花、郁金香、二月兰齐放。太子湾的郁金香优雅高贵、色彩纷繁，种植布局注重色彩的和谐搭配和四周环境的烘托，融入自然山水（见图8–30）。活力四射的春日“紫色精灵”二月兰的花期较长，与粉嫩的樱花搭配出色彩交错、如梦如幻的绮丽景致，让人流连忘返（见图8–31）。

图8–30　太子湾公园郁金香

图8–31　太子湾公园二月兰与樱花

5. 建筑道路

园中建筑不多，且体量较小，以体现建筑融于自然之感。同时在建筑及工程构筑的外装饰上，利用带皮原木、水泥仿木、茅草、树皮、水泥塑石等材料与手段进行了自然化处理，以保持全园景观的和谐统一。园路分为三级，均采用石材铺设。

6. 造园特色

太子湾公园的精到之处在于以引水工程和明渠改建为主，辅以其他形式的水系处理，结合丰富的地形塑造，构建了一个饱满稳定的山水骨架，在其之上覆以大块面的植物种植、轻盈的建筑及流畅的园路，使全园在创造丰富景观空间的同时，不失简洁明快的特点。正如中国画论中指出：“山为体，石为骨，林为衣，草木为毛发，水为血脉，云烟为神影，岚霭为气象，寺观、村落、桥梁为装饰也。”

第四节　西湖文化景观的价值和影响

一、西湖文化景观的价值

2011 年 6 月 24 日，杭州西湖正式被列入《世界遗产名录》。世界遗产委员会认为，“杭州西湖文化景观”是文化景观的一个杰出典范，它极为清晰地展现了中国景观的美学思想，对中国乃至世界的园林设计影响深远。“杭州西湖文化景观”符合世界遗产评估标准的第二、三、六条标准，并满足遗产真实性、完整性要求，具有全球突出、普世价值。下面简要介绍西湖文化景观的普世价值。

（一）普世价值的主题——中国传统山水美学的景观典范

西湖景观虽然涉及了世界遗产的若干条价值标准，但其最核心的价值乃在于它是中国历代文化精英秉承“天人合一”“寄情山水”的中国山水美学理论所创造的景观设计杰出典范——它创始了“两堤三岛”景观格局，拥有现存东方题名景观中最经典、最完整、最具影响力的杰出范例“西湖十景”，展现了东方景观设计自南宋以来讲求“诗情画意”的艺术风格，体现了中国农耕文明鼎盛时期文人士大夫在景观设计上的创造精神。

由此，它对清代皇家园林和 9 世纪以来的中国、日本、朝鲜半岛等东亚地区的景观设计和造园艺术均产生过明显的影响，在世界景观设计史上独树一帜，拥有重要地位。

西湖景观是上千年来中国传统文化精英的“精神家园”，也是中国各阶层人们世代向往的“人间天堂”——它以“寄情山水”的文化特性引发了数量特别巨大、雅俗共赏的文学和艺术作品，并具有显著的持续性和关联性。

与此同时，它还是中国最著名的四大古典爱情传说中《白蛇传》和《梁山伯与祝英台》的故事场所，与《马可· 波罗游记》以及中国文学艺术史上的若干传世作品直接关联，是中国历史最久、影响最大的“文化名湖”，曾对 9—18 世纪东亚地区的文化产生广泛影响。

（二）完整性

西湖景观完整保存了遗产的信息、物质与精神层面的整体价值。现存的分布范围达 3323hm^2，完整保持了南宋以来自然山水基本规模及其生态环境、“两堤三岛”的景观格局、“三面云山一面城”的城湖关系、“西湖十景”题名景观、一系列具有代表性的文化史迹和特色植物景观等承载遗产价值的要素，完整保存了大量记载“西湖景观”上千年持续发展的历史文献和图形资料，并经由关联性景观特色，完整地传承和延续了遗产在精神层面的文化影响力，囊括和传承着中国儒释道三大主流的文化信仰，具有很高程度的完整性。

（三）真实性

西湖景观作为同时具备“设计的景观”“有机演进的景观”中的“持续性景观”“关联性景观”三种文化景观形成特征的活遗产，在上千年的景观持续演变和叠加、吸附文化元素的过程中，始终真实地保存并传衍了中国山水美学“诗情画意”般的西湖景观审美要素和特征，包括六大遗产构成要素的外形、材料、功能、传统技术和位置，以及遗产的整体格局和各要素之间的内在关联；真实地保存并传衍了佛教文化、道教文化以及隐逸、忠孝、藏书和印学等中国儒释道主流文化与传统，真实地保存并传衍了西湖景观的精神栖居和山水审美功能，使得景观整体的“文化名湖”价值特性获得传承。至今仍是当地社区公众和全世界游客审美享受、追寻历史、休闲愉悦和陶冶身心的最著名场所之一，具有高度的真实性。

二、西湖文化景观的影响

如上所述，“杭州西湖文化景观”最核心的价值乃在于它是中国历代文化精英秉承“天人合一”“寄情山水”的中国山水美学理论所创造的景观设计杰出典范，并具有显著的持续性和关联性：它创始了“两堤三岛”的景观格局，拥有现存东方题名景观中最经典、最完整、最具影响力的杰出范例“西湖十景”，展现了东方风景园林设计自南宋以来讲求“诗情画意”的艺术风格，体现了中国农耕文明鼎盛时期文人士大夫在景观设计上的创造精神，是中国历史最悠久、影响最深远的“文化名湖”。

因此，它对清代皇家园林和唐代（9 世纪）以来的中国、日本、朝鲜半岛等东亚地区的景观设计和造园艺术均产生过明显的影响，在世界景观设计史上独树一帜，拥有重要地位。

（一）国内影响

1. 对清代皇家园林的影响

肇始于南宋“西湖十景”“堤岛格局”等一系列体现中国山水美学的景观设计手法受到清代皇室的空前重视，其文化价值因此获得显著提升并广泛传播。“西湖景观”的文化象征意义、景观审美情趣、题名景观的设计手法、堤岛格局和丰富多样的景观元素，都在清代皇家园林中获得了显著的运用，是承德避暑山庄、北京颐和园和圆明园设计的重要楷模。

清代康熙、雍正、乾隆三代帝王所建造的皇家园林受杭州西湖景观的影响非常深远。康熙帝 6 次南巡，其中除第一次外其余 5 次均到访杭州并游历西湖。乾隆帝先后 6 次南巡，都曾到过杭州，且以杭州为主要目的地。康、乾二帝南巡期间，大量宫廷画师和扈从文官绘制了不同的西湖图。当时因帝王对杭州西湖景观的高度推崇，便将其典型园林景观移植到皇家园林内。

避暑山庄的营建经历康熙和乾隆两朝，在初建和扩建过程中均对西湖有一定程度的借鉴。承德避暑山庄对西湖的模仿，第一在于用堤桥划分水域。山庄湖区有 3 处堤：一处是芝径云堤，一处是双湖夹镜（长虹饮练）长桥，一处是水心榭长堤。第二，是“万壑松风”景点对西湖万松岭（凤岭松涛）的借鉴。第三，永佑寺舍利塔，又称六和塔，仿西湖南岸月轮山六和塔和南京报恩寺塔所建。第四，如意洲上的一片云仿杭州西湖风篁岭一片云而建。第五，避暑山庄锤峰落照与西湖北岸的双峰插云也是一对相似的景点。此外，乾隆帝数次中秋之夜将山庄湖区与西湖平湖秋月相比，说明了山庄和西湖在某些特定节令也有联系。

乾隆时期的颐和园是仿照杭州西湖最得真意的一个，它以杭州西湖为蓝本而建，在湖、堤、岛的空间格局上极其相似，昆明湖对应西湖，西堤对应苏堤划分湖面，湖中筑有冶镜阁、藻鉴堂、南湖岛，与杭州西湖三岛相对应。昆明湖中的西堤早在明代就被比为西湖苏堤。乾隆更是将西堤与苏堤的神似度发挥到了极致。乾隆二十三年（1758 年）御制诗《荇桥》中说：“六桥一带学西湖，蜿蜿长虹俯接余。”春天，西堤桃红柳绿，呈现的正是苏堤“间株杨柳间株桃”的景致。西堤上的六桥也是仿照苏堤六桥建造的。对于玉带桥的模仿，乾隆三十五年（1770 年）御制诗《玉带桥》有言：“长堤虽不姓髯苏，玉带依然桥样摹。荡桨过来忽失笑，笑斯着相学西湖。”除堤岛格局外，园内一些主要景点的营造也借鉴了西湖的园林风格，如佛香阁的营建模仿了杭州六和塔；万寿山西部的长岛命名为小西泠也源于乾隆对杭州孤山西麓西泠桥的想念。

圆明园是以写意的方式模拟西湖的山水植物景观及其场所意境，属于“得其意而忘其形”的变体创作，如园中仿设的西湖十景大多如此。圆明园内或仿、或借鉴杭州西湖景观的景点有苏堤春晓、平湖秋月、曲院风荷、柳浪闻莺、两峰插云、三潭印月、南屏晚钟、坦坦荡荡（玉泉鱼跃）、汇芳书院（断桥残雪）、夹镜鸣琴（蕉石鸣琴）、西峰秀色（花港观鱼）和涵虚朗鉴（雷峰夕照）等。圆明园中的苏堤春晓只是岸边的一小段河堤，断桥残雪是一座简单的木板桥，远非西湖原貌，乃是以符号化的手段进行点题；而两峰插云、雷峰夕照、南屏晚钟则与原型差距更大，仅是环境风貌略有几分相似，在此借用西湖旧景之名而已。此外，圆明园别有洞天景区模仿西湖龙井一片云堆叠假山；圆明园中还模仿西湖竹素园内湖山神庙（花神庙）建了“汇万总春之庙”。

2. 对各地方园林的影响

“西湖景观”在中国的传播影响主要表现在 3 个方面：一是以“西湖十景”为代表的题名景观设计手法在中国各地产生了广泛影响，并在南宋以后的 700 余年中于金、元、明、清各代得以传承，如金代有“燕京八景”，清代有“关中八景”等。二是“西湖十景”对中国同名为“西湖”的一些山水景观设计产生直接的影响，最为典型的案例是广东的惠州西湖，它模仿杭州西湖营造了“惠州十景”。三是在与水利工程相关的造景手法方面，苏、白两堤在中国各地的景观设计中获得了多处运用，如“惠州十景”中的跨水桥堤直接采用了“苏堤”与“白堤”的名称，等等。

（二）国外影响

西湖景观格局的蓝本意义，更重要的还在于国外园林界广泛复制其景观模式，尤以东南亚国家为盛。

1. 对日本造园的影响

日本平安时代藤原行成编有白居易诗集《白氏诗卷·本能寺切》，深受当时日本贵族喜爱；醍醐天皇（897–930 年在位）曾在朱雀院园林中植梅养鹤，效仿林逋"梅妻鹤子"的隐士生活。随着有关西湖景观的诗文、绘画等传入日本，"西湖十景"等景观构成要素大量被象征性地通过缩景的手法运用于日本造园艺术中。通过对比研究，发现日本曾有 17 处造园空间象征性地运用了"西湖堤"。

日本园林大量借鉴西湖景观建造始于江户时代的小石川后乐园，明朝遗臣朱舜水东渡日本，深受重用，他以中国江南园林为蓝本对后乐园进行了改建，模仿西湖建有名为西湖的泉池，仿"苏堤"建造西湖堤，以及堤上架设的圆月桥。受后乐园的影响，模仿西湖建造的园林如雨后春笋一般，如广岛的缩景园、高松的栗林公园、水户的偕乐园、东京的旧芝离宫恩赐庭园、和歌山的养翠园等园林都以小石川后乐园为蓝本，模仿杭州西湖堤岛景观。

总的来说，西湖景观对日本造园的影响可分为两种：一种是庭园尺度的微缩景观，其中有东京市的小石川后乐园、广岛市的缩景园等；另一种是城市景观尺度的实例，其中有水户市的千波湖，以及近代以后所建的福冈市大濠公园（见表 8–7）。

表 8–7　日本园林中的西湖景观意象

园林名称	建造年代	景点或景观元素	所在地
常荣寺庭园	室町时代，1475—1478 年	湖	山口
银阁寺	室町时代，1482 年	银沙滩、向月台	京都
缩景园	江户时代，1620 年	跨虹桥、蓬莱岛	广岛
桂离宫庭园	江户时代，1620—1624 年	松琴亭	京都
栗林公园	江户时代，约 1625 年	西湖、偃月桥、飞来峰	高松
东本愿寺涉成园	江户时代，1653 年	涉成园十三景	京都
小石川后乐园	江户时代，1661 年	西湖、西湖堤	东京
户山庄	江户时代，约 1669 年	堤	东京
不忍池	江户时代，约 1669 年	三段桥	东京
锦带桥	江户时代，1673 年	中堤、桥	岩国
金泽八景	江户时代，1677 年	濑户堤、桥	横滨
旧芝离宫恩赐庭园	江户时代，1678 年	西湖堤、五孔桥、灯笼	东京
德川园	江户时代，1695 年	西湖桥、堤	名古屋
浴恩园	江户时代，1792 年	柳塘、尾花堤	东京

续表

园林名称	建造年代	景点或景观元素	所在地
三廊四园	江户时代，1794 年	西湖桥、堤	户河
识名园	江户时代，1794 年	堤、石桥	那霸
养翠园	江户时代，1818 年	孤山、三桥	和歌山
偕乐园、千波湖	江户时代，1842 年	千波湖、柳堤	水户
神野园	江户时代，1846 年	堤	佐贺
和歌浦	江户时代，1851 年	堤	和歌山
大濠公园	大正时代，1925 年	堤	福冈

据记载，江户初期著名文人石川丈山参照西湖十景于东本愿寺涉成园内设计了“涉成园十三景”，分别是五松坞、侵雪桥（对应苏堤春晓）、双梅檐、漱枕居（对应花港观鱼）、丹枫溪（对应双峰插云）、印月池（对应三潭印月）、卧龙堂（对应南屏晚钟）、傍花阁（对应柳浪闻莺）、紫藤岸、缩远亭（对应曲院风荷）、遇仙楼（对应雷峰夕照）、滴翠轩（对应平湖秋月）和回棹廊（对应断桥残雪），其中五松坞、侵雪桥、印月池和回棹廊即是受杭州西湖堤岛景观的影响。

2. 对朝鲜半岛景观设计的影响

杭州西湖景观在朝鲜半岛产生了较大的影响，随着西湖文化的传入，西湖的“题名景观”也盛行起来。16 世纪之前，受南宋“西湖十景”的影响，朝鲜半岛出现了韩城府的“汉城十咏”，忠青道的“公州十景”，庆尚道的“大丘十咏”“密阳十景”“巨济十咏”“庆州八景”，平安道的“平壤八景”等风景名胜。

16 世纪中叶以后，随着明代《西湖游览志》等书籍和林逋的故事传入朝鲜半岛，“西湖景观”成为朝鲜半岛文人所向往的胜地，随之也出现了“汉江西湖十景”，其十景仿杭州西湖的四字题名景观，分别为白石早潮、清溪夕岚、栗屿雨耕、麻浦云帆、鸟洲烟柳、鹤汀明沙、仙峰泛月、泷岩观涨、鹭梁渔钓和牛岑采樵。朝鲜学者徐命膺的《保晚斋丛书》卷一《西湖十景古今体》中记述：“余居西湖。所暮朝者流峙。所上下者鱼鸟。无味之中至味存焉。遂分为十景。以各体赋其事。命曰古今体。”可见其汉江西湖十景起源于对杭州西湖的模仿。西湖景观亦成为朝鲜知识分子憧憬和向往的仙境，承载着他们的人生理想而获得推崇和流传。

第九章

浙派园林新典范——2019 北京世园会浙江园

第一节 项目概况

一、北京世园会背景

2019 年北京世界园艺博览会是继 1999 年昆明世园会之后，我国首次举办的 A1 级国际园艺博览会。展会的时间为 2019 年 4 月 29 日至 2019 年 10 月 7 日，共 162 天。本次世园会的办会主题是“绿色生活，美丽家园”，办会理念是“让园艺融入自然，让自然感动心灵”。总之，是要把世园会整体打造成一个园艺、城市、自然与人类和谐相融的山水大花园。

世园会园区占地面积 960hm^2，位于北京市延庆区西南部，东靠延庆新城，西邻官厅水库，横亘妫水河两岸。世园会园区距离北京主城区约 75km，距八达岭长城和海坨山约 10km，距北京首都国际机场 92km，距北京火车南站 88km，距延庆火车站 3.5km，交通便利，基础设施基本齐全。

二、浙江园概况

浙江园是北京世园会中的一个园中之园，是中华园艺展示区华东组团中的一园，西邻江西园，东邻江苏园。规划用地西临中华园艺展示区公共空间，东侧靠近湿地溪谷，总面积约 4200m^2，横向平均宽度约 40m，纵向长约 100m（见图 9-1）。浙江园不在浙江，然而对园艺的欣赏，是离不开植物生长的自然和人文环境的，这对浙江园的设计来说是极大的挑战。同时，北京也具有其独特的自然、历史、人文风貌及内涵，浙江园必须考虑两地的融合，才能做到身在北京而心处浙江的感觉。为此，浙江园建设工程主管单位（浙江省林业局）、建设单位（浙江省林业种苗管理总站）、方案设计单位（浙江理工大学）、深化设计及施工单位（杭州市园林绿化股份有限公司）、监理单位（杭州天恒投资建设管理有限公司）等迎难而上，齐心协力，共同打造出这一举世瞩目的优秀作品。2019 年 10 月 8 日，在北京世界园艺博览会国际竞赛颁奖仪式上，浙江园获得“中华展园大奖”，这是本届世园会国际竞赛的最高奖项（见图 9-2）。此外，由浙江理工大学卢山教授、陈波教授等完成的“2019 北京世界园艺博览会浙江展园设计项目”，荣获“2019 年度中国风景园林学会科学技术奖规划设计二等奖”。

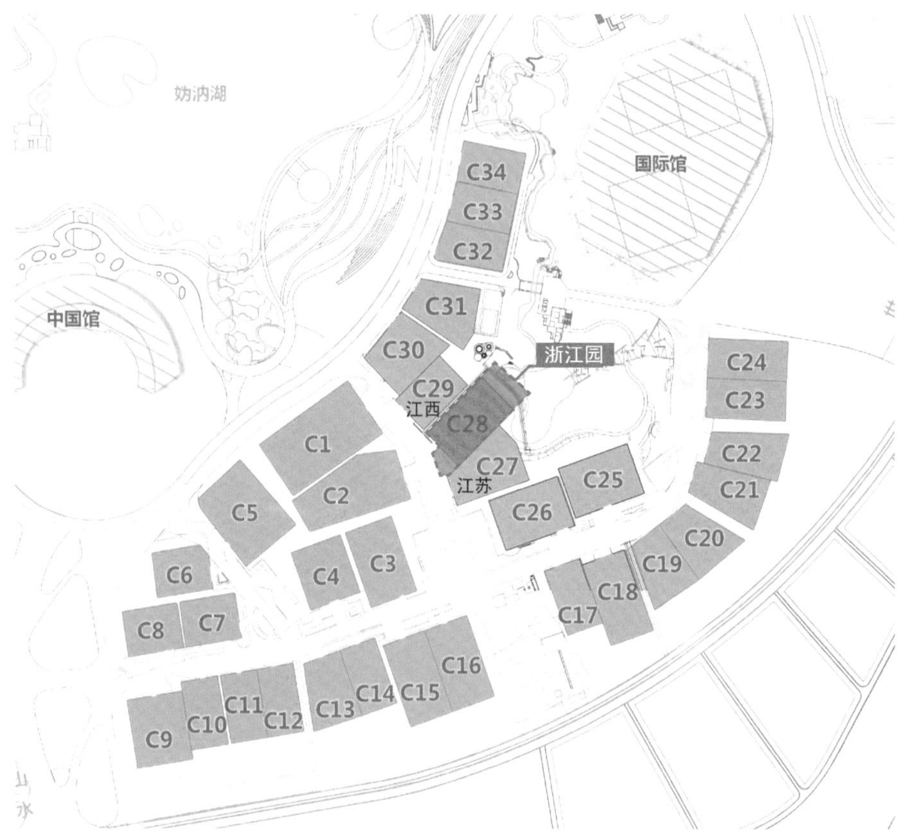

图 9-1　浙江园展园区位图

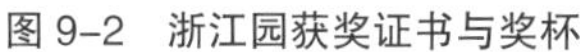

图 9-2　浙江园获奖证书与奖杯

第二节　设计主题

浙江园以"这山这水浙如画，这乡这愁浙人家"为主题，运用丰富的园艺资材和浙派园林的造景手法，通过源起、诗画、富美、花园、起航五大篇章，打造新时代的"富春山居图"，展现浙江大花园建设的巨大成就，讲述在"两山理念"指引下浙江大地的生产、生活、生态的美丽故事，塑造"浙派园林"新典范。

浙江园的主题即浙江园的"意"。北京世园会的办会理念"绿色生活，美丽家园"与浙派园林造园意匠的内涵——"追求自然和谐的人居环境"不谋而合。因此，可以从基底、宗旨、思路三方面入手来确定浙江园的设计主题。

首先，从自然基底上讲，浙江园的初始场地为一块平地，整体而言与浙江的山水格局相去甚远。所以只有在浙江园中重构浙江"七山一水二分田"的自然山水格局，才能还原浙江的自然基底。然而在还原的时候，也要注意因地制宜，保留原有的一些值得接纳的北京元素，构造浙江、北京两者风格相融的独特景观。

其次，浙江园也讲求以人为本，在浙江园中人的物质需求主要是参观，然后才是休憩、游赏、娱乐等，所以在设计上，浙江园应力求曲折，尽可能展现丰富的植物种类和植物空间变化，同时兼顾游人的休憩、游赏和娱乐。此外，人的精神追求是浙江全域璀璨文化的展现，浙江 11 个地级市各具特色的人文风貌，其中有杭州、嘉兴、湖州、绍兴为代表的江南水乡文化，宁波、台州、温州、舟山为代表的海洋文化，金华、丽水、衢州为代表的山地文化，又可细分出传统文化：运河文化、茶文化、河姆渡文化、越剧等，现代文化：红船精神、两山理念、千万工程、"大花园"建设等（见图 9-3）。在设计上试图提炼传统文化与现代文化，通过空间布局、要素营造、文化植入、活动策划等手段将其重现在浙江园之中。

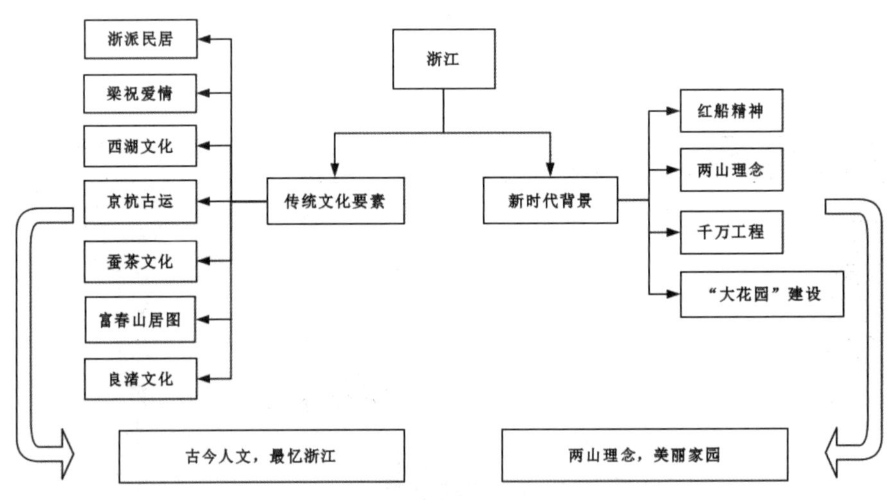

图 9-3　浙江园传统与现代文化的提取

最后，从传统设计思路的角度出发，浙江才人辈出，留下了许多具有代表性的书画作品。宋代的马远、刘松年开创了南宋宫廷画画风，持续影响浙江后代的画风，元代黄公望是“元四家”之首，书画俱通，明清的蓝瑛、戴进在黄公望山水画的影响下开创了浙派的绘画风格，之后吴伟又继承了浙派绘画的风韵。传世的浙江书画作品数不胜数，大多展现清丽雅致、包容大气的山水之景。故浙江园最终以浙派诗画的代表人物黄公望的经典之作《富春山居图》为设计蓝本（见图9–4），用卷轴的形式展开对浙江园的叙述。以“这山这水浙如画，这乡这愁浙人家”为主题，聚焦“富春山居”这一私家园林，小家之中见大家，打造出一个具有浙江全域特色的展园。其中以花园景观廊和山水景观廊两线并行，融会贯通，强有力地支撑主题思想，既有传统的内涵，又体现时代的精神。

图 9–4 黄公望《富春山居图》（局部）及其在浙江园中的展示

第三节 场地分析

浙江园位于华东组团的西边，场地自西向东缓坡入水。浙江园的场地规模和一座小型的传统私家园林相似，总体高差约 3m，场地整体起伏不大，可在地形改造上填挖结合，既展现浙江当地山水格局，又尊重现场，求得土方平衡。场地周围除东面临溪谷外，无自然山水的风貌可资利用，可考虑一水之隔的国际馆借鉴其人文风貌。并且四周远山近水环绕，景色秀丽，可以考虑将园外之景借入园内。

浙江园多处采用借景手法，其南面紧邻江苏园，粉墙黛瓦围合全院。相邻之处，浙江园利用地形，并广植植物以屏之，意为浙派园林不在方寸之内造园，而是借景广大山水，以自然为边界。江苏园粉墙黛瓦风格虽与浙江地区相近，然而浙派园林多为“自然之中见人工”，而非“人工之中见自然”。北邻江西园，江西园风格与浙江园迥然不同，以片植竹子作为柔性边界，这可称得上是借景中的“俗则屏之”。借景中的另外一种情况则是“嘉则收之”。《园冶》中说古树难以移动，需要因地制宜地去利用它。浙江园东侧靠近湿地溪谷，自西向东缓坡入水，在设计之初就考虑保留原有溪边的两棵大旱柳（见图 9–5），陈从周老先生在《说园》中讲道：“高柳侵云，长条拂水，柔情万千，别饶风姿，为园林生色不少”，用来形容浙江园很是应景。借原有古树，妙得“自然古木繁花”之效。浙江园临湿地溪谷一侧做了一个河埠头形式的观景台，直接对外开敞，这与传统园林中对于园外水景的处理形式有异曲同工之妙。溪谷对岸是国际馆，与浙江向着新时代启航的寓意相契合。

图 9–5　浙江园中溪谷边保留的大旱柳

第四节　空间布局

在设计主题和场地分析中就已经确定了浙江园“七山一水二分田”的山水格局，所以浙江园整体上采用串联式布局，以水主导全园空间，试图构建山环水绕的自然山水格局。其中“一水”模拟钱塘江河道的自然曲线，寓意钱塘江滋养了浙江大地。“七山”通过园林地形模拟浙江特色地形地貌。

浙江园在设计主题中确定了“花园景观廊”和“山水景观廊”两线并行，又期望在园中尽可能多地展现植物空间，由于串联式布局具有拉长游线、步移景异的效果，故两线在入口空间处的布局均采用了传统的串联式布局。又由于浙江园面积较小，中部采用向心式布局，道路围绕“二分田”为中心展开，通过乡土院落与传统建筑的结合，象征着浙江人家的富美生活。并且向心式布局在与串联式布局的相交之处展现出一种豁然开朗的效果（见图 9–6）。

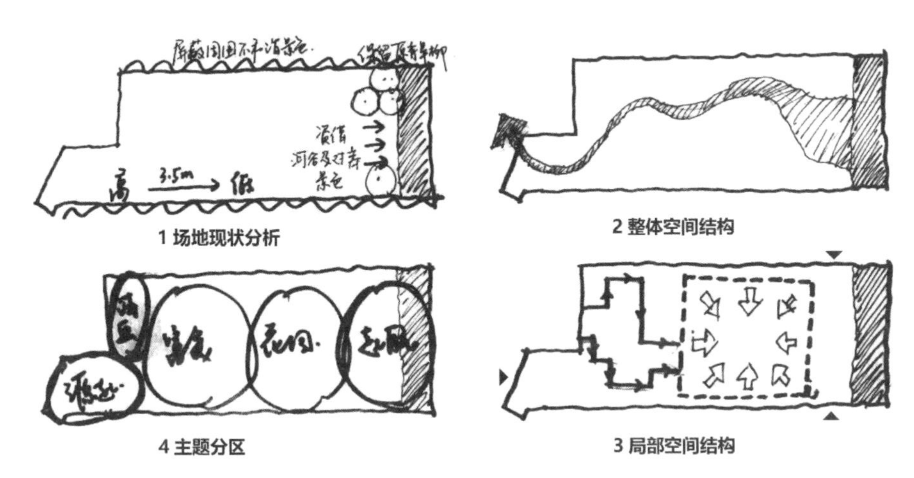

图 9–6　浙江园空间布局形成过程图

形成基本的空间布局之后，根据“这山这水浙如画，这乡这愁浙人家”的大主题，划分不同的主题分区来深入设计。浙江园以水为空间轴线，又以古今发展为时间轴线，在空间上分为源起浙江、诗画浙江、富美浙江、花园浙江、浙江启航五大分区（见图 9–7）。这五大分区无一不展现了浙江园内浙派古今文化的风采，五个分区山水相连，延续了浙派园林包容大气的整体风格，共同构成了疏朗随宜的空间格局。

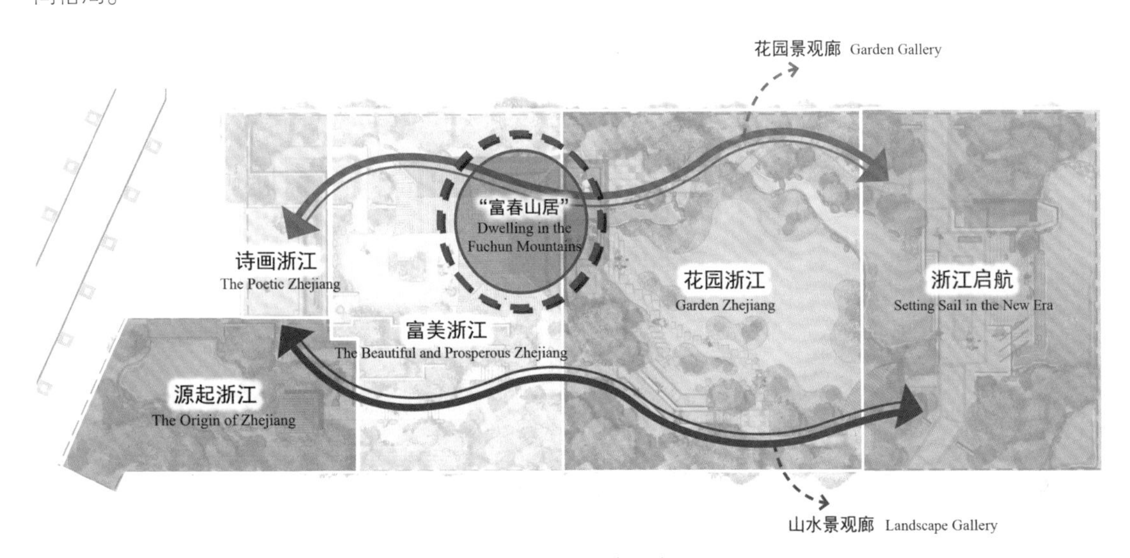

图 9–7　浙江园主题分区图

（1）源起浙江，是全园的开端，展现“源”的思想。在地理上既意味着浙江母亲河钱塘江的起源地“钱江源”，在文化上又意味着新时代“两山理念”的起源。同时，这块区域是全园地形的制高点，在此基础上堆叠假山，瀑布从假山跌落。以串联式布局的曲折道路为联系，主要展现浙江的山野景观，同时也传达出浙江人民寄情山水的情怀。

（2）诗画浙江，在入口位置采用传统障景的手法，以求得一墙之内壶中天地的感觉。密切联系设计思路中提到的诗画构思，通过《富春山居图》画卷作为入口景墙。一侧立有“浙江园”字样的石雕篆刻作为入口标识，仿佛画中的落款。同时，水景结合置石，充分展现浙北山水画的文化底蕴。入口广场采用浙江版图地刻，全省 11 个地级市用其古称命名，以不同的书法字体进行展示，奠定了诗画浙江的基础。

（3）富美浙江，前承传统后启新时代，是浙江园的核心景区。故在表现手法上展现出庭院场景。西侧呼应诗画主题，在白墙上题诗，结合盆景、置石，展现墙面画卷。庭院内再现浙派民居生活场景，仿照传统私家园林的“守拙归园田”意境，所以在庭院中，既保留传统人本追求的生产功能如茶园、菜园等，这是对浙江传统园林文化的解读；同时庭院内古井取名“问泉”，是对“源”的新时代意义进行发问，并做出了“青山绿水就是金山银山”的新时代回答。

（4）花园浙江，采用向心式布局，各节点围绕中央大草坪展开。用花境种植分割草坪空间，既是对“一池三山”传统园林格局的展现，又是对植物品种多样化的集中展示，在主题上又是对现阶段浙江省大花园建设取得杰出成就的展现。

（5）浙江启航，是对现代和未来的承接。根据场地分析，着重处理水池对岸国际馆的借景，以嘉兴红船为原型的“闻涛舫”小船，船头正对国际馆，意为浙江向国际化的新时代起航；同时以下沉式“京杭大运河”雕刻的码头景观作为切入点，形象地描绘了浙江与北京江南北国一脉牵的不解之缘。

最终对于其空间布局形式进一步深入后，“七山一水二分田”的格局也就自然呈现（见图 9-8），使用者的使用需求也基本在其中得以满足（见图 9-9），诗情画意更多地体现在细节上，并最终形成了总平面图（见图 9-10）。

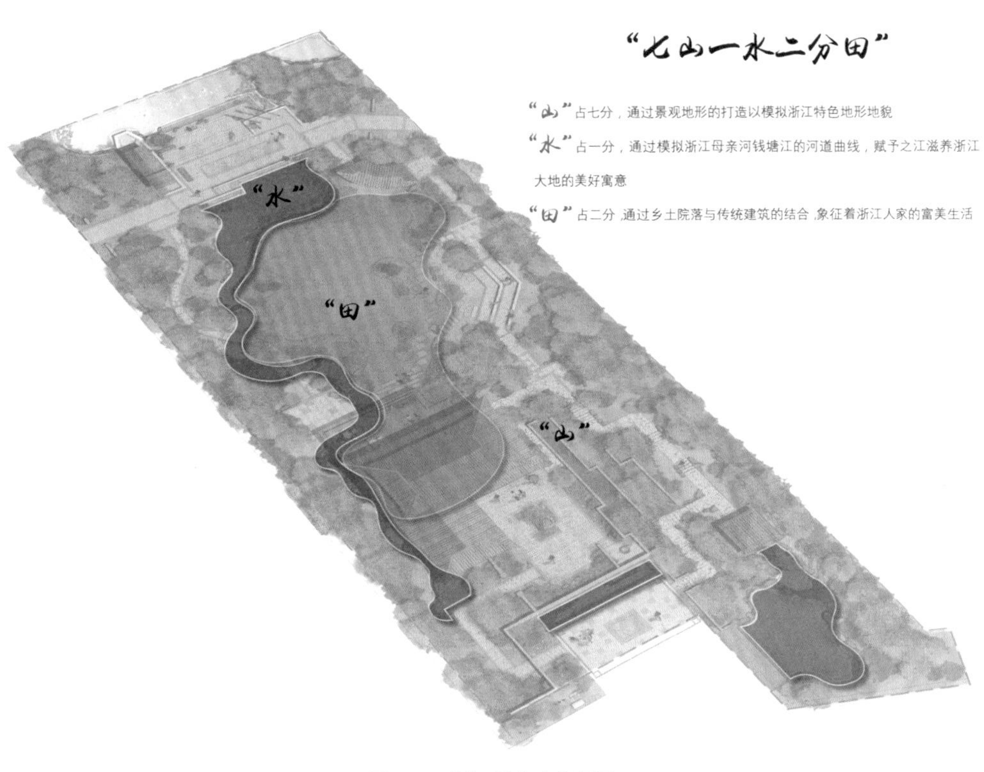

图 9-8　浙江园山水格局图

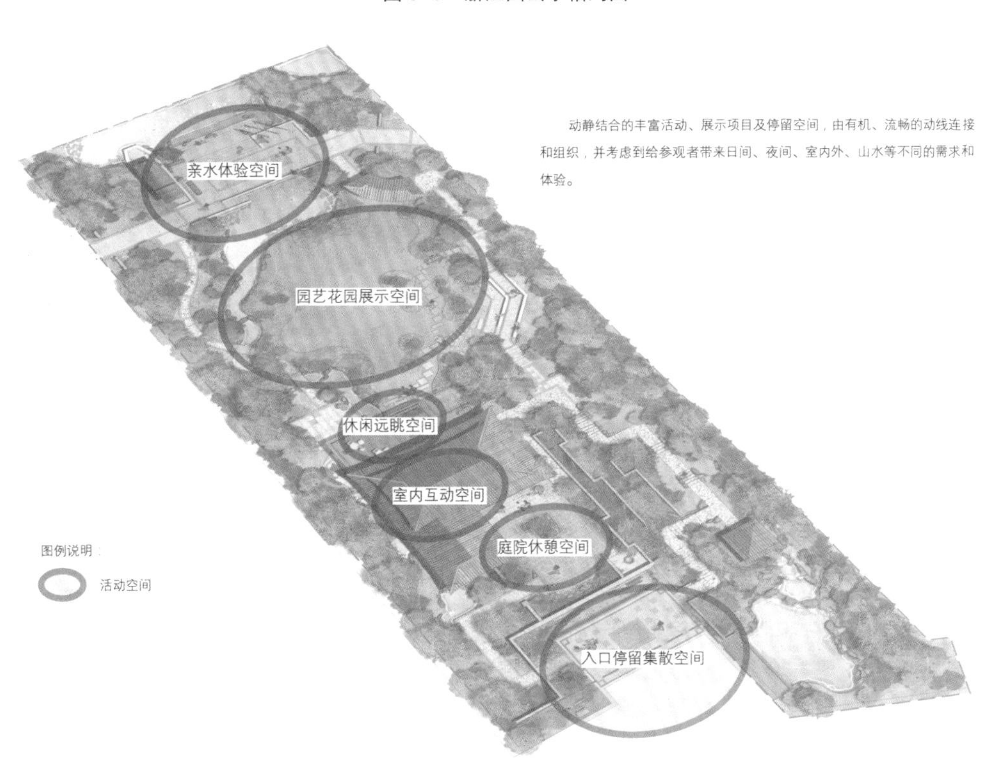

图 9-9　浙江园使用空间分布图

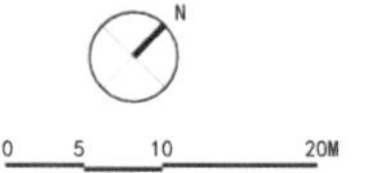

01 浙江印 Zhejiang Seal
02 秀峰叠瀑 Peak and Cascade Waterfalls
03 富春山居照壁 Screen Wall of Dwelling in the Fuchun Mountains
04 问泉 Wenquan
05 叠翠亭 Diecui Pavilion
06 茶园 Tea Garden
07 富春山居 Dwelling in the Fuchun Mountains
08 主题花境 Flower Garden
09 汇芳轩 Huifangxuan
10 运河风韵 Charm of Grand Canal
11 印月 Mirroring the Moon
12 闻涛舫 Wentao Boat

图 9-10　浙江园总平面图与鸟瞰图

第五节　要素营造

一、因地制宜的掇山理水

“石令人古，水令人远，园林水石，最不可无。”浙江园内掇山因地制宜，展园巧妙地处理场地高差，营造出富有层次感的景观，用写意的方法，取层峦叠翠之意，在原场地的基础上堆叠湖石，使之成为全园制高点，地形高差从原来 3m 增至 8m，创造出“咫尺山林”的感觉。孟兆祯先生也为浙江园留下墨宝：“水似冷泉涌出，石若灵隐飞来。”园内将浙江的特色山峰佳境、千脉万壑浓缩于这方寸之间，营造了“峰”“脉”“丘”等微地形景观，朴实无华，含蓄内秀，山体的体量合宜，并选用湖石以传统土石山的堆叠法，搭配岩生植物，有自然之趣。计成曾总结出“花环窄路偏宜石”的理论，其中以天然石块砌就园路，营造出一种令人脱俗的清雅意境。

全园以水系为串联，展现“瀑”“溪”“池”“湖”等不同自然形态（见图 9–11）。“入奥疏源”是山林地常见的理水之法，所以在浙江园中从“问泉”井（见图 9–12），引出水系作为园区水系的源头，经过叠翠亭后，层层下跌，形成跌水，汇聚在入园口的池中（见图 9–13），经涵管导流，形成溪流形态，自西向东蜿蜒贯穿全园直至“印月”景点后汇集成池然后成湖，湖岸又营造滩、泽等水系形态。不仅引水入园，还纳园外水体成景，自成其趣。整个水系模仿杭州湾至钱塘江段的曲线，贯通全园，水系形态丰富，动静结合。其中的山水形态营造除了做到形态上“虽由人作，宛自天开”，还注重考虑意境的营造，全园配合雾森系统，以水造雾，萦绕在“山间水畔”，虽在干燥的北方，却自有一种如在“江南烟雨”画中的情调。

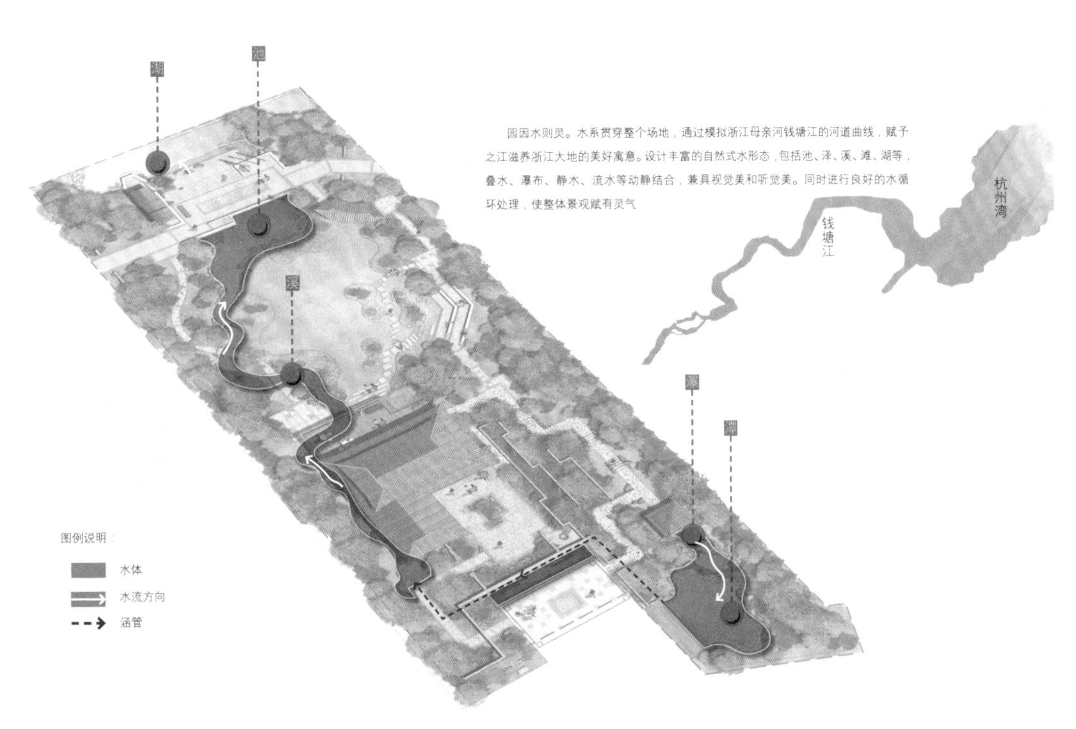

图 9–11　浙江园水系设计图

图 9-12　浙江园“问泉”

图 9-13　浙江园假山叠水

二、自然节约的植物配置

植物代表着园林的精神，《江南园林志》中说：“园林兴造，高台大榭，转瞬可成，乔木参天，辄需时日。”就浙江园而言，保留老旱柳可轻易得到一份植物造景的古意，但这仅仅是全园植物造景的第一步，更多的是绿化种植。浙江园中植物种植讲求师法自然，浙江地区西面山林遍布，植物资源丰富，奇花异草繁多，所以在浙江园设计时采用了约 800 种植物（见图 9-14）。全园包括了浙江各地县志和《西湖游览志》《花镜》《长物志》等古籍中出现频率极高的松、竹、梅、桂、柳等乡土植物，以及新时代培育出的优良新品种。全园采用地域特色树种撑起植物景观骨架，增加场地认同感，如百山祖冷杉、天目铁木、普陀鹅耳枥、南方红豆杉等。

同时深刻展现植物文化，如茶文化、药文化、竹文化等，富春山居的前院留出一块菜园（见图 9-15），以可食地景的方式，将蔬菜类经济作物与院落景观完美结合在一起，象征“数亩花园半菜园”的富美景象。周围是一圈茶园，茶是浙江植物文化中不可或缺的一部分，西湖龙井更是成为中国绿茶的代表，湖州陆羽著《茶经》，并被尊为茶圣。古人以采茶、制茶、茶艺过程为风雅，茶文化丰富了浙派园林的文化内涵，浙派园林的发展反过来为茶文化发展提供了土壤。药用园以浙江本土药用植物为主，展示浙江道地药材中新老“浙八味”——杭白芍、笕麦冬、温郁金、铁皮石斛、三叶青、南五味子等，以及杜衡、竹根七、宝铎草、天门冬等多种药用兼观赏的植物，通过与红竹、芭蕉等植物的搭配，形成独具特色的植物景观。浙江园的七大特色花园中专门设计了一个竹园，竹自古以来就是浙江文人墨客深情赞颂的对象，“一径万竿绿参天，几曲山溪咽细泉”，这两句诗描写的就是“云栖竹径”的优美景色。植物的诗情画意虽出自天然，但也离不开人工之巧。浙江园入口瀑布处的松柏选择，很大程度上体现了浙派盆景的审美。早在明代，屠隆在其所写《考盘余事》中就提到“束缚尽解，不露做手，多有态若天生”的制作要求。浙派盆景，崇尚既符合自然之理、又具有充分的艺术表现力的创作原则。浙江园在入口处所选用的黑松，不但在外形上具有独特的形式美，而且在气质上高昂挺拔，遒劲而潇洒，严谨中有舒展，是豪放中见优雅的浙派盆景风格。另外，浙江园的植物配置方式也与浙派山水画息息相关，在浙江园极为局限的环境下，片植的种植方式尤为独特，使得园内外景色浑然一体，园中景致被放大，营造出宁静深邃的意境，更给人身处自然山水的感受。

图 9-14　从富春山居俯瞰浙江园大草坪

图 9-15　浙江园富春山居西边小院

三、精在体宜的浙派建筑

浙江园中共设计有四处建筑，整体高低错落，采用散点式布局，建筑密度相对较低。建筑设计采用浙派建筑形式，传承浙派传统园林风韵，选用乡土材料，粉墙黛瓦。顺应地形，结合花园、茶院、竹林、溪流等要素，使建筑与自然相融共生，整体层次丰富，凸显浙江地域特色。

浙江园的入口叠山筑瀑，在山顶有一座“叠翠亭”（见图 9–16），取层峦叠翠之意，采用浙江传统四角亭的形式，起翘较高。

图 9–16　浙江园中的叠翠亭

体量最大的“富春山居”是浙江传统民居建筑的组合，歇山顶二层建筑。从正面看是楼房，而另一侧看却是单层，并可从二楼走出挑台。此外，建筑也尽量向开阔一面开敞，形成敞厅，以流通空气。富春山居建筑，合理地利用了自然地形，将崖壁、高台融入建筑之中（见图 9–17、图 9–18），这种顺应山势加以利用改造的方式在浙江私家园林营造中随处可见。除此之外，水系在富春山居前以溪流的形态流过，从建筑一层平台架桥与园路相接，形成了典型浙北“小桥、流水、人家”的建筑风水格局。

“花园浙江”景区，在大草坪一侧的汇芳轩为浙江传统扇形构筑物（见图 9–19）。明清折扇文化繁荣，折扇是浙派传统园林生活中文人把玩的物品之一，明朝张岱在《西湖梦寻》中写道：“北园在飞来峰下，作八卦房，园亭如规，分作八格，形如扇面”，郭庄中就有一处迎风映月亭，位于围墙一角，让人不由想起苏轼的词“与谁同坐，明月清风我”。可见扇文化早在明清时期就已经演化成了一种符号并应用在建筑中。

“浙江启航”景区，有一座船舫以嘉兴南湖红船为造型原型，做成舫的形式，取名“闻涛舫”（见图 9–20），远可观，近可游，重新诠释其古韵新形象，寓意浙江将在红船精神的指引下继续前行。

图 9-17　从西侧看富春山居

图 9-18　从东侧看富春山居

图 9-19　浙江园中的“汇芳”扇亭

图 9-20　浙江园中的“闻涛舫”

第六节 文化植入

浙江园通过模拟浙江的自然地理格局以及树石的巧构，艺术地再现了自然山水之美，又通过建筑对整体空间的点缀、引连、凝聚，强化了游览者对于山水的感知和理解。然而按照艺术画论，画有尽而意无穷，为了暗示出山水相融的意境，让游览者更好地理解设计师的巧思，浙江园中辅以匾额楹联的形式，凝练地将特定景点的内涵概括成最简洁的语言。入口处的月洞门，从正面看是“浙里”，从后面看是“乡愁”，“浙里乡愁”点出浙江园所讲述的故事从这里开始，所讲的是关于乡愁的故事（见图 9-21）。浙江园外用新时代浙派书画代表人物吴昌硕先生所写“浙江园”三字，以印章的形式作为入口标识。入口处瀑布之上同样是新时代浙派书画代表人物沙孟海先生所题写的“源”字，意味着浙江同时是钱塘江的发源地和新时代“两山理念”的发源地，且其背后的富春山居小院落，在毛石砌成的挡土墙上题红色大字“绿水青山就是金山银山”（见图 9-22），作为对不显眼的角落中“问泉”的回答。

图 9-21　浙江园中的“浙里”和“乡愁”的景题

图 9-22　浙江园中的“浙江园”　“绿水青山就是金山银山”题字

除此之外，园内四处建筑分别挂有“富春山居”“叠翠”“汇芳”“闻涛”的匾额，以点明主题，其中富春山居的建筑外柱上题有“这山这水浙如画，这乡这愁浙人家”的楹联，同时结合全园的解说系统，既富诗情画意，又有教育意义。

第七节　活动策划

浙江园开园期间，全省联动，搭建文化交流平台，共举办专题活动14次，包括“浙江日”活动，城市主题日活动，安吉日、三门日活动等。各地依托精美的浙江园，因地制宜布置独具地方特色的表演和活动，成为浙江文化对外交流的重要窗口。

特别是在“浙江日”当天，浙江园游人如织，像是明代戴进《春游晚归图》中古人结伴交游的场景。步入浙江园，不仅是走在浙江园的如画山水画卷中，更是走在充满乡愁的浙人家中。茶道、古琴、刺绣、根雕、香包制作技艺都在“富春山居”内展开。想象古人在园林中的日常，想象他们的“以遂林居之乐”。其中煮水品茗自古就是文人雅士不可或缺的一部分，明代中晚期，文人以茶会友，借茶赏景。浙派古琴追求文雅、恬静、简洁、洒脱的意境。明徐上瀛说听琴声有入深山邃谷之想，明代张潮也有“凡声皆宜远听，唯听琴则远近皆宜”之语。可见，琴声渲染的氛围，与园林一样，都营造出一个幽雅闲适的出世境界。杭州清代西湖十八景之一的“蕉石鸣琴”，据《西湖新志》记载：“时焦尾琴作‘梅花三弄’，古音疏越，响入秋云，高山流水，辄于此间遇之。”琴的韵味在园林里达到了它的极致，在园林的背景里，琴声、游人、山水丘壑方更容易互为知音、互相传情。

在新时代背景下，结合了传统园居生活的文创产品也应运而生，就像古人收集怪石、奇花异草的雅致一样，剪纸、刺绣、根雕、香包也成为了新时代园林生活的一部分。浙江园正是因为有了这样的活动策划，为原本山水如画的展园平添了乡愁的意蕴，吸引了更多的游客到访，这样一来，游客本身就成为了园中一景。会聚了越来越多的人进入到浙江园，或许这就是新时代下浙派园林造园意匠的魅力吧！

主要参考文献

包志毅．借古开新，洋为中用——杭州花港观鱼公园评析 [J]．世界建筑，2014（2）：32-35.

曹林娣．江南园林史论 [M]．上海：上海古籍出版社，2015.

陈波．挺有意思的中国古典园林史 [M]．北京：中国电力出版社，2019.

陈波，郑烨，卢山，等．节约型园林植物群落构建方法 [M]．北京：中国电力出版社，2017.

陈同滨，等．西湖：中国山水美学的景观审美典范 [J]．世界遗产，2011（3）：24-29.

陈中铭．园林画境景观设计研究 [D]．杭州：浙江理工大学，2020.

邓晶晶．貌似异常 实则必然——浅析明代浙派山水画风及其形成原因 [D]. 西安：陕西师范大学，2011.

方利强，麻欣瑶，陈波，等．浙派园林论 [M]．北京：中国电力出版社，2018.

方子杰，唐燕飚．对践行“两山”理论打造浙江全域“山水林田湖草生命共同体”的思考 [J]．水利发展研究，2019（5）：6-11.

顾力．浙派兴衰的背景分析 [D]．成都：四川大学，2006.

江泽慧．生态文明时代的主流文化——中国生态文化体系研究总论 [M]. 北京：人民出版社，2013.

李达净，张时煌，刘兵，等．“山水林田湖草—人”生命共同体的内涵、问题与创新 [J]．中国农业资源与区划，2018，39（11）：1-5.

李秋明．明清杭州园林生态造园手法研究 [D]．杭州：浙江理工大学，2019.

李寿仁，陈波，陈伯翔，等．地域性园林景观的传承与创新 [M]．北京：中国电力出版社，2019.

刘朋虎，刘韬，赖瑞联，等．生命共同体建设与乡村农业绿色振兴对策思考 [J]．福建农林大学学报（哲学社会科学版），2019，22（4）：15-19.

刘延捷．太子湾公园的景观构思与设计 [J]．中国园林，1990（4）：39-42.

卢山，陈波，周之静，等．节约型园林建设理论、方法与实践 [M]．北京：中国电力出版社，2017.

卢山，丁旭升，沈柏春，等．功能导向的节约型园林植物景观设计 [M]．北京：中国电力出版社，2019.

麻欣瑶，杨云芳，李秋明，等．明清杭州园林 [M]．北京：中国电力出版社，2020.

毛祎月，刘晓明．避暑山庄仿西湖探析 [J]．中国园林，2019，35（5）：134-139.

孟兆祯. 园衍 [M]. 北京：中国建筑工业出版社，2012.

施奠东. 西湖钩沉——西湖植物景观的历史特征及历史延续性 [J]. 中国园林，2009（9）：1-6.

施奠东. 湖山便览 [M]. 上海：上海古籍出版社，1998.

施奠东. 清波小志 [M]. 上海：上海古籍出版社，1998.

施奠东. 西湖游览志 [M]. 上海：上海古籍出版社，1998.

施奠东. 西湖游览志馀 [M]. 上海：上海古籍出版社，1998.

施奠东. 在中国风景园林的延长线上砥砺前进 [J]. 中国园林，2018（1）：20-25.

孙筱祥. 生境·画境·意境——文人写意山水园林的艺术境界及其表现手法 [J]. 风景园林，2013（6）：26-33.

孙筱祥，胡绪渭. 杭州花港观鱼公园规划设计 [J]. 建筑学报，1959（5）：19-24.

王冠文. 生态文明视角下生态文化建构探究 [D]. 大连：大连海事大学，2014.

王枭勇. 浙江传统园林掇山置石研究 [D]. 杭州：浙江农林大学，2015.

邬丛瑜. 园林意境营造研究 [D]. 杭州：浙江理工大学，2019.

巫木旺. 浙江传统村落景观生态技法研究 [D]. 杭州：浙江理工大学，2020.

吴光洪，来伊楠，卢山，等. 基于文脉的园林景观地域特色研究 [M]. 北京：中国电力出版社，2017.

徐晓民. 杭州西湖风景名胜区地形造景艺术研究 [D]. 杭州：浙江农林大学，2013.

许彬. 明代浙派绘画衰落考略 [D]. 杭州：杭州师范大学，2013.

杨建新. 浙江文化地图（第一册）：胜迹寻踪·浙江历史文化 [M]. 杭州：浙江摄影出版社，2011.

易萍. 厉鹗诗歌研究 [D]. 湘潭：湘潭大学，2010.

俞楠欣. 基于“三生”理念的可持续园林景观设计研究 [D]. 杭州：浙江理工大学，2020.

余伟. 生态文明视野下生态文化建设研究 [D]. 成都：成都理工大学，2017.

袁梦. 自然观视角下近自然园林理论研究 [D]. 杭州：浙江理工大学，2019.

中华人民共和国国家文物局. 世界遗产公约·申报世界文化遗产 [R]：中国杭州西湖文化景观，2011.

朱凌. 明清浙北私家园林造园意匠及其应用 [D]. 杭州：浙江理工大学，2020.

朱曙辉. 清代浙派研究 [D]. 苏州：苏州大学，2007.